U0151058

国防科技图书出版基金

"十四五"时期国家重点出版物出版专项规划项目

极化成像与识别技术丛书

高分辨率 SAR 图像
海洋目标识别

Marine Target Recognition in High Resolution SAR Images

刘 伟　陈建宏　赵拥军　著

国防工业出版社

·北京·

图书在版编目(CIP)数据

高分辨率 SAR 图像海洋目标识别/刘伟,陈建宏,赵拥军著. — 北京:国防工业出版社,2022.5
ISBN 978 – 7 – 118 – 12462 – 0

Ⅰ.①高… Ⅱ.①刘… ②陈… ③赵… Ⅲ.①高分辨率 – 遥感图像 – 图像处理 – 应用 – 海洋监测 – 研究 Ⅳ.①P715

中国版本图书馆 CIP 数据核字(2022)第 060729 号

※

国防工业出版社出版发行

(北京市海淀区紫竹院南路 23 号　邮政编码 100048)
北京龙世杰印刷有限公司印刷
新华书店经售

*

开本 710×1000　1/16　插页 12　印张 17　字数 282 千字
2022 年 5 月第 1 版第 1 次印刷　印数 1—2000 册　定价 98.00 元

(本书如有印装错误,我社负责调换)

国防书店:(010)88540777　　书店传真:(010)88540776
发行业务:(010)88540717　　发行传真:(010)88540762

致 读 者

本书由中央军委装备发展部**国防科技图书出版基金**资助出版。

为了促进国防科技和武器装备发展,加强社会主义物质文明和精神文明建设,培养优秀科技人才,确保国防科技优秀图书的出版,原国防科工委于1988年初决定每年拨出专款,设立国防科技图书出版基金,成立评审委员会,扶持、审定出版国防科技优秀图书。这是一项具有深远意义的创举。

国防科技图书出版基金资助的对象是:

1. 在国防科学技术领域中,学术水平高,内容有创见,在学科上居领先地位的基础科学理论图书;在工程技术理论方面有突破的应用科学专著。

2. 学术思想新颖,内容具体、实用,对国防科技和武器装备发展具有较大推动作用的专著;密切结合国防现代化和武器装备现代化需要的高新技术内容的专著。

3. 有重要发展前景和有重大开拓使用价值,密切结合国防现代化和武器装备现代化需要的新工艺、新材料内容的专著。

4. 填补目前我国科技领域空白并具有军事应用前景的薄弱学科和边缘学科的科技图书。

国防科技图书出版基金评审委员会在中央军委装备发展部的领导下开展工作,负责掌握出版基金的使用方向,评审受理的图书选题,决定资助的图书选题和资助金额,以及决定中断或取消资助等。经评审给予资助的图书,由国防工业出版社出版发行。

国防科技和武器装备发展已经取得了举世瞩目的成就,国防科技图书承担着记载和弘扬这些成就,积累和传播科技知识的使命。开展好评审工作,使有限的基金发挥出巨大的效能,需要不断摸索、认真总结和及时改进,更需要国防科技和武器装备建设战线广大科技工作者、专家、教授,以及社会各界朋友的热情支持。

让我们携起手来,为祖国昌盛、科技腾飞、出版繁荣而共同奋斗!

国防科技图书出版基金

评审委员会

丛 书 序

极化一词源自英文 Polarization,在光学领域称为偏振,在雷达领域则称为极化。光学偏振现象的发现可以追溯到 1669 年丹麦科学家巴托林通过方解石晶体产生的双折射现象。偏振之父马吕斯于 1808 年利用波动光学理论完美解释了双折射现象,并证明了极化是光的固有属性,而非来自晶体的影响。19 世纪 50 年代至 20 世纪初,学者们陆续提出 Stokes 矢量、Poincaré 球、Jones 矢量和 Mueller 矩阵等数学描述来刻画光的极化现象和特性。

相对于光学,雷达领域对极化的研究则较晚。20 世纪 40 年代,研究者发现:目标受到电磁波照射时会出现变极化效应,即散射波的极化状态相对于入射波会发生改变,二者存在着特定的映射变换关系,其与目标的姿态、尺寸、结构、材料等物理属性密切相关,因此目标可以视为一个极化变换器。人们发现,目标变极化效应所蕴含的丰富物理属性对提升雷达的目标检测、抗干扰、分类和识别等各方面的能力都具有很大潜力。经过半个多世纪的发展,雷达极化学已经成为雷达科学与技术领域的一个专门学科专业,发展方兴未艾,世界各国雷达科学家和工程师们对雷达极化信息的开发利用已经深入到电磁波辐射、传播、散射、接收与处理等雷达探测全过程,极化对电磁正演/反演、微波成像、目标检测与识别等领域的理论发展和技术进步都产生了深刻影响。

总的来看,在 80 余年的发展历程中,雷达极化学主要围绕雷达极化信息获取、目标与环境极化散射机理认知以及雷达极化信息处理与应用这三个方面交融发展、螺旋上升。20 世纪四五十年代,人们发展了雷达目标极化特性测量与表征、天线极化特性分析、目标最优极化等基础理论和方法,兴起了雷达极化研究的第一次高潮。六七十年代,在当时技术条件下,雷达极化测量的实现技术难度大且代价昂贵,目标极化散射机理难以被深刻揭示,相关理论研究成果难以得到有效验证,雷达极化研究经历了一个短暂的低潮期。进入 80 年代,随着微波器件与工艺水平、数字信号处理技术的进步,雷达极化测量技术和系统接连不断获得重大突破,例如,在气象探测方面,1978 年英国的 S 波段雷达和 1983 年美国的 NCAR/CP‐2 雷达先后完成极化捷变改造;在目标特性测量方面,1980 年美国研制成功极化捷变雷达,并于 1984 年又研制成功脉内极化捷变雷达;在对地观测方面,1985 年美国研制出世界上第一部机载极化合成孔径雷达(SAR),等等。这一时期,雷达极化学理论与雷达系统充分结合、相互促进、共同进步,丰富和发展了雷达目标唯象学、极化滤波、极化目标分解等一大批经典的雷达极化信息处理理论,催生了雷达极化在气象探测、抗杂波和电磁干扰、目标分类识别及对地遥感等领域一批早期的技术验证与应用实践,让人们再次开始重视雷达极化信息的重要性和不可替代性,雷达极化学迎来了第二次发展高潮。90 年代以来,雷达极化学受到世界各发达国家的普遍重视和持续投入,雷达极化理论进一步深化,极化测量数据更加丰富多样,极化应用愈加广泛深入。进入 21 世纪后,雷达极化学呈现出加速发展态势,不断在对地观测、空间监视、气象探测等众多的民用和军用领域取得令人振奋的应用成果,呈现出新的蓬勃发展的热烈局面。

在极化雷达发展历程中,极化合成孔径雷达由于兼具极化解析与空间多维分辨能力,受到了各国政府与科技界的高度重视,几十年来机载/星载极化 SAR 系统如雨后春笋般不断涌现。国际上最早成功研制的实用化的极化 SAR 系统是 1985 年美国的 L 波段机载 AIRSAR 系统。之后典型的机载全极化 SAR 系统有美国的 UAVSAR、加拿大的 CONVAIR、德国的 ESAR 和 FSAR、法国的 RAM-SES、丹麦的 EMISAR、日本的 PISAR 等。星载系统方面,美国于 1994 年搭载航天飞机运行的 C 波段 SIR – C 系统是世界上第一部星载全极化 SAR。2006 年和 2007 年,日本的 ALOS/PALSAR 卫星和加拿大的 RADARSAT – 2 卫星相继发射成功。近些年来,多部星载多/全极化 SAR 系统已在轨运行,包括日本的 ALOS – 2/PALSAR – 2、阿根廷的 SAOCOM – 1A、加拿大的 RCM、意大利的 CSG – 2 等。

1987 年,中科院电子所研制了我国第一部多极化机载 SAR 系统。近年来,在国家相关部门重大科研计划的支持下,中科院电子所、中国电子科技集团、中国航天科技集团、中国航天科工集团等单位研制的机载极化 SAR 系统覆盖了 P 波段到毫米波段。2016 年 8 月,我国首颗全极化 C 波段 SAR 卫星高分三号成功发射运行,之后分别于 2021 年 11 月和 2022 年 4 月成功发射高分三号 02 星和 03 星,实现多星协同观测。2022 年 1 月和 2 月,我国成功发射了两颗 L 波段 SAR 卫星——陆地探测一号 01 组 A 星和 B 星,二者均具备全极化模式,将组成双星编队服务于地质灾害、土地调查、地震评估、防灾减灾、基础测绘、林业调查等领域。这些系统的成功运行标志着我国在极化 SAR 系统研制方面达到了国际先进水平。总体上,我国在成像雷达极化与应用方面的研究工作虽然起步较晚,但在国家相关部门的大力支持下,在雷达极化测量的基础理论、测量体制、信号与数据处理等方面取得了不少的创新性成果,研究水平取得了长足进步。

目前,极化成像雷达在地物分类、森林生物量估计、地表高程测量、城区信息提取、海洋参数反演以及防空反导、精确打击等诸多领域中已得到广泛应用,而目标识别是其中最受关注的核心关键技术。在深刻理解雷达目标极化散射机理的基础上,将极化技术与宽带/超宽带、多维阵列、多发多收等技术相结合,通过极化信息与空、时、频等维度信息的充分融合,能够为提升成像雷达的探测识别与抗干扰能力提供崭新的技术途径,有望从根本上解决复杂电磁环境下雷达目标识别问题。一直以来,由于目标、自然环境及电磁环境的持续加速深刻演变,高价值目标识别始终被认为是雷达探测领域"永不过时"的前沿技术难题。因此,出版一套完善严谨的极化、成像与识别的学术著作对于开拓国内学术视野、推动前沿技术发展、指导相关实践工作具有重要意义。

为及时总结我国在该领域科研人员的创新成果,同时为未来发展指明方向,我们结合长期的极化成像与识别基础理论、关键技术以及创新应用的研究实践,以近年国家"863""973"、国家自然科学基金、国家科技支撑计划等项目成果为基础,组织全国雷达极化领域的同行专家一起编写了这套"极化成像与识别技术"丛书,以期进一步推动我国雷达技术的快速发展。本丛书共24分册,分为3个专题。

(一)极化专题。着重介绍雷达极化的数学表征、极化特性分析、极化精密测量、极化检测与极化抗干扰等方面的基础理论和关键技术,共包括10个分册。

(1)《瞬态极化雷达理论、技术及应用》瞄准极化雷达技术发展前沿,系统介绍了我国首创的瞬态极化雷达理论与技术,主要内容包括瞬态极化概念及其表征体系、人造目标瞬态极化特性、多极化雷达波形设计、极化域变焦超分辨、极化滤波、特征提取与识别等一大批自主创新研究成果,揭示了电磁波与雷达目标的瞬态极化响应特性,阐述了瞬态极化响应的测量技术,并结合典型场景给出了瞬态极化理论在超分辨、抗干扰、目标精细特征提取与识别等方面的创新应用案例,可为极化雷达在微波遥感、气象探测、防空反导、精确制导等诸多领域中的应用提供理论指导和技术支撑。

(2)《雷达极化信号处理技术》系统地介绍了极化雷达信号处理的基础理论、关键技术与典型应用,涵盖电磁波极化及其数学表征、动态目标宽/窄带极化特性、典型极化雷达测量与处理、目标信号极化检测、极化雷达抗噪声压制干扰、转发式假目标极化识别以及极化雷达单脉冲测角与干扰抑制等内容,可为极化雷达系统的设计、研制和极化信息的处理与利用提供有益参考。

(3)《多极化矢量天线阵列》深入讨论了多极化天线波束方向图优化与自适应干扰抑制,基于方向图分集的波形方向图综合、单通道及相干信号处理,多极化主动感知,稀疏阵型设计及宽带测角等问题,是一本理论性较强的专著,对于阵列雷达的设计和信号处理具有很好的参考价值。

(4)《目标极化散射特性表征、建模与测量》介绍了雷达目标极化散射的电磁理论基础、典型结构和材料的极化散射表征方式、目标极化散射特性数值建模方法和测量技术,给出了多种典型目标的极化特性曲线、图表和数据,对于极化特征提取和目标识别系统的设计与研制具有基础支撑作用。

(5)《飞机尾流雷达探测与特征反演》介绍了飞机尾流这类特殊的分布式软目标的电磁散射特性与雷达探测技术,系统揭示了飞机尾流的动力学特征与雷达散射机理之间的内在联系,深入分析了飞机尾流的雷达可探测性,提出了一些典型气象条件下的飞机尾流特征参数反演方法,对推进我国军民航空管制以及舰载机安全起降等应用领域的技术进步具有较大的参考价值。

(6)《雷达极化精密测量》系统阐述了极化雷达测量这一基础性关键技术,分析了极化雷达系统误差机理,提出了误差模型与补偿算法,重点讨论了极化雷达波形设计、无人机协飞的雷达极化校准技术、动态有源雷达极化校准等精密测量技术,为极化雷达在空间监视、防空反导、气象探测等领域的应用提供理论指导和关键技术支撑。

(7)《极化单脉冲导引头多点源干扰对抗技术》面向复杂多点源干扰条件下的雷达导引头抗干扰需求,基于极化单脉冲雷达体制,围绕极化导引头系统构架设计、多点源干扰多域特性分析、多点源干扰多域抑制与抗干扰后精确测角算法等方面进行系统阐述。

(8)《相控阵雷达极化与波束联合控制技术》面向相控阵雷达的极化信息精确获取需求,深入阐述了相控阵雷达所特有的极化测量误差形成机理、极化校准方法以及极化波束形成技术,旨在实现极化信息获取与相控阵体制的有效兼容,为相关领域的技术创新与扩展应用提供指导。

(9)《极化雷达低空目标检测理论与应用》介绍了极化雷达低空目标检测面临的杂波与多径散射特性及其建模方法、目标回波特性及其建模方法、极化雷达抗杂波和抗多径散射检测方法及这些方法在实际工程中的应用效果。

(10)《偏振探测基础与目标偏振特性》是一本光学偏振方面理论技术和应用兼顾的专著。首先介绍了光的偏振现象及基本概念,其次在目标偏振反射/辐射理论的基础上,较为系统地介绍了目标偏振特性建模方法及经典模型、偏振特性测量方法与技术手段、典型目标的偏振特性数据及分析处理,最后介绍了一些基于偏振特性的目标检测、识别、导航定位方面的应用实例。

(二)成像专题。着重介绍雷达成像及其与目标极化特性的结合,探讨雷达在探地、地表穿透、海洋监测等领域的成像理论技术与应用,共包括 7 个分册。

（1）《高分辨率穿透成像雷达技术》面向穿透表层的高分辨率雷达成像技术，系统讲述了表层穿透成像雷达的成像原理与信号处理方法。既涵盖了穿透成像的电磁原理、信号模型、聚焦成像等基本问题，又探讨了阵列设计、融合穿透成像等前沿问题，并辅以大量实测数据和处理实例。

（2）《极化 SAR 海洋应用的理论与方法》从极化 SAR 海洋成像机制出发，重点阐述了极化 SAR 的海浪、海洋内波、海冰、船只目标等海洋现象和海上目标的图像解译分析与信息提取方法，针对海洋动力过程和海上目标的极化 SAR 探测给出了较为系统和全面的论述。

（3）《超宽带雷达地表穿透成像探测》介绍利用超宽带雷达获取浅地表雷达图像实现埋设地雷和雷场的探测。重点论述了超宽带穿透成像、地雷目标检测与鉴别、雷场提取与标定等技术，并通过大量实测数据处理结果展现了超宽带地表穿透成像雷达重要的应用价值。

（4）《合成孔径雷达定位处理技术》在介绍 SAR 基本原理和定位模型基础上，按照 SAR 单图像定位、立体定位、干涉定位三种定位应用方向，系统论述了定位解算、误差分析、精化处理、性能评估等关键技术，并辅以大量实测数据处理实例。

（5）《极化合成孔径雷达多维度成像》介绍了利用极化雷达对人造目标进行三维成像的理论和方法，重点讨论了极化干涉成像、极化层析成像、复杂轨迹稀疏成像、大转角观测数据的子孔径划分、多子孔径多极化联合成像等新技术，对从事微波成像研究的学者和工程师有重要参考价值。

（6）《机载圆周合成孔径雷达成像处理》介绍的是基于机载平台的合成孔径雷达以圆周轨迹环绕目标进行探测成像的技术。介绍了圆周合成孔径雷达的目标特性与成像机理，提出了机载非理想环境下的自聚焦成像方法，探究了其在目标检测与三维重构方面的应用，并结合团队开展的多次飞行试验，介绍了技术实现和试验验证的研究成果，对推动机载圆周合成孔径雷达系统的实用化有重要参考价值。

（7）《红外偏振成像探测信息处理及其应用》系统介绍了红外偏振成像探测的基本原理，以及红外偏振成像探测信息处理技术，包括基于红外偏振信息的图像增强、基于红外偏振信息的目标检测与识别等，对从事红外成像探测及目标识别技术研究的学者和工程师有重要参考价值。

（三）识别专题。着重介绍基于极化特性、高分辨距离像以及合成孔径雷达图像的雷达目标识别技术，主要包括雷达目标极化识别、雷达高分辨距离像识别、合成孔径雷达目标识别、目标识别评估理论与方法等，共包括 7 个分册。

（1）《雷达高分辨距离像目标识别》详细介绍了雷达高分辨距离像极化特征提取与识别和极化多维匹配识别方法，以及基于支持向量数据描述算法的高分辨距离像目标识别的理论和方法。

（2）《合成孔径雷达目标检测》主要介绍了 SAR 图像目标检测的理论、算法及具体应用，对比了经典的恒虚警率检测器及当前备受关注的深度神经网络目标检测框架在 SAR 图像目标检测领域的基础理论、实现方法和典型应用，对其中涉及的杂波统计建模、斑点噪声抑制、目标检测与鉴别、少样本条件下目标检测等技术进行了深入的研究和系统的阐述。

（3）《极化合成孔径雷达信息处理》介绍了极化合成孔径雷达基本概念以及信息处理的数学原则与方法，重点对雷达目标极化散射特性和极化散射表征及其在目标检测分类中的应用进行了深入研究，并以对地观测为背景选择典型实例进行了具体分析。

（4）《高分辨率 SAR 图像海洋目标识别》以海洋目标检测与识别为主线，深入研究了高分辨率 SAR 图像相干斑抑制和图像分割等预处理技术，以及港口目标检测、船舶目标检测、分类与识别方法，并利用实测数据开展了翔实的实验验证。

（5）《极化 SAR 图像目标检测与分类》对极化 SAR 图像分类、目标检测与识别进行了全面深入的总结，包括极化 SAR 图像处理的基本知识以及作者近年来在该领域的研究成果，主要有目标分解、恒虚警检测、混合统计建模、超像素分割、卷积神经网络检测识别等。

（6）《极化雷达成像处理与目标特征提取》深入讨论了极化雷达成像体制、极化 SAR 目标检测、目标极化散射机理分析、目标分解与地物分类、全极化散射中心特征提取、参数估计及其性能分析等一系列关键技术问题。

（7）《雷达图像相干斑滤波》系统介绍了雷达图像相干斑滤波的理论和方法，重点讨论了单极化 SAR、极化 SAR、极化干涉 SAR、视频 SAR 等多种体制下的雷达图像相干斑滤波研究进展和最新方法，并利用多种机载和星载 SAR 系统的实测数据开展了翔实的对比实验验证。最后，对该领域研究趋势进行了总结和展望。

本套丛书是国内在该领域首次按照雷达极化、成像与识别知识体系组织的高水平学术专著丛书，是众多高等院校、科研院所专家团队集体智慧的结晶，其中的很多成果已在我国空间目标监视、防空反导、精确制导、航天侦察与测绘等国家重大任务中获得了成功应用。因此，丛书内容具有很强的代表性、先进性和实用性，对本领域研究人员具有很高的参考价值。本套丛书的出版即是对以往研究成果的提炼与总结，我们更希望以此为新起点，与广大的同行们一道开启雷达极化技术与应用研究的新征程。

在丛书的撰写与出版过程中，我们得到了郭桂蓉、何友、吕跃广、吴一戎等二十多位业界权威专家以及国防工业出版社的精心指导、热情鼓励和大力支持，在此向他们一并表示衷心的感谢！

王雪松

2022 年 7 月

前 言 ◀

合成孔径雷达(Synthetic Aperture Radar，SAR)是一种主动式微波成像传感器，具有全天候、全天时、穿透云雾和大范围观测等优点，在海洋环境监测、海洋灾害检测与评估、船舶监管、岛礁和海岸带环境资源调查、海洋目标动态监视等方面具有独特的优势。基于 SAR 图像的海洋目标检测与识别技术研究，对国民经济建设和国防安全都具有重要的理论意义和应用价值。

随着我国"高分辨率对地观测系统"重大专项的深入实施，以及我国"海洋强国战略"的有序推进，我国高分辨率 SAR 图像海洋目标识别技术研究处于方兴未艾的迅猛发展期。加拿大 Radarsat－2、德国 TerraSAR－X 和 TanDEM－X、意大利 Cosmo－Skymed 以及我国高分三号等高分辨率雷达成像卫星先后投入使用，获取的数据呈现出高空间和时间分辨率、全极化等特点，SAR 图像中目标细节更清晰，这给 SAR 图像海洋目标检测与识别带来机遇，同时也提出了新的挑战。比如，船舶在原来中低分辨率 SAR 图像上表现为由少量像元构成的点目标或细节模糊的面目标，但在高分辨率条件下凸显为特征明显的面目标；同时，原来被相干斑噪声淹没的小型船只也显现出来。如何实现高分辨率 SAR 图像快速相干斑抑制、分割、海洋目标检测、分类与识别，是当前乃至今后一段时间的重要研究方向。

近年来，作者所在团队针对高分辨率 SAR 图像海洋目标识别进行了大量深入研究。本书系统介绍了作者团队在高分辨率 SAR 图像相干斑抑制、图像分割、港口目标检测、船舶目标检测、分类与识别等方面取得的研究成果，并列举大量实例，以供读者参考。全书共 8 章，各章节内容安排如下。

第一章为绪论，围绕 SAR 图像海洋目标识别，介绍 SAR 图像海洋目标监视技术发展现状，系统梳理了 SAR 图像相干斑抑制、SAR 图像分割、SAR 图像港口目标检测、SAR 图像船舶目标检测、分类与识别等关键技术的国内外研究现状，使读者能够了解 SAR 图像海洋目标检测与识别的整体概貌。

第二章和第三章主要研究 SAR 图像相干斑抑制，重点介绍了在 SAR 图像非局部均值滤波和 SAR 图像全变分去噪方面的研究成果。第二章在介绍非局部均值算法的基础上，研究了单极化 SAR 图像快速 PPB 相干斑抑制算法；针对全极化 SAR 图像,研究了基于功率图的快速 PPB 算法,以及极化 SAR 贝叶斯非局部均值滤波模型与快速算法。第三章介绍了基于偏微分方程的变分去噪方法,研究了针对乘性噪声的自适应全变分噪声去除模型,对其自适应扩散性能进行了理论分析。

第四章主要研究基于变分法和偏微分方程理论的活动轮廓模型图像分割算法,重点分析了基于边缘信息和基于区域信息的经典几何活动轮廓模型,给出基于局部离散度的活动轮廓模型用于强度非均匀图像分割,研究了基于混合模型的多尺度水平集分割算法用于 SAR 图像水体分割。

第五章主要研究高分辨率 SAR 图像港口目标检测与鉴别,介绍了港口目标基本知识及其在 SAR 图像上的特性,主要内容包括港口检测经典算法、利用先验约束的 SAR 图像港口检测与鉴别方法、复杂场景 SAR 图像港口检测与鉴别方法。

第六~八章主要研究高分辨率 SAR 图像船舶目标检测、分类与识别。第六章在介绍恒虚警率(Constant False Alarm Rate,CFAR)检测算法原理及海杂波统计建模的基础上,研究了基于图像增强与快速迭代 CFAR 的单极化 SAR 图像船舶目标检测算法,以及 Notch 滤波全极化 SAR 图像船舶目标检测算法。第七章分析了船舶目标的几何结构特征与电磁散射特征,研究了基于迭代线性回归的高精度船舶几何参数估计算法,以及最优纵向自相关特征和归一化强散射脊线偏心距特征提取,介绍了基于几何特征与电磁散射特征的 SAR 图像船舶目标分类方案。第八章研究了基于数据与模型驱动仿真的 SAR 图像船舶目标识别框架,介绍了基于图形电磁计算的船舶目标 SAR 图像仿真、基于点特征匹配的 SAR 图像船舶目标识别。

书稿的写作得到了国防科技大学匡纲要教授、计科峰教授的有益指导和帮助,中国海洋大学王运华教授提供了数据支持。课题组黄洁、赖涛、白冰、曾阳帆、甄勇、毛天祺等提供了部分算法实例和素材,在撰写过程中也得到他们的大力支持。另外,在写作过程中,还参阅了相关技术领域国内外专家学者的大量论著,在此一并表示衷心感谢。

本书介绍的研究成果,为 SAR 图像海洋目标识别研究提供了一些新思路、新方法。然而,作者深知,SAR 图像海洋目标识别是一个发展迅速的领域,新理论和新技术层出不穷,本书不可能对这些发展和成果做出统揽无余的介绍和讨论,本书所反映的研究工作只是沧海一粟。同时,鉴于作者学识有限,书中难免存在错误和疏漏,殷切希望广大读者批评指正。

目　录 ◀

Contents

第一章

绪　　论

合成孔径雷达(Synthetic Aperture Radar,SAR)是一种主动式微波成像传感器,它利用合成孔径和脉冲压缩技术来提高方位向、距离向分辨率,进而生成大幅宽高分辨率雷达图像。与光学和红外等被动式传感器相比,SAR 传感器受天气、光照、云层等诸多自然环境因素的影响较小,具有全天候、全天时、可穿透植被等优点[1],同时能够多波段、多极化、多俯角地获取数据,在海洋观测和军事侦察中发挥着越来越重要的作用。本章围绕高分辨率 SAR 图像海洋目标识别,首先介绍了 SAR 图像海洋目标监视技术发展现状,然后系统梳理了 SAR 图像相干斑抑制、SAR 图像分割、SAR 图像港口目标检测、SAR 图像船舶目标检测、分类与识别等关键技术的国内外研究现状。

1.1　SAR 海洋监视技术发展现状

随着 Radarsat – 2、TerraSAR – X、TanDEM – X 和 Cosmo – Skymed 等各种新型星载 SAR 系统发射入轨、投入运营,星载 SAR 成像传感器的空间分辨率由十米级发展到米级,SAR 系统的探测模式从单极化、双极化到全极化全覆盖。总的来说,获取的 SAR 图像呈现图幅大、数据海量、特征多维等特点。"高空间分辨率"(简称高分辨率)是一个相对概念,没有统一的标准。近年来,研究认为星载高分辨率遥感图像应该具有 5m,甚至优于 5m 的空间分辨率[2-3],本书定义高分辨率为 5m 级及更高。相比光学遥感等非相干图像,高分辨率 SAR 图像的主要特点有以下几个。

(1)相干成像机制。在二维成像结果中,任意一个像素点对应的地物单元中一般都包含大量独立散射体。这些散射体的回波信号相干叠加,在 SAR 图像上表现为幅度随机变化的相干斑。与系统噪声不同,相干斑是真实的电磁测量值,属于相干成像系统的一种固有特征,对后续的各项处理都有一定影响。

（2）倾斜投影特性。作为主动式侧视雷达系统，SAR 成像几何属于斜距投影类型。它与中心投影的光学遥感图像有显著区别。雷达图像中目标位置在距离向上是按目标反射雷达波的先后顺序记录的，因此在高程上的微小变化都可造成相当大的扭曲，反映到 SAR 图像上就表现为透视收缩、阴影和顶底倒置等几何特征。

（3）目标结构清晰。与中低分辨率 SAR 图像相比，高分辨率 SAR 图像中目标轮廓更清楚，有利于目视判读。例如，船舶目标在低分辨率 SAR 图像上表现为由几个像元构成的点目标，在高分辨率条件下凸显为由成百上千个像元聚集而成的面目标；同时，原来被相干斑淹没的小型船只也显现出来。但图像尺寸变大，影响目视判读的速度和效率。

（4）极化信息丰富。目前星载 SAR 系统普遍具有多极化或全极化数据获取能力。与传统单极化 SAR 相比，多极化信息的引入为目标检测与识别提供了新途径，如何更好地利用极化信息需要深入研究。此外，丰富的极化信息也导致数据量增加，进而带来了算法复杂度和运算量增加等问题，高效算法的研究亟待解决。

1.1.1 星载 SAR 系统发展状况

进入 21 世纪以来，世界各国发射了 20 多颗 SAR 卫星，这些卫星的投入使用极大促进了 SAR 海洋监视技术的发展。目前最先进的星载 SAR 系统是美国的未来成像体系卫星（Future Imagery Architecture，FIA）。作为"长曲棍球"卫星的继任者，FIA 卫星已从 2010 年 9 月 21 起陆续发射 3 颗，成像分辨率高达 0.3m。俄罗斯也于 2013 年成功发射了小型 SAR 卫星 Kondor – E，成像分辨率也达到了 1m。欧洲已经部署的系统包括意大利军民两用 SAR 卫星 Cosmo – Skymed、德国军用 SAR 卫星星座 SAR – lupe、德国军民两用 SAR 卫星 TerraSAR – X 及可与之协同工作的 TanDEM – X、欧洲航天局 Sentinel – 1 等。另外，还有加拿大 Radarsat – 2、以色列 TecSAR – 2、日本 ALOS – 2 和韩国 KOMPSAR – 5 等。

中国于 2012 年 11 月 19 日成功发射首颗民用 SAR 卫星 HJ – 1C，工作于 S 波段，主要用于生态环境和灾害监测。在国家科技重大专项"高分辨率对地观测系统"的支持下，2016 年 8 月 10 日发射工作在 C 波段的 1m 分辨率高分三号 SAR 卫星。中国国家海洋局是高分三号卫星的主用户，将利用卫星 SAR 数据开展中国海洋国土的监管工作。

近 10 年发射的典型星载 SAR 系统及其参数如表 1 – 1 所列[4]。

表 1-1　典型星载 SAR 系统

SAR 卫星系统	发射时间/年	国家或机构	工作波段	极化方式	分辨率/m	轨道高度/km
SAR - Lupe	2006—2008	德国	X	HH	0.5	500
Radarsat - 2	2007	加拿大	C	全极化	1~100	798
TerraSAR - X	2007	德国	X	全极化	1/3/18	514
TanDEM - X	2010	德国	C	多极化	2	514
Cosmo - Skymed	2007—2010	意大利	X	多极化	1/3/5/30/100	619.6
Sentinel - 1a	2014	欧洲航天局	C	多极化	5/20	693
TecSAR - 2	2014	以色列	X	全极化	1	550
ALOS - 2	2014	日本	L	多极化	1/3/10/100	628
KOMPSAT - 5	2013	韩国	X	多极化	1/3/20	550
HJ - 1C	2012	中国	S	VV	5/20	499.26
GF - 3	2016	中国	C	全极化	1~500	755

1.1.2　SAR 海洋监视系统发展状况

凭借全天候和全天时成像的技术优势,星载 SAR 在海洋监测方面发挥了重要的作用。利用感兴趣目标与海背景杂波在 SAR 图像上统计特性的差异,可实现海岸线、船舶、溢油和海冰等目标的监测与提取。

自 20 世纪 90 年代以来,国外的 SAR 海洋目标监视系统主要有美国阿拉斯加 AKDEMO 系统、加拿大 OMW 系统、欧盟 IMPAST 项目和 DECLIMS 项目赞助的系列船舶监视系统。

美国国家航空航天局(NASA)研发的 AKDEMO 系统,使用 Radarsat - 1 图像实现越境捕捞监测、船舶数量监控,主要用于阿拉斯加地区海洋渔业监控[5]。

加拿大 Satlantic 公司研发的 OMW 系统,使用 Radarsat - 1 和 ERS - 1/2 SAR 图像,检测输出船舶目标的位置信息和面积信息,实现了船舶检测、漏油检测和海洋环境分析等功能,主要用于渔业监管、溢油监视及海上执法[6]。

在 2002 年 IMPAST 项目和 2003 年 DECLIMS 项目的支持下,欧盟各国发展了系列海洋目标监视系统用于船舶监测、海冰监测和溢油监视等,主要包括欧盟联合研究中心 SUMO 系统、欧盟 VDS 系统、英国 MaST 系统、法国 BOOST 系统、挪威 MeosView 系统等[5,7]。

上述系统大部分采用恒虚警率检测器实现目标检测,主要使用 Radarsat - 1、ERS - 1/2、Envisat 和其他中低分辨率 SAR 图像,以及相应光学遥感图像。随着加拿大 Radarsat - 2 和意大利 Cosmo - Skymed 等新型星载 SAR 卫星投入运营,各系统也针对高分辨率 SAR 数据特点改进了相应算法。

国内在 SAR 图像海洋目标监视方面取得了许多理论研究成果,但投入实际使用的系统相对较少。从公开报道来看,主要是中国科学院电子所微波成像技术国家重点实验室的 Ship Surveillance 系统[5]。

近年来,常见的 SAR 数据处理软件如表 1-2 所列。具体包括美国的 ENVI SARscape 软件、瑞士的 Gamma 软件、荷兰代尔夫特理工大学 Kamper 等研发的 Doris 系统、美国阿拉斯加州大学开发的 MapReady 以及德国的 RAT。其中,美国 ENVI 系统应用最为广泛,但 SARscape 模块的 SAR 数据处理功能有限,而且该系统和瑞士开发用于干涉的 Gamma 软件均为商用,难以大范围使用交流。除 CAESAR - POLSAR 外,其余系统均为开源软件,使用方便。其中可用于海洋目标分析的软件主要是欧洲航天局(European Space Agency,ESA)资助开发的 NEST 和 POLSARPro 系统,这两款软件也是"中欧龙计划"推广的主要内容。

表 1-2 常用 SAR 数据处理软件

系统名称	研究机构	处理图像类型	主要功能
ENVI SARscape (商用)	美国 ESRI 公司	ERS - 1/2、JERS - 1、Radarsat - 1&2、ENVISAT ASAR、ALOS PALSAR、TerraSAR - X、Cosmo - SkyMed、OrbiSAR - 1(X、P - band)、E - SAR、RISAT - 1、STANAG 7023、RAMSES、TELAER	数据导入、多视、几何校正、辐射校正、去噪、特征提取、(差分)干涉处理和极化 SAR 数据处理
Gamma (商用)	瑞士 GAMMA 遥感公司	ERS - 1/2、JERS、Radarsat、SIR - C、ENVISAT ASAR	干涉雷达数据处理
Doris (开源)	荷兰 Delft 大学 Kamper 等	ERS - 1、ERS - 2、ENVISAT、JERS - 1、Radarsat	干涉测量
NEST(开源)	欧洲遥感卫星(ESA)	ERS - 1&2、ENVISAT、Sentinel - 1、JERS - 1、ALOS PALSAR、TerraSAR - X、Radarsat - 1&2、Cosmo - Skymed	几何校正,辐射校正,目标检测等
POLSARPro (开源)	欧洲遥感卫星(ESA)	机载 AIRSAR、UAVSAR 等数据;星载 ENVISAT、SIR - C、ALOS PALSAR、TerraSAR - X、Radarsat - 2	极化 SAR 数据处理及信息提取功能
MapReady (开源)	美国阿拉斯加州大学	AirSAR、UAVSAR、TerraSAR - X、Radarsat - 2、ALOS	地理编码等
RAT (开源)	德国柏林理工大学	Rat 和 POLSARPro	极化 SAR 数据处理
CAESAR - POLSAR	中国科学院电子所		极化 SAR 数据处理

1. NEST 软件

Next ESA SAR Toolbox(NEST)软件主要用于处理 ENVISAT、TerraSAR - X、

Radarsat－1 和 Radarsat－2 等近 10 颗卫星 SAR 数据。功能模块包括 SAR 图像读入与输出模块、常规图像显示分析模块、SAR 数据预处理模块（辐射校正、几何校正、地理编码、相干斑抑制）、SAR 图像仿真、干涉 SAR 模块及海洋应用模块（目标检测、风场检测、油污检测）等。目前已经成为最成熟的开源 SAR 数据处理软件。

　　NEST 海洋应用模块中船舶目标检测采用双参数 CFAR 算法，提取候选目标的长宽后根据初始设定阈值来剔除虚警。NEST 研发团队 Rajesh Jha 与 Luis Veci 等目前将研究重点放在新型卫星数据读写及应用模块稳健性上。NEST 系统运行界面如图 1－1(a)所示。

　　2. POLSARPro 软件

　　2003 年 ESA－ESRIN 采用 C 语言开发了 POLSARPro 软件，该软件运行界面如图 1－1(b)所示。该软件用于处理分析极化 SAR 与极化干涉 SAR 数据，可从欧洲航天局官网免费下载，其主要功能为极化 SAR 数据处理，利用极化分解、极化目标分析等工具来提取极化信息，可处理大部分机载与星载极化 SAR 数据。

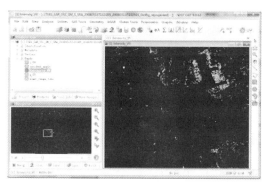

(a) NEST系统　　　　　　　　　　　(b) POLSARPro系统

图 1－1　SAR 数据处理软件

1.2　SAR 图像海洋目标识别关键技术

　　SAR 图像海洋目标检测与识别属于图像理解和模式识别研究范畴，属于多学科交叉领域，涉及 SAR 图像滤波、增强、分割、检测、分类、仿真和识别等技术。按照解译方式的不同，可分为目视解译和自动解译，其中目视解译主要通过 SAR 图像滤波重建，生成更为清晰的 SAR 图像来提供给人眼判读。自动解译则是利用计算机从 SAR 图像中找到疑似感兴趣区域（Regions Of Interest，ROI），剔除虚警后计算出每个 ROI 包含目标的种类,最后基于模板或模型的方法完成目标识别。

　　SAR 自动识别系统中广泛使用的技术路线是由美国麻省理工学院林肯实验室于 20 世纪末提出的三级处理流程。其中,第一级为目标检测,使用检测算法提取出 SAR 图像中感兴趣目标区域;第二级称为目标鉴别,通过匹配滤波器和提取特征,进一步剔除自然杂波与虚警;最后一级为目标识别,通过对感兴趣目标区域进行更加复杂的处理,最终得到目标型号等信息。随着 SAR 图像分辨率逐步提高,目标表现出丰富的精细结构。上述三级流程已经不能满足人们追求高分性能的需求。模拟人眼搜索辨识目标过程,将目标识别发展为检测鉴别(discrimination)、分类(classification)、识别(recognition)与型识(identification)四级处理[8]。关于这 4 个等级的详细说明参见表 1 - 3。

表 1 - 3　目标识别等级

等级	定义	举例
检测鉴别	区分目标同其所在背景及其他目标物体	区分坦克与树木,船舶与风浪及海岛、海上油井等
分类	检测结果大致分类,确认目标所属种类	已鉴别为船舶,确认船舶属于军舰还是民船;若是民船,再确认为油船、货船或集装箱船
识别	已知目标种类前提下,判定目标所属的具体类型	已知船舶为油船,进一步判定是苏伊士型油船还是阿芙拉型油船抑或是巴拿马型油船
型识	确认测试目标在目标类型中的具体型号	已知为某级护卫舰,确认具体型号为 A 型还是 B 型

　　本书主要针对港口和船舶目标,围绕 SAR 图像处理和自动识别,重点研究相干斑抑制和分割预处理,以及第一级目标检测鉴别、第二级分类和第三级识别,基于 SAR 图像的海洋目标识别系统处理流程如图 1 - 2 所示。下面针对相应关键技术逐一分析。

1.2.1　SAR 图像相干斑抑制

　　相干斑是基于相干成像机理系统的固有特性,采用相干成像机制的 SAR 其图像中不可避免地存在相干斑噪声,在 SAR 图像处理领域,相干斑抑制(去噪或滤波)是一个被广泛研究的课题。

　　当雷达照射的表面相对于雷达波长而言比较粗糙时,返回信号由一个分辨单元内的许多基本散射体(或面)所反射的电磁波聚集而成[9],如图 1 - 3 左侧图像所示。

　　由于散射体的位置随机,基本散射体和雷达接收机之间的距离也是随机

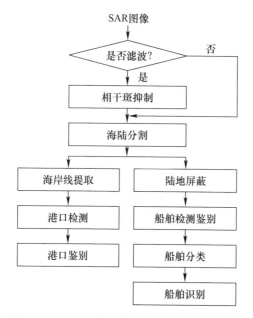

图 1-2 SAR 图像海洋目标识别系统处理流程

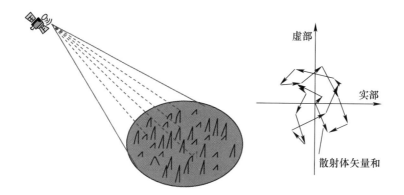

图 1-3 SAR 图像相干斑形成示意

的。尽管来自每个散射体的回波在频率上是相干的,但在相位上已不再相干。一个强烈的信号被接收时,如果回波相位较为接近叠加,则合成一个强的回波信号;如果相位不相干,则合成一个弱信号。图 1-3 右图示意了回波合成过程,即为复平面上的矢量和[10]

$$\sum_{i=1}^{n}(x_i + \mathrm{j}y_i) = \sum_{i=1}^{n}x_i + \mathrm{j}\sum_{i=1}^{n}y_i = x + \mathrm{j}y \qquad (1-1)$$

式中:$x_i + \mathrm{j}y_i$ 为第 i 个散射体的回波;$x + \mathrm{j}y$ 为所有 n 个散射体回波矢量和。

在独立同分布条件下,L 视数 SAR 幅度图像 A 将服从方根伽马(Gamma)分布,即

$$p(A) = \frac{2L^L}{\Gamma(L)\sigma^{2L}}A^{2L-1}\exp\left(-L\left(\frac{A}{\sigma}\right)^2\right) \qquad (1-2)$$

式中:$\Gamma(\cdot)$ 为伽马函数;$E(A) = \dfrac{\Gamma(L+0.5)}{\Gamma(L)\sqrt{L}}\sigma$。单视条件下,式(1-2)简化为瑞利分布。

SAR 图像由连续脉冲回波相干而成,这使得相邻像素间的信号强度不连续,在视觉上表现为图像包含颗粒状的噪声,称为相干斑。这种在相邻像素间的强度差异引发了许多问题,其中最为突出的问题是像素强度值不能表征分布目标的反射率,从而导致 SAR 图像结构模糊,严重影响了 SAR 图像目标目视解译。

1. 单极化 SAR 图像相干斑抑制

根据处理时机的不同,SAR 图像相干斑抑制方法可以分为两类。一类是 SAR 成像过程中的多视处理。由于多视处理是以牺牲数据的空间分辨率为代价来提高图像辐射分辨率,是一个不得已而为之的方法。另一类是成像之后的相干斑抑制处理,这是目前研究热点所在,下面具体介绍基于模型的方法、变换域滤波法与变分去噪法等。

1) 基于模型的方法

SAR 图像相干斑抑制的目的,是从包含噪声的 SAR 图像强度观测值恢复得到真实地物的雷达散射截面(Radar Cross Section,RCS)分量,即 RCS 的重建[11]。基于模型的方法首先假定静态的噪声模型,然后采用相应的滤波器对 SAR 图像进行处理。

经典的 Lee 滤波算法假设 SAR 图像噪声是完全发育的乘性噪声模型[10],利用图像的局部统计特性实现相干斑噪声抑制。该算法以待滤波像素为中心选择一个矩形窗口作为滑动窗口,并且假定该像素的先验均值和方差可由滑动窗口内像素的局部均值和方差估计获得。针对 Lee 滤波法在边缘细节信息保持方面的不足,Lopes 提出了根据图像不同区域采用自适应滤波器的方法,即增强 Lee 滤波法。在图像的均匀区域采用均值滤波,在包含点目标区域保留原始观测值,在其他区域采用 Lee 滤波,该算法能够在抑制噪声的同时有效保持边缘信息。在最小均方误差估计(Minimum Mean Square Error,MMSE)准则下,研究人员提出了 Kuan 及增强 Kuan 滤波器[12]、Frost 及增强 Frost 滤波器[13]等一系列滤波器。

对于多视 SAR 强度图像,假设 SAR 图像背景杂波符合伽马分布,在最大后

验概率(MAP)准则下,研究人员提出了 Gamma – MAP 滤波器[14]。Gamma –
MAP 滤波法在抑制相干斑噪声的同时能更好地保持纹理信息。另外,和增强
Lee 滤波法相同,增强 Gamma – MAP 滤波算法采用局部统计自适应滤波器的
方法。

最新的突破来自 A. Buades 等提出的非局部均值(Non – Local Means,NLM)
滤波器[15]。有别于 Lee 滤波等基于像素点灰度值加权的方法,非局部均值类算
法使用图块单元来确定权值。其基本思想是:任意像素点的滤波结果,由该像
素点的灰度值及图像中所有与其结构相似的像素点加权平均得到。通常图像
中具有大量的重复性结构,通过设置合理的搜索窗口和相似性窗口大小,可使
得相似性窗口图块中包含结构信息,根据图块间的相似性设定权值,该算法既
能抑制同质区域噪声,又可保护边缘和纹理不被破坏[16]。在 NLM 滤波器基础
上,针对 SAR 图像相干斑抑制,研究人员用概率方法重新定义了图块之间的相
似度,提出了基于块概率(Probabilistic Patch – Based)加权的最大似然去噪方
法[17],通常称之为 PPB 滤波。NLM 类算法搜索窗口内任意两个图块,都要计算
对应像素间的差异以获得相似性度量值,随着搜索窗口的滑动,像素间相似性
度量运算存在大量重复性工作,使得算法计算量大且耗时,严重制约了该算法
的实际应用,因此,研究人员提出了多种快速算法[18-22],不同程度上提高了运
算效率,但同时带来了对内存要求高等问题。

　　2)变换域滤波法

变换域滤波是将图像进行频域变换,在频域完成滤波。随着小波理论和各
种多尺度分析理论的相继提出,SAR 图像变换域相干斑抑制算法也得到了充分
发展,目前已提出不少效果较好的变换域滤波方法,如傅里叶变换、离散余弦变
换及小波变换等。

虽然傅里叶变换应用最早,但傅里叶变换只适合平稳信号。小波变换作为
傅里叶分析的发展,原则上被认为可完全取代傅里叶变换。二维小波域滤波假
定噪声存于小波系数,首先将原始图像小波分解得到小波系数,然后对小波
系数进行去噪处理,最后通过小波逆变换得到去噪图像。小波域滤波的关键是
小波系数滤波时所采用的方法,通常使用全局阈值法或局部自适应阈值法。

尽管小波变换的多分辨分析特性对 SAR 图像的平稳性不做任何要求,但小
波基不能表征高分辨率条件下线条的奇异性。鉴于此,多尺度几何分析[23]应
运而生,它致力于构建最优逼近意义下的高维函数表示方法。目前用于 SAR 图
像相干斑抑制的二维多尺度几何分析方法主要有曲波变换、轮廓波变换、剪切
波变换等。其中,曲波变换计算复杂度高,难以实时处理;轮廓波变换能以接近
最优的方式描述图像边缘,在 SAR 图像滤波中取得了较好的效果[24]。剪切波

变换可以提取图像中边缘曲线的最优逼近阶,同时可以得到高维信号的稀疏表达,同样在 SAR 图像滤波中效果显著[25]。但上述各变换均按固定方向分解图像破坏了图像的稀疏表示,且计算繁杂。

3)变分去噪法

图像去噪问题可以根据图像的先验模型和噪声特性建立能量泛函,去噪图像使得能量泛函达到极值。变分方法研究的是泛函的极值问题,因此可以将变分法用于图像去噪研究,利用变分方法寻求去噪问题的最终解。

1992 年,Rudin、Osher 和 Fatemi 以原始图像 u 的全变分范数 $TV(u) = \iint_\Omega |\nabla u| dxdy$ 作为正则项(也是 L^1 正则项),提出了全变分正则化模型用于去除加性噪声,通常称为 ROF 模型[26]。ROF 模型在图像边缘位置沿切向扩散,能够在抑制加性噪声的同时保留边缘信息。但受噪声影响,在图像的平坦区域会产生虚假的边缘方向,从而沿假边缘方向扩散产生阶梯效应,即容易产生"块状"效应。

针对乘性噪声去除,Rudin、Lion 和 Osher 于 2003 年依照 ROF 模型的思想设计了 RLO 模型[27]。另一种处理方法是 Log – TV 模型,首先对受乘性噪声干扰的观测图像做对数变换,将其变为加性噪声干扰,然后使用 ROF 模型去噪,最后对 ROF 去噪图像做反对数变换得到最终去噪图像[28]。这两种模型是 ROF 模型的乘性噪声版本,其假设噪声为高斯白噪声,但实际图像中乘性噪声的形态多样,高斯噪声只是其中一个形态。

基于 SAR 图像相干斑噪声服从伽马分布,2005 年 Aubert 和 Aujol 利用最大后验概率估计提出了全变分乘性噪声去除模型,即经典的 AA 模型[29]。AA 模型采用了与 ROF 模型相同的全变分范数作为正则项,但其数据保真项通过对乘性噪声的最大后验概率估计得到,从而适用于 SAR 图像去噪。2008 年,Shi 和 Osher 在 AA 模型基础上,将观测图像做对数变换代入正则项,同时保留 AA 模型数据保真项,将能量泛函变为凸函数,从而解决了 AA 模型能量泛函的非凸问题,该模型通常称为 SO 模型[28]。2010 年,Steidl 和 Teuber 利用 I – Divergence(广义 Kullback – Leibler 距离)作为保真项,提出了 I – Divergence – TV 模型,简称 IDT 模型[30],并证明 IDT 模型适合于伽马噪声图像。

以经典 AA 模型和 IDT 模型为基础,研究人员提出了很多乘性噪声去除方法。2012 年,Daiqiang Chen 利用随机变量的局部统计特性自动选择正则化参数,提出了伽马噪声去除的局部约束全变分模型,命名为空时自适应全变分模型[31]。2014 年,基于全广义变分正则化,Wensen Feng 提出了高阶全变分去噪方法[32]。

为解决上述含有 L^1 正则项的模型收敛速度慢的问题,研究人员提出了许多快速算法。典型算法包括 2004 年 Chambolle 提出的投影算法/对偶算法[33],以及 2009 年 Goldstein 提出的 Split Bregman 算法[34],这些算法的共同优点是避开了全变分范数的正则化。为解决 AA 模型速度慢的问题,Yumei Huang 于 2009 年提出了快速算法模型,该模型对观测图像做对数变换和变量分裂得到新模型,然后将新模型分为两部分,分别采用牛顿迭代法和 Chambolle 法进行求解[35]。2012 年,Fangfan Dong 提出了乘性噪声去除的非局部全变分模型,并用 Split Bregman 算法实现快速求解[36]。2013 年,Kang、Yun 和 Woo 提出了双水平凸松弛变分模型,实现了 SO 模型和 IDT 模型的快速求解[37];Woo 和 Yun 提出了迫近线性交替方向法,实现 AA 模型和 IDT 模型的高效求解[38]。

2. 多极化 SAR 图像相干斑抑制

随着多极化和全极化 SAR 系统的发展,极化 SAR 图像滤波技术受到日益关注。对于单通道 SAR 图像而言,相干斑在统计上可以用乘性噪声模型来表征。对于极化 SAR 图像来说,可以用协方差矩阵或相干矩阵来表示,其矩阵对角线元素具有乘性噪声特征,但非对角线元素为乘性和加性噪声,且乘性噪声和加性噪声的比例与通道间的相关系数紧密相关。只有在特定条件下,可以用乘积模型对极化 SAR 图像进行近似统计建模。因此,不能将单极化 SAR 图像滤波算法简单拓展到极化 SAR 图像滤波。极化 SAR 图像滤波不仅要在去噪的同时保留细节信息,还需要考虑极化信息的保持。根据极化 SAR 图像相干斑抑制过程中信息的保持程度,粗略分为以下 3 类。

1）极化合成滤波

经典的极化 SAR 图像滤波方法之一是针对单视复数据的极化白化滤波器（Polarimetric Whitening Filter,PWF）[39],其基本思想是使得图像的标准差与其均值之比达到最小。将 PWF 推广到多视数据后称为多视极化白化滤波器（MPWF）[40]。PWF 方法的输入是多通道数据,输出是单通道数据——合成功率图,其对功率图的相干斑抑制效果较好,但各极化通道的噪声未得到有效抑制。

最优加权滤波器[41]和矢量滤波器[42]是基于线性最小均方误差准则的去噪方法,适合于单视和多视数据。与 PWF 方法仅得到功率图不同,最优加权滤波器可输出 3 幅幅度图像,但其也没对协方差矩阵的非对角线元素进行滤波处理,同样完全丢失了相位信息。不同于最优加权滤波器在极化域滤波,矢量滤波器在极化域和空域同时处理。

基于最优纹理估计的滤波方法包括 ML 纹理估计、MMSE 纹理估计、Gamma - MAP 纹理估计和矢量 LMMSE（线性最小均方误差）纹理估计等[43],此类方法在去噪的同时较好地保持图像的纹理信息,但也是多通道数据输入、单纹理数据输出,同样丢失了极化信息。

2）基于功率图的极化滤波

该类方法选择极化功率图来计算像素之间的相似性,然后将这个相似性度量应用到协方差矩阵的每个元素,分别进行滤波,如精制极化 Lee 滤波算法[44]和改进的 IDAN 滤波算法[45]等。李悦等参照精制极化 Lee 滤波方法,把非局部均值算法推广到极化 SAR 滤波过程中[46]。IDAN 滤波算法采用区域生长技术和 Sigma 滤波自适应地选取均匀区域像素,而不仅仅是在固定扫描窗里筛选,然后采用类似精制极化 Lee 滤波的方法对中心像素进行处理。相比极化合成滤波算法,该类方法使极化特征得到了较好保持,然而由于它仅采用了能量特征作为相似性度量,忽略了极化通道之间的差异,使得部分极化信息丢失。

3）基于极化信息保持的极化滤波

该类算法是近年来极化 SAR 滤波领域的研究热点。它不仅要逐个通道滤波,而且还要保持各自的极化特征。在像素相似性度量过程中,该类方法不再简单将极化数据用功率来表征,而是直接采用极化特征来度量两个像素的相似性,整个过程也可理解为极化 SAR 的 RCS 重建。精制极化 Lee 滤波和 IDAN 滤波算法在 LMMSE 滤波时选取统计特性一致的像素,但统计特性一致的像素可能包含不同的散射特性。为此,研究人员提出了基于散射模型的滤波算法[47],首先采用 Freeman - Durden 分解结果对像素进行分类,筛选同一类别的像素进行 LMMSE 滤波,以提高极化信息保持能力。另外,郭睿[48]等应用 Cloude 分解,利用散射熵 H、散射角 α 和各向异性 A 三分量将散射特性分为 18 类,对图像各像素点进行标识,然后利用标识相同的像素点完成滤波,增强了极化散射特性的保持能力。

与此同时,国内外也出现了一些新的极化 SAR 滤波模型和方法。变换域方法已推广到极化 SAR 滤波领域,其中,小波变换的研究居多[49]。Gu 等从子空间分解理论出发,提出了类似于 MUSIC 算法的极化 SAR 滤波方法。该方法将协方差矩阵表征为“信号子空间”与“噪声子空间”,分离去噪后较好地保持了极化信息,但由于采用了矩阵分解,运算量巨大。Chen 等从独立成分分析出发,提出了基于 ICA - SCS 的极化滤波方法。Schou 等把图像等效为一个随机场,将模拟退火思想引入极化 SAR 滤波中。

纵观上述相干斑抑制算法,都是在抑制相干斑和保持图像细节之间进行折中。要想取得良好的相干斑抑制效果,在去除噪声的同时,如何保持图像的细微几何结构和极化通道相关性值得进一步深入研究。

1.2.2 SAR 图像分割

图像分割是将整幅图像空间按照一定的规律或要求分成若干个“有意义”

或"感兴趣"区域的技术。对图像去噪或图像滤波而言,整个过程输入的是图像像素,输出的是处理后的图像像素。而对图像分割来说,输入的是图像像素,但输出的是描述各感兴趣目标的边界或符号。图像分割是机器视觉、图像搜索、视频监控、模式识别等应用的重要处理环节,分割效果直接关系到最终的处理结果。

1. 单极化 SAR 图像分割

1）图像分割算法概述

研究人员已经提出了许多图像分割算法,也有各种算法分类标准。按照定位分割边界信息的不同,分割算法可以分为边界类和区域类两大类[50]。边界类方法利用区域间灰度等特征的不连续性,主要采用边缘检测的方法,在获取边缘后通过边缘连接等后续处理得到连续边界线。区域类方法利用区域内灰度等特征的相似性,该类算法主要包括阈值化分割、区域生长及各种推广方法,此类方法的关键是各类阈值的选择。但区域类方法对噪声敏感,对具有相干斑噪声的 SAR 图像而言,此类方法分割不宜直接使用。

对 SAR 图像来说,主要采用的分割算法包括基于边缘检测方法、基于马尔可夫随机场方法和基于活动轮廓模型方法等。基于边缘检测的 SAR 图像分割算法,采用均值比(Ratio of Averages,ROA)检测器[51]、指数加权均值比(Ratio of Exponentially Weighted Average,ROEWA)检测器[52]及各类改进方法提取边缘,受 SAR 图像固有相干斑噪声影响,得到的边缘通常是短小的,断裂边界连接等后处理操作比较复杂,且存在边缘精确定位难的问题。基于马尔可夫随机场(Markov Random Field,MRF)的分割算法[53-54],利用图像的噪声统计特性、局部区域的结构信息,可以获得好的分割精度,但其迭代寻优过程比较慢,需要对算法进行优化设计,并且较多的可调参数使得优化设计比较困难。以变分法和偏微分方程理论为支撑的活动轮廓模型分割算法[55],首先定义能量泛函,设置初始轮廓线;然后在能量泛函最小的引导下,逐步改变曲线的形状以收敛到图像中目标和背景的真实边界,近年来得到了广泛关注和应用[56-60]。基于活动轮廓模型的分割算法,具有较强的理论支撑,得到的分割边界线是平滑和闭合的,且引入水平集后能够自然处理轮廓曲线的拓扑结构变化,具有较强的鲁棒性。

2）基于活动轮廓模型的分割算法

自 20 世纪 80 年代以来,基于活动轮廓模型的分割算法发展迅速,研究人员提出了许多经典模型,并已经在光学图像和医学图像处理领域取得了很好的应用。这些活动轮廓模型按照不同的分类准则可以归为不同的类别。按轮廓曲线的表达形式不同,活动轮廓模型(Active Contour Model,ACM)可以分为参数活动轮廓(Parametric Active Contour,PAC)模型和几何活动轮廓(Geometric Active Contour,GAC)模型[61]。按照定位分割边界信息的不同,活动轮廓模型可以分为边缘类和区域类。

（1）基于边缘信息的活动轮廓模型。活动轮廓模型的研究始于 1987 年 Kass 和 Witkin 等提出的 Snake 模型[55]，由于采用了新思想和新理念而得到广泛关注。以 Snake 模型为基础，研究人员相继提出了气球力 Bolloon Snake 模型[62]、距离力 Snake 模型、梯度矢量流 GVF Snake 模型[63] 和基于力场分析的 Snake 模型[64] 等，利用边缘信息的 Snake 模型在图像处理和计算机视觉等领域取得了成功应用。上述 Snake 模型及其改进型都属于参数活动轮廓模型。PAC 模型将轮廓曲线当作一条带参变量的曲线，以曲线的参数化形式表示轮廓曲线的运动变化，其优点是易于快速实现，但具有不容易处理轮廓曲线的拓扑结构变化的缺点。

水平集方法由 Osher 和 Sethian 于 1988 年提出[65]，用于热力学研究中捕捉复杂运动下的火苗外形变化。水平集是一种解决曲线演化的有效方法，它将曲线或曲面隐藏在零水平集中隐式地完成曲线演化，即曲线演化运动问题转化为水平集的演化。水平集方法擅于描述轮廓线的拓扑结构变化，包括轮廓线的分裂或合并等，因而在物理学、图像处理、计算机视觉等领域得到广泛应用。在图像处理领域，Caselles[66] 和 Malladi[67] 研究将水平集方法用于活动轮廓模型图像分割中，针对 Snake 模型不容易处理拓扑结构变化的缺点，将曲线演化的偏微分方程用水平集表示并求解，提出了 GAC 模型。GAC 模型缺乏理论准则的支撑，其从曲线演化理论出发直接建立，不是从能量泛函最小化获得，同时该模型存在演化收敛速度慢、易发生目标边界泄漏等缺点。

Caselles[68] 和 Yezzi[69] 两个研究小组借鉴参数活动轮廓模型 Snake，分别提出了新的几何活动轮廓模型。新模型利用了黎曼空间的测地线概念，两点间的距离不再是欧几里德距离，而是某种特征加权的测地距离，因此该模型取名为测地活动轮廓（Geodesic Active Contour，GAC）模型或短程活动轮廓模型。该模型从建立能量泛函出发，寻找以边缘指示函数为权系数的最短轮廓曲线。测地活动轮廓模型的英文简称与几何活动轮廓模型的英文简称相同，在本书后续部分，如果提到活动轮廓模型的分类且与参数活动轮廓模型对比，英文简称 GAC 代指几何活动轮廓模型，如果是讲述具体的模型，GAC 则代指测地活动轮廓模型。

上述 Snake 模型及其改进型和测地活动轮廓模型都是基于边缘信息的活动轮廓模型，它们仅仅利用了图像中不同区域间灰度等特征的不连续性，而没有考虑同一区域内灰度等特征的相似性。利用区域内信息相似性，研究人员提出了基于区域信息的活动轮廓模型。

（2）基于区域信息的活动轮廓模型。1985 年，Mumford 和 Shah 提出了分段光滑的模型,用分段光滑函数表述灰度近似的同质区域,通常简称为 Mumford – Shah(M – S)模型[70]。在 M – S 函数的基础上,通过简化,Chan 和 Vese 于 2001 年利用水平集方法提出了基于区域信息的活动轮廓模型,即无边缘活动轮廓(Active Contours without Edges)模型,通常简称为 C – V 模型[71]。

在图像各类区域强度相似的情况下,C – V 模型能得到好的分割结果,然而在实际研究中,图像中的感兴趣区域经常不满足该条件。由于光照不均匀、噪声影响等原因,强度不均匀现象在真实图像中普遍存在[72-73],C – V 等全局区域信息模型的分割效果不佳。针对强度非均匀图像的分割,2007 年 Chunming Li 利用图像中局部区域信息,提出了局部二值拟合活动轮廓模型(Local Binary Fitting,LBF)[74],并于 2008 年进一步发展成为尺度可变区域拟合模型(Region – Scalable Fitting,RSF)[72]。

(3)基于活动轮廓模型的 SAR 图像分割。在 SAR 图像分割方面,加拿大 Ayed 等是较早研究活动轮廓模型的学者。针对 SAR 图像相干斑噪声特点,Ayed 研究了基于伽马分布[74-75]、Weibull 分布[76]的水平集活动轮廓模型。利用对数正态分布,Silveira 研究了基于区域水平集方法的 SAR 图像水陆分割[77]。贺治国提出了基于 G^0 分布的全局活动轮廓模型分割算法[78],随后黄魁华等利用 G^0 分布设计了局部统计活动轮廓模型用于 SAR 图像海岸线检测[79],Marques 提出了基于 G_A^0 模型的水平集 SAR 图像分割算法[80],皮亦鸣研究组发表了基于 G^0 统计模型的多相 SAR 图像分割算法[81]。Huihui Song 用高斯分布拟合强度非均匀图像,提出了全局统计活动轮廓模型用于 SAR 图像油膜分割[57]。

另外,国内学者针对 SAR 图像分割还提出了一些新模型和算法。孔丁科避开 SAR 图像数据的统计分布,提出了基于区域相似性的活动轮廓模型[82]。毛万峰等用模糊 C 均值聚类结果初始化水平集,提出了基于模糊水平集的分割方法[83]。徐川等利用伽马分布设计了多尺度水平集分割方法用于水体提取[84]。贺治国在 GAC 模型基础上,引入 ROEWA 边缘检测器提出了 ROEWA – GAC 模型[85-86]。

总的来说,充分利用信息建立能量泛函是活动轮廓模型分割算法的关键。另外,基于水平集的活动轮廓模型分割方法,存在收敛速度较慢等缺点。针对此类问题,一种解决方法是利用 Otsu、FCM 等分割算法对 SAR 图像粗分割,利用粗分割结果作为初始轮廓线,再进行水平集分割[83-84,87-88],从而加快曲线演化进程。

2. 多极化 SAR 图像分割

在极化 SAR 图像处理方面,研究人员已经提出了许多全极化 SAR 图像分割算法,同样也有各种算法分类标准。根据全极化数据利用形式的不同,可将这些算法大致分为直接利用散射矢量(或散射矩阵)的方法、直接利用协方差矩阵(或相干矩阵)的方法、利用全极化数据所提取的极化特征的方法,以及综合利用各种特征的方法。

1)直接利用散射矢量或协方差矩阵的方法

1992 年,Rignot 等提出了基于 MRF 和最大后验概率的多极化 SAR 图像分割算法,假设多极化数据服从高斯分布,通过迭代条件模型(Iterative Conditional Model,ICM)算法实现图像的分割[89]。

2007 年,吴永辉等以多视全极化 SAR 图像协方差矩阵服从 Wishart 分布为基础,将 Wishart 分布和 MRF 模型相结合,获得较好的分割结果[90]。其利用基于 Wishart 分布的最大似然法获得初始分割,以解决 ICM 算法分割结果受初始条件影响较大的问题。2009 年,张涛等以全极化数据的相干矩阵服从 Wishart 分布为基础,将相干矩阵与 MRF 模型结合,实现了较好的极化 SAR 图像分割。

在极化 SAR 图像水平集分割方面,典型方法是假设极化 SAR 图像区域统计特性服从 Wishart 分布。Ayed 借助最大似然法和 Wishart/高斯分布提出了多向水平集分割法。杨健等在 Wishart/高斯分布基础上,将边缘信息引入能量泛函,提高了极化 SAR 图像分割的精度[58]。

由于 Wishart 分布能有效对均质区建模,基于 Wishart 模型的水平集方法对低分辨率的极化 SAR 图像分割取得了较好的效果。但 Wishart 分布不太适合描述异质区,特别是纹理信息丰富的高分辨率极化 SAR 图像,为此,Bombrun 等提出采用 Kummer U 分布作为极化 SAR 图像的统计模型[91]。邹鹏飞等以高分辨率极化 SAR 图像散射矢量满足 Kummer U 分布为基础,提出了高分辨率极化 SAR 图像水平集分割方法[92]。

2)利用极化特征的方法

利用全极化数据所提取的极化特征的分割方法,一般采用极化分解的方式获得各种极化散射特征。Lee 等提出了基于 Freeman 分解和 Wishart 分类器的极化 SAR 图像分割方法[93],首先对极化相干矩阵采用 Freeman 分解,将地物分为具有一定物理含义的各个变量的组合,然后利用 Wishart 分类器实现分割。结合 Freeman 分解和散射熵的 MRF 多极化 SAR 分割算法[94],首先采用 Freeman 分解提取表面散射、偶次散射、体散射的功率,初始划分地物为 3 种散射机制各占主导地位的区域以及混合散射机制区域,然后通过 H/α 分解提取散射熵,将地物分为高熵、中熵、低熵 3 个区间,从而初始分为 12 个类别,进一步采用层次聚类算法对初始分类结果进行类间合并,最后采用 MRF 方法实现分割。

皮亦鸣等提出了基于极化特征分解的水平集极化 SAR 图像分割方法[95],基于极化散射熵 H、平均散射角 α 和反熵 A 在相同类型区域的相似性,利用 H、

α 和 A 构成极化特征矢量,以 C – V 模型为基础设计极化特征矢量的活动轮廓模型,实现极化 SAR 图像水平集分割,效果优于 Ayed 提出的 Wishart/高斯分布水平集分割法。

另外,超像素分割、谱图分割、均值漂移等方法也已经应用到多极化 SAR 图像分割中。简单线性迭代聚类(Simple Linear Iterative Cluttering,SLIC)是一种基于 K 均值聚类的超像素分割法,实现简单。研究人员利用修正 Wishart 距离和后处理对 SLIC 法进行改进,使其可用于多极化 SAR 图像分割[96]。谱图分割又叫谱聚类分割,是图像分割领域一个新的研究热点,具有能在任意形状的样本空间上聚类且收敛于全局最优解的优点。Ersahin 等将谱图分割理论应用于极化 SAR 图像,提出了基于图像边缘信息的谱图分割方法[97]。均值漂移(Mean – Shift,MS)是一种迭代算法,它依次计算各像素点在一定窗口中的均值漂移向量,将起始点移动至向量所指位置,并以此为新起始点继续漂移,直到满足一定条件才停止漂移,停止位置为模态点。然后,把具有相同模态点的像素合并到同一区域,实现图像分割。研究人员将 MS 法和 MRF、谱图分割等方法结合用于多极化 SAR 图像分割,取得了较好的分割结果。

1.2.3 SAR 图像港口检测

港口是水路联运的交通枢纽,完成船舶停靠、上下乘客和装卸货物等功能,是重要的军民用设施。基于遥感图像的港口目标检测与识别,可用于港口调查、规划选址、新建港口监测等。随着 Radarsat – 2、TerraSAR – X 和 Cosmo – Skymed 等高分辨率 SAR 卫星投入运营,在高分辨率成像条件下,用于目标检测和识别的 SAR 图像数据量大、图幅巨大,传统的目视判读方式耗时费力,采用计算机自动化处理是一种有效的解决方法[98 – 101]。

1996 年,印度研究人员发表了利用印度 IRS 卫星红外图像进行港口目标检测的论文,这是较早的利用遥感图像开展港口检测的公开报道[102]。但总体上来说,国外关于港口目标检测的公开论文较少。现有遥感图像港口目标检测方法,可以归纳为基于海岸线检测码头[98,103 – 107]、岸线封闭性检验[108 – 111]、突堤检测[99 – 100,112 – 113] 3 类。

1. 基于海岸线检测码头类

基于海岸线检测码头类方法,主要利用港口码头的直线、折线、角点等特征。基于直线检测港口的方法[103 – 105],通常是在海岸线检测的基础上进行线段连接,然后寻找符合港口码头边缘特征的平行线对来定位港口。基于折线特征的方法[106 – 107],主要利用码头的 4 个转折的折线特征,采用差分链码提取 4 个连续链码拐点的轮廓基元实现港口检测。基于直线和折线特征的方法要求遥感图像中港口码头具有好的平直性,即要求图像分割获取的海陆边界好,该类方法适合于可见光遥感图像,不适合 SAR 图像。基于角点特征的方法[98],在 SAR 图像边缘检测的基础上,利用小波变化等方法提取轮廓线上的角点,最长且具有角点的曲线即是港口。该方法很可能将一段较为曲折的海岸线误判定为港口轮廓线。

2. 岸线封闭性检验类

岸线封闭性检验类方法[108-111]利用口门的半封闭性测度来实现港口检测,其机理是港口轮廓线的长度远大于港口口门处的直线距离,这类方法对尺寸小且海岸线简单的图像具有较好的效果,但对于图像尺寸大或水陆分界海岸线复杂的情况,效果并不理想。这主要是因为该类方法通常利用多边形近似法拟合海岸线得到特征点,通过计算特征点间的封闭性测度,定位港口岸线开始位置和结束位置,对于图像尺寸大或海岸线复杂的情况,获取特征点的过程复杂且耗时,容易导致特征点过多且最终效果不理想[113]。

3. 突堤检测类

突堤检测类方法一般包括突堤检测和突堤合并两个步骤。首先,根据港口突堤两侧都存在水域的特点,采用横向和纵向扫描结果取交集的方法实现疑似突堤检测;然后,采用区域合并法实现突堤聚类,确认港口目标。该类方法对海陆分割精度要求相对较低,速度较快,已用于光学[112]和 SAR 图像[99,100,113]。

综合利用岸线封闭性检验法和突堤检测法的优点,文献[113]提出了基于特征的粗精两级港口检测法。第一级粗精度港口检测与突堤检测类方法相同,但在突堤聚类得到疑似港口后,增加了基于投影交叠规则的鉴别操作,以降低虚警。在第二级高精度港口检测中,根据粗检测港口区域矩形框 4 个顶点在水陆分割二值图中的位置确定口门方向,利用该方向为每个突堤确定一个特征点,继而利用封闭性检验法来实现最终港口检测。与岸线封闭性检验法相比,该方法使用的特征点少,可以大幅减少计算量。

现有突堤检测类方法采用横纵向扫描交集法检测突堤,存在较大的漏检风险,如何提取结构较为完整的突堤是一个需要研究的问题。此外,现有方法在单口门港口条件下能得到较好的检测结果,但港口布置存在多口门港口和密集分布港口两种复杂且常见情况。因此,需要深入研究 SAR 图像港口目标知识,挖掘适应于密集分布港口、多口门港口等复杂场景 SAR 图像的港口检测与鉴别方法。

1.2.4 SAR 图像船舶目标检测

船舶检测是 SAR 图像船舶自动识别的首要步骤,其主要任务是利用船舶目标和周围海域在 SAR 图像上所表现的差异,设置一个阈值进行判决检测。由此引出两个问题:一是如何增强船舶与海域之间的对比度;二是如何设定阈值。前者的关键在于挖掘船舶与海面区分度大的特征,后者重心落在判决的有效性上。

　　SAR 图像船舶目标检测算法,通常都是围绕这两个问题展开的。在图像处理中,利用阈值判决目标的存在与否,可归结为图像分割问题。对于船舶与海面的差异,可利用 SAR 图像相位和极化等特征进行图像增强,凸显船舶目标后在增强特征图上通过分割来完成船舶检测。对于检测结果中的虚警,则用鉴别特征,如长、宽、面积等几何特征和航向、航速等运动参数来剔除。下面简要分析 SAR 图像船舶检测算法发展情况。

　　1. 单极化 SAR 图像船舶目标检测

　　1)全局阈值分割检测方法

　　目标检测最简单的方法就是设定一个全局阈值,将高于此阈值强度的像素判定为目标。其中,典型算法有日本学者在最大类间方差准则下提出的 Otsu 算法;当目标与背景差别最大时取最佳阈值,其关键在于如何选择衡量差别的标准。当准则函数呈现双峰或多峰时,效果不好。文献[114]提出了二维熵阈值法(KSW),即通过找出图像灰度直方图的最佳熵值来二值分割,不仅反映了图像灰度分布的聚集特征,而且利用图像灰度分布的空间特征。如果将目标和背景看作两类,那么基于分类的方法也可以实现船舶检测。鲁统臻在 K 均值滤波基础上,将遥感分类思想引入 SAR 图像分割领域,发展适用于 Radarsat - 2 影像基于 FCM 的高分辨率 SAR 图像船舶检测算法[115]。

　　2)基于统计特性的检测方法

　　船舶 RCS 值依赖于许多因素,包括船舶材料、观察视角和雷达分辨率等。因此,很少使用全局阈值检测方法,更常见的是自适应阈值方法。该方法是一种根据背景杂波统计特性来自适应设定阈值的检测方法。根据背景杂波分布模型参数的有无,分为非参数化和参数化两大类。其中,非参数方法通过非参数模型来代替 SAR 图像数据的概率密度函数。其基本思想是使用不同的核函数加权和,得到统计分布的估计。非参数方法采用数据驱动模型,具有较高的估计精度,但它通常需要大量的样本数据,且计算复杂耗时。

　　参数化建模的基本思想是利用参数估计方法,即根据 SAR 图像数据最佳拟合分布来选择数据的统计模型。基于杂波统计特性的恒虚警 CFAR 检测算法是经典的参数化检测方法,在已有 SAR ATR 系统中应用最为广泛。CFAR 算法及各种改进型的核心是杂波建模和模型参数估计[116]。海杂波模型和图像的分辨率以及海况有关,最早使用的模型是高斯模型,如美国林肯实验室提出的双参数 CFAR 检测算法,对杂波均匀的区域有很好的检测效果。随后,对数正态、负指数、伽马、Weibull 等模型也用来模拟海杂波。1976 年 K 分布概念引入,受到广泛的研究,加拿大的 OMW 系统采用的即基于 L 视 K 分布的 CFAR 算法。1997 年 Frery 提出 G^0 分布[117],比 K 分布有更强的建模能力。这些模型中,高斯分布和对数正态分布易于工程实现,K 分布被公认为能较好地拟合海杂波,G^0 分布被认为建模能力更强,但 G^0 分布的参数估计相对困难。

同时,背景杂波参数的估计方法不同,也会影响到 CFAR 检测的性能,常见的 CFAR 检测器有单元平均 CFAR(Cell – Averaber CFAR,CA – CFAR)、最大选择 CFAR(Greatest of CFAR,GO – CFAR)、最小选择 CFAR(Smallest of CFAR,SO – CFAR)、有序统计 CFAR(Order – Statistic CFAR,OS – CFAR)等。CA – CFAR 适用于均匀杂波背景,GO – CFAR 和 SO – CFAR 适用于不均匀杂波背景,其中 GO – CFAR 主要针对杂波边缘设计,而 SO – CFAR 用于处理多目标环境下目标邻近干扰问题,OS – CFAR 算法原理来源于图像处理中的中值滤波。不同 CFAR 检测器具有不同的适用环境,Gui Gao 等提出了自适应 CFAR(Automatic – Censoring CFAR,AC – CFAR)算法,适用于同质及多目标环境[118]。此外,针对杂波区内存在目标泄露的情况,研究人员提出了迭代 CFAR 检测算法,通过迭代检测修正杂波分布,有效地改善检测效果,但计算复杂度也相应增大,执行效率较低[119]。

CFAR 仅考虑了背景分布,是一种次优检测。增加目标分布,就构成似然比检测(Likely Ratio Test,LRT)器,高斯噪声假设下即为 GLRT 检测器。然而在实际检测过程中很难明确目标的统计模型,似然比检测器鲜有应用。还有一种基于模板匹配的 SUMO 检测器[120],不仅考虑目标的特性,还考虑目标周围的特性,设计出目标检测模板实现检测,其参数估计思想同双参数 CFAR 算法。

3)基于相位的检测方法

相对于海洋回波,海上船舶等金属目标在方位向上相干性较强。鉴于船舶目标和海水的这种散射特性的差异,可利用相干性来区分目标和海水。在没有真实干涉 SAR 数据支持下,Arnaud 等将 ERS 的一幅 SAR 全孔径图像分为两幅子孔径图像,计算它们的相干系数得到相干图像后进行了检测。Iehar 等将二维交叉相关函数中的极值点判为目标[121]。

4)基于多分辨率分析的检测方法

Gagnon 等提出了一种多分辨率分析的船舶目标检测算法,通过离散小波变换提取相关子带,形成低分辨率的图像,其工作机理是在低分辨率条件下,人造目标的电磁散射比自然地物的电磁散射更加持久,因而易于检测。随后西班牙 Mariví Tello 等采用基于小波变换的方法进行 SAR 图像目标检测,得到了较好效果。该类算法主要思路是利用小波变换及其他多分辨率分析算法,在其分解特征,如小波子带及其组合图上选择合适的杂波统计分布模型完成船舶检测[122]。这种基于多分辨率分析的检测方法有基于多分辨率小波变化、基于子孔径分解等算法。

5) 基于深度学习的检测方法

近年来,随着深度学习技术的发展,基于卷积神经网络的目标检测方法也引入到 SAR 图像目标检测中,在船舶检测中也得到了初步应用。其主要思路:首先实现目标粗提取,然后构建卷积神经网络对可疑目标切片进行精确分类,实现船舶目标检测。此类方法的研究重点是如何构建低复杂度的卷积神经网络,以及解决 SAR 图像噪声导致的卷积神经网络在训练时学习缓慢等问题。

2. 多极化 SAR 图像船舶目标检测

极化 SAR 数据蕴含了丰富的地物极化散射信息,利用极化信息可以有效增强船舶目标与海杂波背景之间的对比度,从而提高目标检测率。随着 Radarsat-2、TerraSAR-X 和 Cosmo-SkyMed 等星载极化 SAR 系统投入使用,利用极化信息开展 SAR 船舶目标检测成为近年来的研究热点。基于极化 SAR 图像的船舶检测方法主要包括最优极化检测、基于极化统计分布的自适应检测、极化目标分解检测、极化时频分析检测等。

1) 最优极化检测技术

最优极化检测技术的基本思路是将最优化理论应用到多极化 SAR 数据,在某一准则下获得船海对比度最大的特征图,再用 CFAR 检测器或直接设置阈值来检测船舶。经典的最优极化检测技术包括极化白化滤波器(Polarimetric Whitening Filter, PWF)[39]、极化总功率 SPAN 等,这些方法在强相干斑噪声条件下存在虚警率高等不足。杨健等在最优极化对比度增强方法(Optimization of Polarimetric Contrast Enhancement, OPCE)的基础上提出了广义最优极化增强 GOPCE[123]方法,但 GOPCE 方法存在目标分裂的不足。

2010 年 Marino 利用各类地物散射机制不同的特点,提出了一种新颖的极化 SAR 目标检测方法[124],该方法采用 Huynen 极化叉将目标检测转换到目标极化空间,通过抑制特定散射机制分量,利用极化空间的相关处理来提取感兴趣目标。Marino 进一步基于摄动分析提出了极化 Notch 滤波器(Polarimetric Notch Filter, PNF),并不断改进,2010 年将该检测器成功应用于 Radarsat-2 全极化 SAR 图像船舶目标检测[125],2011 年和 2013 年分别应用于 TerraSAR-X 全极化 SAR 图像海上风力涡轮机和船舶检测[126-127],2014 年应用于 ALOS-PALSAR 全极化 SAR 图像船舶目标检测[128]。2015 年,Marino 将极化 Notch 滤波器引入极化干涉 SAR 数据处理中,建立了极化干涉 SAR Notch 滤波器,利用 TanDEM - X 双极化数据实现了船舶目标检测[129]。

为解决极化 Notch 滤波器漏检表面平坦船舶目标以及对强相干斑虚警等问题,孙渊等通过增加能量因子提出了改进极化 Notch 滤波方法,设计了多次极化 Notch 滤波,在基于散射强度的极化 Notch 滤波后,增加了方位向模糊消除极化 Notch 滤波、相干斑噪声消除极化 Notch 滤波[130]。

2) 基于极化统计分布的自适应检测方法

类似于 CFAR 目标检测,该类方法通过海洋杂波进行极化统计分布建模来实现舰船目标检测。其核心是海杂波极化统计分布建模。主要有极化高斯广义似然比检测器(PG - GLRT)。文献[131]推导了极化匹配滤波器 PMF 的统计分布服从 $P - G^0$ 分布,同时给出了该分布下 CFAR 检测阈值计算公式,并采用 Rdarsat - 2 全极化数据进行了验证。文献[132]在方位对称准则下提取了新的 $|\overline{T}_{23}|$ 特征图,并推导了相应的统计分布模型,对 Rdarsat - 2 全极化舰船检测取得了较好效果。文献[133]推导了 Notch 滤波器中各因子成分的统计分布模型,其中舰船目标近似服从伽马分布,海杂波与高斯分布拟合最好,进而求出 CFAR 检测阈值实现舰船检测。

3) 极化目标分解检测技术

目标极化分解是指从极化 SAR 数据中提取目标极化散射特性。1999 年, Ringrose 首次将 Cameron 分解应用到航天飞机 SIR - C 极化数据进行船舶检测[134]。2001 年,Touzi 提出了利用极化熵来检测目标[135]。

国内,陈炯等利用 Cloude 分解构造极化交叉熵(Polarization Cross - Entropy,PCE)检测器[136],此类方法和 GOPCE 方法一样存在目标分裂的缺陷。张宏稷等在 Touzi 方法基础上提出一种基于功率条件熵和 Parzen 窗的检测方法,其采用的是 Cloude 分解[137]。邢相薇等提出一种基于目标分解和加权支持向量机(Support Vector Machine,SVM)分类的检测方法,联合使用极化分解中的各个参数构造加权特征向量,然后采用 SVM 监督分类[138]。

4) 极化时频分析检测方法

极化时频分析检测方法是利用时频分析技术来增强船海之间的对比度,从而达到检测目的。该类方法充分利用了极化特征与时频分析技术的优点,可获得更好的检测效果。文献[139]利用海洋极化功率图稀疏分布特性,提出了一种基于非负矩阵分解的极化舰船检测方法。该方法通过极化协方差矩阵分解的特征值,直接构造非负矩阵并通过统计直方图计算稀疏度后,迭代更新获得了非负矩阵来检测舰船。文献[140]将 CTD 相干目标分解结果中低能量分量与高能量分量的非负矩阵分解因子乘积用于舰船检测,对 Rdarsat - 2 全极化数据实验结果表明,可有效剔除强杂波、鬼影目标虚警。文献[141]采用线性时频分析方法,提出了时频域极化相干算子来检测目标,该算子首先对各极化通道数据进行时频分解,然后组合不同分解成分下的极化相干矢量,再由这些矢量组成相干矩阵后提取极化相干系数,利用 Rdarsat – 2 全极化进行实验,结果表明,可以有效剔除鬼影目标,并对不同类型岛屿目标具有一定鉴别度。

上述方法中,基于统计特性的 CFAR 算法可以适应不同类型目标的 SAR 图像检测,易于工程化,已成功应用于单通道 SAR 图像船舶目标检测。目前,SAR图像目标检测与鉴别的瓶颈性问题主要体现在快速高效检测、复杂环境下虚警剔除、极化信息利用等方面。

另外,自动识别系统(Automatic Identification System,AIS)数据在 SAR 船舶目标检测中得到了广泛应用。AIS 是国际海事组织规定强制安装在船舶上的航行设备,AIS 数据中包含丰富的船舶静态信息、动态信息及与航行有关的信息等,研究人员利用 AIS 数据提高 SAR 图像船舶目标检测的准确性。德国宇航中心(DLR)综合利用 TerraSAR – X 与星载 AIS 实现船舶目标的监视[142],加拿大国防研究与发展机构(DRDC)、欧盟联合研究中心(JRC)等机构也相继开展了此类技术的研究[143]。国内,中国科学院、中国海洋大学、合肥工业大学和大连海事大学等机构也在山东和辽宁附近海域开展了 SAR 与 AIS 同步舰船检测试验[8,115,144 – 146],并取得了一定研究成果。国防科技大学综合利用星载 SAR、岸基 AIS 与天拓一号星载 AIS 数据,对船舶目标融合检测开展了大量研究[147 – 148]。

1.2.5 SAR 图像船舶目标分类

SAR 图像船舶分类,即对船舶鉴别结果大致分类,确认目标是军舰还是民船;若是民船,再确认为是油船、货船还是集装箱船,属于典型的模式识别问题,也是计算视觉重要的应用领域。该过程关键在于提取分类特征和选择分类器。

1. 船舶分类特征

1) 几何结构特征

SAR 图像中船舶几何类特征最为直观,主要包括船舶几何尺寸和轮廓结构两类特征。具体处理时,先分割图像提取船舶船体区域,然后通过目标二值图进行计算。长度由于简单直观、易于提取,是船只分类的重要特征,其主要提取方法有最小外接矩形法、最小二乘拟合直线法和 Radon 变换[149]等。受相干斑、图像分辨率和成像机制等因素影响,长度估计结果存在一定误差,但并不妨碍用于船只类型的初始判别。如 Pastina 提取 SAR 图像船舶目标尺寸和表面结构后,通过模板匹配,实现了船舶初步分类[150]。

2) 电磁散射特征

电磁散射特征是指目标的电磁散射强度及其分布特征,具体表现为强散射点类特征和区域统计类特征。高分辨率条件下,SAR 图像中船舶内部结构明显,图像中强散射体位置及强度与船舶结构之间存在映射关系。文献[151]通过 Surf 算子采集 SAR 图像中强散射点来判定目标是否属于集装箱船。然而受成像诸多因素制约,强散射点特征不够稳健。相比之下,电磁散射的区域统计特征比较可靠,可根据不同类型船舶的散射分布进行分类。文献[152 – 155]分别提出局部 RCS 密度、五区域散射模型、宏结构和纵向自相关性等特征来描述船舶区域散射特性,结合 SVM 形成了船舶分类算法。

3) 极化散射特征

目标极化特性与其形状结构之间密切相关,是完整刻画目标特性不可或缺的[156]。极化目标分解通过极化散射矩阵揭示了不同散射机制的物理含义,是利用极化 SAR 数据反演目标结构信息的一种有效手段。具有代表性的是西班牙 Margarit 等通过 SDH、Pauli 相干分解方法利用模拟极化 SAR 数据开展了船舶散射机制研究[157],并尝试建立船舶结构和极化散射特征之间的联系。类似研究还有文献[158 – 159]利用 UAVSAR、Radarsat – 2 数据通过不同极化目标分解方法进行了实验,但效果并不理想。

总的来说,几何结构特征直观、简便,但易受到船体分割效果、方位角提取精度和载货状态等因素干扰。因此,几何特征常和其他特征联合使用。电磁散射特征中强散射峰值点是船舶目标最为显著的散射特征,但该特征并不稳定,与成像条件相关性较大;而电磁散射的区域统计特征表现相对稳定,有望应用于船舶分类。受限于极化 SAR 图像分辨率较低,难以确定极化分解的散射机制和船舶精细结构之间的对应关系,因此通过极化特征进行船舶分类还有待传感器技术的发展。

2. 分类器模型

分类器是实施船舶分类的核心技术,其基本原理是依据一定准则,寻求待分类船舶的特征与已知类型船舶特征之间的最优匹配关系,最优匹配结果即为目标类型。按照原理的不同,分类器可归结为模式匹配、神经网络、统计模式识别和模糊模式识别 4 种分类模型[120],具体性能对比如表 1 – 4 所列。

上述分类方法理论基础完备,但分类器的设计和判别均比较繁琐,处理过程相对复杂。高分辨率条件下,当 SAR 图像中不同类型船舶在几何结构和电磁散射特性上差异显著时,可直接根据差异特征构建规则来判断,实现船舶分类。

表 1 - 4　分类器模型性能对比

分类器模型	工作原理	优点	缺点
模式匹配方法	采用待分目标的图像或其特征矢量计算获得匹配对象之间的匹配测度,由此判定目标所属的类别,如 KNN 分类器	思想直观、方法简单,且分类效果较好	需要完备的模板库,不适于高维分类
神经网络方法	在不同权重和阈值的非线性映射下,寻找训练样本输出变量之间的关系,进而实现对目标的分类,如 BP 神经网络分类器	容错性和鲁棒性强	小样本时分类精度难以提高且运行速度相对较慢
统计模式识别方法	利用统计样本估计出目标特征矢量的概率密度函数,在某种最优准则下构造判别函数,如 Bayes 分类器	分类对象类型不限,都参与分类	要确定先验概率并估计样本分布概率
模糊模式识别方法	基于模糊集理论,用模糊集表示目标特征后将目标分类问题转化为模糊推理问题来解决,如模糊评判法	无需二值判别,得到目标类别隶属度	需大样本和专家知识支持

1.2.6　SAR 图像船舶目标识别

船舶目标识别是指将待识别船舶目标从其同类船舶中区分出来的过程。基于模型的船舶识别方法基本处理流程为:①建立船舶目标的三维模型数据库;②从待识别船舶目标的 SAR 图像中提取特征;③根据待识别 SAR 图像成像条件,利用三维模型通过仿真技术获得仿真 SAR 图像并提取特征;④将这些特征同待识别 SAR 目标特征进行对比并作出决策。目前,SAR 图像目标识别研究方法可粗略归结为两类。

1. 基于峰值或散射中心匹配的识别方法

作为 SAR 自动目标识别的重要特征,峰值特征是雷达波作用于目标后形成的强散射表现。散射中心特征不仅反映了峰值的位置和幅度,还表征了频率色散因子等相关参数。这类特征与目标的局部纹理结构和材质等紧密关联,主要通过模式匹配的方法来实现 SAR 图像目标识别。具体经由峰值点集[160-162]或者目标散射中心[163-164]匹配来完成。该类算法遵循特征提取和匹配识别的处理结构,显然算法性能的优劣落在有效提取峰值或散射中心特征及匹配策略的选取上。

2. 基于稀疏与压缩感知的识别方法

稀疏表示方法是一种新兴的信号分析工具,已逐步推广到目标识别领域。其中,文献[165]将其应用到 SAR 目标型号识别中,利用 L^1 范数最小化算法取得测试样本的稀疏表示解,通过单个样本重构误差最小准则判断测试样本的型号。文献[166]进一步证明,某种条件下,L^1 范数最小化算法还可以获得与输入信号更加相似的原子集合;利用非负约束准则剔除稀疏表示解中与输入信号呈负相关的原子,更有利于 SAR 目标识别。但该类方法需要大量训练样本,实用价值有限。贝叶斯压缩感知(Bayesian Compressive Sensing,BCS)框架考虑了压缩测量过程中的噪声,故更适合于含噪声的目标识别。文献[167]构建了 BCS 用于 SAR 目标识别的算法。该算法将所有目标训练样本当作传感矩阵,利用 BCS 模型求解待测试样本的稀疏系数矢量;最终通过稀疏系数矢量识别目标类型。尽管无需事先估计测试目标图像方位角,但同样离不开大量训练样本。

目标识别算法发展依赖于 SAR 图像质量和分类算法精度。目前,米级分辨率以下的公开 SAR 图像并不多见。而成像中存在的遮蔽、叠掩和散焦等不良现象严重影响了识别效果。同时,随着目标种类增加,一方面带来了数据存储的压力,另一方面对识别速度和准确率构成显著影响。随着分类算法精度的提升,有望改善目标种类带来的影响。

1.3 本书内容及结构安排

本书系统介绍了高分辨率 SAR 图像相干斑抑制、图像分割、港口目标检测、船舶目标检测、分类与识别等方面的算法。具体共分为 8 章。

第 1 章简要介绍了 SAR 图像海洋目标监视技术发展现状,系统梳理了 SAR 图像相干斑抑制、SAR 图像分割、SAR 图像港口目标检测、SAR 图像船舶目标检测、分类与识别等关键技术的国内外研究现状。

第 2 章介绍了 SAR 图像非局部均值相干斑抑制。首先介绍非局部均值算法及其在 SAR 图像中的应用;针对单极化 SAR 图像,给出快速 PPB 相干斑抑制算法;对于全极化 SAR 图像,在功率图上直接应用快速 PPB 算法,将非局部均值算法推广到极化 SAR 图像;随后推导了极化 SAR 图像贝叶斯非局部均值滤波模型,并设计了相应快速算法。

第 3 章介绍了 SAR 图像全变分去噪。介绍了常用的变分去噪模型,研究了针对乘性噪声的自适应全变分噪声去除模型,理论分析了其自适应扩散性能。

第 4 章介绍了基于活动轮廓模型的 SAR 图像分割。介绍了曲线演化方程和水平集,分析了常用的几何活动轮廓模型,给出基于局部离散度的活动轮廓模型用于强度非均匀图像分割,研究基于混合活动轮廓模型的多尺度水平集分割算法用于水体分割。

第 5 章介绍了高分辨率 SAR 图像港口目标检测。分析港口目标结构及其微波散射特性,介绍了 SAR 图像港口检测经典方法;给出利用先验约束的 SAR 图像港口检测与鉴别方法;针对密集分布港口、多口门港口等复杂场景,研究了基于口门边界线的复杂场景 SAR 图像港口检测与鉴别方法。

第 6 章介绍了高分辨率 SAR 图像船舶目标检测。首先简要介绍恒虚警率检测算法原理,常用海杂波统计分布模型与参数估计;在瑞利熵优化算法获得高信杂比特征图的基础上,给出单极化 SAR 图像的快速 CFAR 船舶目标检测算法;研究基于模型分解的 Notch 滤波,以有效增强船舶目标与海杂波之间的对比度,实现全极化 SAR 图像船舶目标高效检测。

第 7 章介绍了高分辨率 SAR 图像船舶目标分类。首先分析高分辨率 SAR 图像船舶目标特征;介绍了一种基于迭代线性回归最小外接矩形的高精度船舶几何参数估计算法;介绍了最优纵向自相关和归一化强散射脊线偏心距等区域统计电磁散射特征提取;最后给出了 SAR 图像船舶分类方案。

第 8 章介绍了高分辨率 SAR 图像船舶目标匹配识别。介绍基于数据与模型驱动仿真的 SAR 图像船舶目标识别框架,研究了基于图形电磁计算的船舶目标 SAR 图像仿真,给出基于点特征匹配的高分辨率 SAR 图像船舶目标识别算法。

第二章

SAR图像非局部均值相干斑抑制

相干斑是基于相干成像机理系统的固有特性,在 SAR 图像中不可避免地存在相干斑噪声。SAR 图像强度均由真实 RCS 值叠加噪声组成,相干斑抑制可归结为 RCS 参数估计或重建问题,即利用给定的图像观测强度来反推 RCS。

SAR 图像目视解译中,主要关心目标结构特征的完整性。因此,相干斑抑制的重点是要清晰重建目标,而不降低目标与背景杂波之间的信杂比。非局部均值算法使用图块来衡量像素点之间的相似性,突破了原来的基于像素点的设计思想。由于图块包含了图像结构信息,从而可以充分利用图像自身内部结构的冗余信息,来确保边缘和纹理不被破坏。通过设置大的搜索窗口,根据图像邻域结构之间的相似性加权平均处理,即能充分抑制同质区域噪声。非局部均值算法充分利用了图像自身内部的结构相似性特点,可以最大限度地重建船舶目标结构。

本章首先介绍了非局部均值算法原理及其在 SAR 图像中应用。然后针对单极化 SAR 图像,给出快速 PPB 滤波算法;其中,采用积分图设计快速 PPB 算法,基于 Zernike 矩改进图块间相似性计算。对于极化 SAR 图像,直接在功率图上应用快速 PPB 算法,给出基于功率图的极化 SAR 非局部均值滤波算法。由于功率图仅反映图像能量特征,模糊了极化特征差异。为此,又给出极化 SAR 图像贝叶斯非局部均值滤波算法。该算法推导了极化 SAR 贝叶斯非局部均值模型,通过对修正对称复 Wishart 距离进行因式分解,生成新模型的快速计算方法,并设计一种改进的自适应滤波参数选取策略。

2.1 非局部均值算法及其在 SAR 图像的应用

2.1.1 非局部均值算法原理

Buades 等首先提出了非局部均值算法[15],其基本思想是,任意像素点的滤波结果,由该像素点的灰度值与图像中所有与其结构相似的像素点灰度值加权平均得到。滤波过程中,该算法采用一大一小两个邻域窗口,通过在小尺度上对图块的相似性度量来为大尺度上的像素分配权值,然后在大尺度上加权平均作为滤波输出。它充分利用了图像自身蕴含的冗余信息,实现了噪声抑制。

具体实现步骤如下。

(1) 以目标像素为中心,在其周围选定一个较大的区域,称为"搜索窗口"。

(2) 对搜索窗口内的每个像素使用一个较小的滑动窗口进行扫描,称这个窗口为相似性窗口。

(3) 将每个相似性窗口和以目标像素为中心的相似性窗口分别进行比较,分析两个窗口的相似性,依据某种相似性度量设定权值。

(4) 利用相似性度量值,对搜索窗口内所有像素进行加权平均。其中"搜索窗口"和"相似性窗口"的示意图如图 2 - 1 所示。

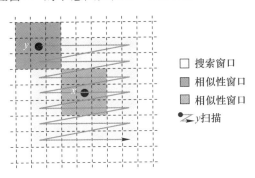

□ 搜索窗口
▨ 相似性窗口
▨ 相似性窗口
⟋⟍y扫描

图 2 - 1　非局部均值滤波窗口示意

在整个算法中,第(3)步相似性度量选择最为关键,在加性高斯噪声假设下,图像噪声模型为

$$z = x + n \tag{2-1}$$

式中:x 为不含噪声图像;n 为高斯白噪声。

非局部均值算法通过图像中重复结构来实现滤波,滤波输出为 z 的估计值,其滤波形式为

$$\hat{z}(x) = \frac{1}{C(x,y)} \sum_{y \in \Omega} w(x,y) z(y) \tag{2-2}$$

式中:$\hat{z}(x)$ 为像素 x 的滤波结果;$C(x,y)$ 为归一化函数,$C(x,y) = \sum_{y \in \Omega} w(x,y)$;$\Omega$ 为以像素 x 为中心的搜索窗口;y 为搜索窗内的任一像素;$w(x,y)$ 为参与估计像素 y 的权值,定义为

$$w(x,y) = \exp\left(-\frac{d(x,y)}{h^2}\right) \qquad (2-3)$$

式中:$d(x,y)$ 为中心像素 x 和像素 y 之间相似性度量函数;h 为滤波参数,用于控制权值随度量函数的变化,一般取噪声标准差的 10 倍左右。

2.1.2 非局部均值算法在 SAR 图像中的应用

1. 单极化 SAR 图像

Lee 首先利用非局部均值改进了 sigma 方法[168]。随即 C. A. Deledalle 继承改进了 NLM 滤波器,用概率方法重新定义了图块之间的相似度,提出了基于块概率相似性(Probabilistic Patch – Based,PPB)滤波器[17],修正了 Bayesian NLM 无偏估计假设缺陷,在 SAR 图像去噪实验中取得较好效果。近年来改进效果较好的是三维块匹配(Block Matching and 3 – D Filtering,BM3D)算法[169],该算法采用图块相似性匹配概念,在变换域中基于增强稀疏表示的图像来降噪,获得了较高信噪比。在强噪声条件下,Kunal N. Chaudhury 等采用欧几里德中值距离代替欧几里德距离,提出了更为稳健的非局部欧几里德中值滤波器(Non – Local Euclidean Medians,NLEM)[170]。另外,研究人员对 NLM 滤波器还做出了各种改进[171-173]。

在单极化 SAR 图像滤波时,现有 NLM 算法仅考虑了具有相似几何结构且纹理方向相同的图像块。而对于具有相似几何结构、不同方向的图像块,利用 NLM 算法获得的相似度较低,其滤波权重较低,图像自相似性并未得到充分利用。研究人员将 Zernike 矩应用到 NLM 滤波器处理电子显微镜图像[174-175],该算法直接采用 Zernike 矩代替欧几里德距离的像素强度;由于使用 Zernike 矩能找到更多的相似结构图块,从而提高了图像自相似利用程度,增强了滤波效果。然而,该算法滤波结果中出现了点目标丢失、尖锐棱角结构被严重平滑等不良现象。

非局部均值算法计算量巨大,严重制约了该算法的实际应用。究其原因,是由于 NLM 对于任意两个图像块之间的相似性,都要计算对应像素之间差异;随着滤波窗口的滑动,像素之间相似性度量运算存在大量重复性操作,从而使得像素点间相似性度量计算非常耗时。自非局部算法出现以来,就一直有人研究其快速实现方法。文献[18]采用梯度和均值减少不必要的搜索点,处理速度提高了约 10 倍。文献[19]用积分图与快速傅里叶变换来计算相似度,该法对光学图像处理加速了 80 倍。文献[20]将多分辨率引入积分图来加速计算。张丽果[21]采用高斯滤波器预处理后利用 PCA 对像素点邻域向量降维,再执行块匹配算法和 NLM 权值计算,实验结果显示计算复杂度降至原 NLM 的 1/3。

2. 多极化 SAR 图像

按照图块相似度计算所选择特征的不同,极化 SAR 非局部均值算法分为两种。一种是以极化功率图为特征发展的算法,其主要思想是以极化功率图上两个像素点之间的灰度特征相似性作为权值,然后将权值分别应用到各极化通道进行独立滤波,完成非局部均值滤波。其中,王爽等在单极化 SAR 贝叶斯形式非局部均值模型[176]基础上,提出了基于贝叶斯非局部均值的极化 SAR 数据相干斑抑制方法[177];赵忠明等提出了一种改进的极化 SAR 非局部均值相干斑抑制算法[178],通过证明相似性度量函数与视数 L 无关,得出伽马分布与负指数分布的像素间相似性度量函数一致的结论。

另一种是基于极化相干矩阵或协方差矩阵为特征的算法,其核心思想是像点之间的相似性表达为极化散射矩阵之间的差异,同样将权值独立应用到各极化通道滤波。因此,其关键在于合理构造极化散射矩阵之间的相似性度量函数。目前,极化散射矩阵的相似性测度主要集中在极化 SAR 图像分类领域,包括曼哈顿距离、欧几里德距离、余弦距离、巴特雷特距离、Wishart 距离等。根据算法原理的不同,粗分为 3 类,即范数类距离、余弦距离和统计分布类距离。其中,在高能量区域聚类过程中,范数类距离易产生分裂现象。而余弦距离主要用于度量方向上的相近程度。例如在二维或三维空间中,余弦距离反映了两条直线的空间夹角大小,属于一种比例关系,难以有效反映两个变量之间的绝对距离。相比之下,统计分布类距离从 SAR 分布模型出发,具有坚实的数学理论支撑,充分反映了极化散射矩阵的统计分布特征,从而可有效度量像素之间的距离,相应研究成果层出不穷。

其中,杨学志[179]直接将监督极化 SAR 分类中的 Wishart 距离作为极化相干矩阵间的相似性度量函数,然后用全局极化数据的加权平均值恢复待处理极化数据的散射特性,得到一种新的极化 SAR 相干斑抑制方法。文献[180]在独立分布假设前提下,利用复 Wishart 分布概率密度函数构建了似然统计检验量,取对数后定义为极化协方差矩阵之间的距离,取得了较好的滤波效果。文献[181]利用复 Wishart 距离与像素点间距离的负指数之积作为非局部均值滤波权值,实验取得了较好的效果。文献[182]通过贝叶斯推导,将 PPB 算法推广到极化 SAR 图像滤波,在极化域条件下,将加性高斯白噪声模型拓展为任意噪声模型。

对于极化 SAR 数据,滤波过程首要任务是保持散射特性的一致性。如果极化散射矩阵每个元素独立滤波,将产生负效应,使极化相关性受到影响。统计分布类算法也不例外,主要顾及了统计特性,并未考虑极化散射机制之间的相似性,难以全面衡量散射特性的相似性。此外,还应考虑点目标的保持。在计算量方面,由于极化 SAR 图像中,每个像素对应一个极化散射矩阵,相似性度量的计算量呈现指数级增长。就极化 SAR 图像快速非局部算法而言,仅在文献[180]中提到了采用积分图来快速化,但并未给出具体算法实现。

2.2 基于 Zernike 矩的快速 PPB 相干斑抑制

针对非局部均值在单极化 SAR 图像滤波中存在问题,本节首先将积分图引入到 PPB 权值计算中,大幅提高了算法运算速度,进而通过 Zernike 矩来增强图像自相似性信息的利用程度。在 SAR 图像切片对 Zernike 矩旋不变性验证基础上,优选 6 个 Zernike 矩的组合特征图来获得相似性权值,将其归一化后与原图相似权值之积作为最终相似度量。经实测数据实验,结果表明新度量改善了PPB 算法滤波效果。

2.2.1 非迭代 PPB 算法

PPB 滤波算法与原始非局部均值滤波器相比,不同之处在于改进了邻域灰度的加权方法。该算法基于块概率相似性,利用概率论分析推导,突破了原始非局部均值服从的高斯白噪声局限,提出了任意噪声分布下的图块相似性度量方法。

假设已知噪声影响下,图像灰度的统计分布为

$$I = p(\boldsymbol{\theta}) \tag{2-4}$$

式中:$\boldsymbol{\theta}$ 为决定分布的参数向量。那么 PPB 滤波在搜索窗口中的灰度权值为

$$w(x,y) = \frac{1}{Z} p\left(\boldsymbol{\theta}_{\Delta x} = \boldsymbol{\theta}_{\Delta y} \mid \boldsymbol{I}_{\Delta x}, \boldsymbol{I}_{\Delta y}\right)^{1/h} \tag{2-5}$$

式中:x 为目标像素;y 为以 x 为中心的搜索窗口内任意一个像素;Δx 和 Δy 分别为以 x 和 y 像素为中心的相似性窗口;Z 为归一化系数;h 为平滑参数。

式(2-5)中,$p(\boldsymbol{\theta}_{\Delta x} = \boldsymbol{\theta}_{\Delta y} \mid \boldsymbol{I}_{\Delta x}, \boldsymbol{I}_{\Delta y})$ 的含义是,在给定两个图块的条件下,图块之间所有对应像素分布完全一致的后验概率。假设图像上各像素在空间上独立分布,则有

$$p(\boldsymbol{\theta}_{\Delta x} = \boldsymbol{\theta}_{\Delta y} \mid \boldsymbol{I}_{\Delta x}, \boldsymbol{I}_{\Delta y}) = \prod_k p(\boldsymbol{\theta}_{x,k} = \boldsymbol{\theta}_{y,k} \mid I_{x,k}, I_{y,k}) \tag{2-6}$$

式中:k 为相似性窗口中的第 k 个像素。

根据 Bayes 公式,即

$$p(\boldsymbol{\theta}_{x,k} = \boldsymbol{\theta}_{y,k} \mid I_{x,k}, I_{y,k}) = p(I_{x,k}, I_{y,k} \mid \boldsymbol{\theta}_{x,k} = \boldsymbol{\theta}_{y,k}) \frac{p(\boldsymbol{\theta}_{x,k} = \boldsymbol{\theta}_{y,k})}{p(I_{x,k}, I_{y,k})} \tag{2-7}$$

由于无法获得概率 $p(\boldsymbol{\theta}_{x,k}=\boldsymbol{\theta}_{y,k})$ 和 $p(I_{x,k},I_{y,k})$ 的知识,因此假设

$$p(\boldsymbol{\theta}_{x,k}=\boldsymbol{\theta}_{y,k}\,|\,I_{x,k},I_{y,k}) \propto p(I_{x,k},I_{y,k}\,|\,\boldsymbol{\theta}_{x,k}=\boldsymbol{\theta}_{y,k}) \qquad (2-8)$$

对于先验概率 $p(I_{x,k},I_{y,k}\,|\,\boldsymbol{\theta}_{x,k}=\boldsymbol{\theta}_{y,k})$,假设参数向量 $\boldsymbol{\theta}$ 在其定义域上均匀分布,可以用下式进行估计,即

$$p(I_{x,k},I_{y,k}\,|\,\boldsymbol{\theta}_{x,k}=\boldsymbol{\theta}_{y,k}) \approx \int_D p(I_{x,k},I_{y,k}\,|\,\boldsymbol{\theta}_{x,k}=\boldsymbol{\theta}_{y,k}=\boldsymbol{\theta})\mathrm{d}\boldsymbol{\theta}$$

$$= \int p(I_{x,k}\,|\,\boldsymbol{\theta}_{x,k}=\boldsymbol{\theta})p(I_{y,k}\,|\,\boldsymbol{\theta}_{y,k}=\boldsymbol{\theta})\mathrm{d}\theta \qquad (2-9)$$

进而,式(2-5)中的 PPB 滤波权值可表示为

$$w(x,y) = \frac{1}{Z}\left(\prod_k\left(\int_D p(I_{x,k}\,|\,\boldsymbol{\theta}_{x,k}=\boldsymbol{\theta})p(I_{y,k}\,|\,\boldsymbol{\theta}_{y,k}=\boldsymbol{\theta})\mathrm{d}\boldsymbol{\theta}\right)\right)^{1/h} \qquad (2-10)$$

对于自然图像而言,其噪声为高斯加性噪声,相应服从统计分布,即

$$p(I) = \frac{1}{\sigma\sqrt{2\pi}}\exp\left(-\frac{(I-\mu)^2}{2\sigma^2}\right) \qquad (2-11)$$

一般来讲,整幅图像中加性噪声的 σ^2 为常数,故由参数 μ 决定其分布,将式(2-11)代入式(2-10)可得

$$w(x,y) = \frac{1}{Z}\left\{\prod_k\int_{-\infty}^{\infty}\frac{1}{2\pi\sigma^2}\exp\left(-\frac{(I_{x,k}-\mu)^2+(I_{y,k}-\mu)^2}{2\sigma^2}\right)\mathrm{d}\mu\right\}^{1/h}$$

$$= \frac{1}{Z}\exp\left(-\frac{1}{4\sigma^2 h}\sum_k (I_{x,k}-I_{y,k})^2\right) \qquad (2-12)$$

式(2-12)即为原始 NLM 滤波器表达式。因而,NLM 算法是 PPB 算法在加性高斯噪声条件下的特例。

对于 SAR 幅度图像而言,其相干斑服从方根伽马分布。将式(1-2)中相干斑噪声统计分布代入式(2-12),并取分布参数为 σ,则

$$w(x,y) = \frac{1}{Z}\left\{\prod_k\int_0^{\infty}\frac{4L^{2L}I_{x,k}^{2L-1}I_{y,k}^{2L-1}}{\Gamma(L)^2\sigma^{2L}}\exp\left(-\frac{L(I_{x,k}^2+I_{y,k}^2)}{\sigma}\right)\mathrm{d}\sigma\right\}^{1/h}$$

$$= \frac{1}{Z}\left(\prod_k 4L\frac{\Gamma(2L-1)}{\Gamma(L)^2}\left(\frac{I_{x,k}I_{y,k}}{I_{x,k}^2+I_{y,k}^2}\right)^{2L-1}\right)^{1/h}$$

$$= \frac{1}{Z}\exp\left(\frac{1}{\tilde{h}}\sum_k \ln\frac{I_{x,k}I_{y,k}}{I_{x,k}^2+I_{y,k}^2}\right) \qquad (2-13)$$

对比式(2-12)和式(2-13)可知,若加性高斯噪声图像的像素相似性度量表达为欧几里德距离,则单视 SAR 幅度图像中像素 x 与 y 间的相似性度量为

$$D_S(x,y) = -\ln\frac{A_1 A_2}{A_1^2 + A_2^2} = \ln\left(\frac{A_1}{A_2} + \frac{A_2}{A_1}\right) \quad\quad (2-14)$$

式中:A_1、A_2 分别为像素 x、y 的幅度值。

2.2.2 快速 PPB 算法设计

1. 积分图原理

图像上任一像素点的积分图(Summed Image,SI)值是指从原始图像的左上角到这个点所构成的矩形区域内所有像素点灰度值之和。例如,像素点(x_0,y_0)积分图存储了图 2 - 2 左上角区域 A 内像素点的灰度值之和,计算公式表达为

$$SI(x_0,y_0) = \sum_{x \leqslant x_0, y \leqslant y_0} I(x,y) \quad\quad (2-15)$$

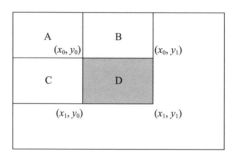

图 2-2 积分图计算图像块累加和示意

求积分图,只需遍历一次原图像,计算开销很小。利用积分图可以方便地计算出一个图像块的灰度值累加和。如图 2 - 2 所示,通过积分图计算阴影图像块 D 的灰度值累加和为

$$SSI_D = SI(x_1,y_1) - SI(x_1,y_0) - SI(x_0,y_1) + SI(x_0,y_0) \quad\quad (2-16)$$

上述计算仅需要 3 次加法运算即可完成,极大降低了图像求和的重复运算。

2. 设计实现

首先按照搜索窗口与相似窗口尺寸大小,对待滤波图像 img 进行扩展,扩展图像记为 Sd。然后分别选取由目标像素构成的图像块 $\boldsymbol{B}_1$ 与由搜索窗内(dx,dy)位置像素构成的图像 $\boldsymbol{B}_2$,使用式(2 - 14)计算对应像元之间的相似性权值图像 SD。用式(2 - 15)计算获得 SD 图像积分图 ISD;再由式(2 - 16)得到搜索窗内(dx,dy)位置相似性窗口图块的度量图像 $SSI(x+dx,y+dy)$,将其作为相似性图块权值 $w(x,y)$ 即可。对于中心像素点,则使用搜索窗内最大相似性权值 M

进行滤波,最后使用权值和 Z 与 M 对滤波结果进行归一化处理。整个算法流程如表 2 – 1 所列。

表 2 – 1 快速 PPB 算法流程

```
Algorithm - 2D Fast PPB

Input:img,W,P,h
Output:O
Temporary variables:images Sd,Z,M
Initialize w,M and Z to 0.
for all  dx = - W,W do
  for all  dy = - W,W do
    Compute SD using Eq. (2 - 14)
    compute weights w(x,y)using Eq. (2 - 15)、Eq. (2 - 16)
    O(x,y) = O(x,y) + w(x,y)·Sd(x + W + P + 1 + dx,y + W + P + 1 + dy)
    M(x,y) = max(M(x,y),w(x,y))
    Z(x,y) = Z(x,y) + w(x,y)
  end for
end for
O(x,y) = O(x,y) + M(x,y)·Sd(x + W + P + 1,y + W + P + 1)
O(x,y) = O(x,y)/(Z(x,y) + M(x,y))
return O
```

3. 性能分析

由上述流程可知,对于一幅 $M \times M$ 的图像,搜索区域半径为 W,需要 $M^2 \times (2W+1)^2$ 次邻域相似性图块比较,邻域半径为 P,NLM 方法计算复杂度为 $O(M^2 \times (2W+1)^2 \times (2P+1)^2)$。所提方法利用积分图计算减少了像点之间相似性重复计算,计算复杂度降为 $O((2W+1)^2 \times (M+2P+1)^2)$,计算量为原 NLM 的 $(M+2P+1)^2/(M \times (2P+1))^2$。可见快速算法的计算量要明显小于原 NLM,运算效率得到显著提高。以 700 像素 ×700 像素大小图像为例,搜索窗 21 ×21、相似窗 7 ×7 条件下,运行时间约为原 NLM 算法的 1/48。

2.2.3 基于 Zernike 矩的图块相似性计算

1980 年,Teague 在 Zernike 正交多项式的基础上,首次给出了二维函数 $f(x,y)$ 的 Zernike 矩定义[183],即

$$Z_{nm} = \frac{n+1}{\pi} \int_0^1 \int_0^{2\pi} [V_{nm}(\boldsymbol{\rho},\theta)] f(\boldsymbol{\rho},\theta) \boldsymbol{\rho} \frac{dy}{dx} d\boldsymbol{\rho} d\theta$$

$$= \frac{n+1}{\pi} \iint R_{nm}(\boldsymbol{\rho}) e^{jm\theta} f(\boldsymbol{\rho},\theta) d\boldsymbol{\rho} d\theta \qquad (2-17)$$

式中: n 为正整数或零; m 为负整数,且满足 $n-|m|$ 为偶数和 $n \geqslant |m|$ 的条件限制;ρ 为原点到点 (x,y) 的矢量;θ 为 ρ 矢量与 x 轴在逆时针方向的夹角,即 $\theta = \arctan(y/x)$ $(-1 < x, y < 1)$;$R_{nm}(\rho)$ 为点 (x,y) 的径向多项式。

　　Zernike 矩是基于 Zernike 多项式正交化函数的一组正交矩,具有旋转不变性,而且可任意构造高阶矩。通常来讲,高阶矩可以反映图像细节特征。相比几何矩和 Legendre 矩而言,Zernike 矩计算比较复杂,但在图像旋转性和噪声敏感度方面优势显著,从而使得该矩广泛应用于图像重构、图像压缩、边缘检测和目标识别等图像处理领域。

　　Zernike 矩与图块窗口尺寸相关,窗口越大,越能反映图像的全局特征。这表明窗口尺寸的选择与图像的内容息息相关。在实验过程中,矩窗口设为 7,图像的每一个矩都可以当作一个新特征,用 Z_k 来表示第 k 个矩特征图。经过实验观察,发现频数为 0 和大部分低阶矩的旋转不变特征并不稳定,最终选择了旋转不变效果好且与原图纹理相近的 z_{42}、z_{77}、z_{84}、z_{88}、z_{99} 和 z_{102} 矩,它们的幅度大小对应表示为 Z_1、Z_2、Z_3、Z_4、Z_5 和 Z_6。

　　直接采用 Zernike 矩组合来获取图块相似性权值。将 $Z_1 \sim Z_6$ 代入式(2-14)即可得到 Zernike 矩特征图块的度量

$$D_Z(\boldsymbol{B}_1, \boldsymbol{B}_2) = \sum_{i=1}^{6} \ln\left(\frac{Z_i(\boldsymbol{B}_1)}{Z_i(\boldsymbol{B}_2)} + \frac{Z_i(\boldsymbol{B}_2)}{Z_i(\boldsymbol{B}_1)}\right) \qquad (2-18)$$

　　实验发现,如果仅用 Zernike 矩特征图像获取的权值进行滤波,结果可能出现点目标丢失、边缘结构明显的目标被严重平滑等不良现象。分析其原因,主要是由于 Zernike 特征具有旋转不变性,直接使用该特征提取权值后,用原图重构的滤波结果也保留了旋转不变特征,具体表现为边缘出现了圆角结构。为更好地利用 Zernike 矩的优良特征,选择由 Zernike 矩获得的图块度量归一化后与原图块度量的乘积作为最终滤波权值。

$$D(\boldsymbol{B}_1, \boldsymbol{B}_2) = D_S(\boldsymbol{B}_1, \boldsymbol{B}_2) \cdot D_Z(\boldsymbol{B}_1, \boldsymbol{B}_2) \qquad (2-19)$$

　　归一化后,Zernike 矩获取的权值与原图权值相比,主要提高了旋转后有较多相似结构的像元权值。两者相乘后,根据相似性结构的多少,进一步拉开了两类目标的权值,从而使得点目标很好地保存下来,降低了非相似性结构的负效应。

2.2.4 实验及结果分析

　　本章实验环境:Intel(R) Xeon(R) CPU X5670,2.93GHz,12GB 内存,Windows 7 64 位操作系统。编程工具为 Matlab 7.10(R2010a)。

1. SAR 图像块 Zernike 矩旋转不变性检验

实验选取两组 SAR 图像切片,第一组切片大小为 47 像素 ×47 像素,第二组为 80 像素 ×80 像素。Zernike 矩阶数与频数取 4 和 2,即 z_{42} 分别在方位角为 $0°$、$-45°$ 和 $-90°$ 情况下,计算切片的 Zernike 矩幅度 A 与相位 ϕ,结果如图 2 − 3 所示。可以看出,两组 SAR 图像切片的 Zernike 矩幅度值在旋转过程中表现稳定,反映出 Zernike 具有较强的旋转不变性与抗噪性。

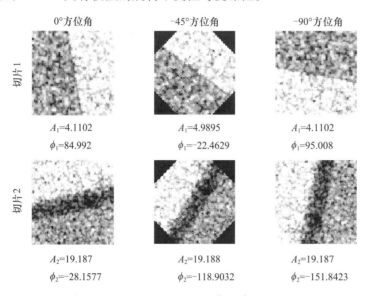

图 2 − 3　不同方位下 SAR 图像切片 Zernike 矩

2. 滤波结果的评价指标

为衡量极化 SAR 图像相干斑抑制算法的滤波效果,需要一些评判准则,目前被广泛接受的相干斑抑制指标有以下几个。

（1）等效视数（Equivalent Number of Looks,ENL)[184]。用于评价同质区域的平滑程度,定义为

$$\text{ENL}(I) = \left(\frac{\text{mean}}{\text{std}}\right)^2 \qquad (2-20)$$

式中:mean 为同质区域的均值;std 为同质区域的标准差。对于均匀的同质区域,等效视数越大,滤波效果越好。计算 ENL 时,通常选取地物特性相同的均匀区域。

对于幅度图像,等效视数 ENL 定义为

$$\text{ENL}(I) = \left(\frac{0.5227 \cdot \text{mean}}{\text{std}}\right)^2 \qquad (2-21)$$

式中:0.5227 为单视 SAR 幅度图像的变差系数。

（2）边缘保持指数（Edge Preservation Index,EPI）。用来衡量边缘纹理等细节信息保持能力,定义为

$$EPI = \frac{\sum \sqrt{(p_s(i,j) - p_s(i+1,j))^2 + (p_s(i,j) - p_s(i,j+1))^2}}{\sum \sqrt{(p_o(i,j) - p_o(i+1,j))^2 + (p_o(i,j) - p_o(i,j+1))^2}} \quad (2-22)$$

式中:$p_s(i,j)$ 为滤波后图像的像素值;$p_o(i,j)$ 为原始图像的像素值。滤波后 EPI 值越大,说明边缘保持能力越强。

（3）保持图像的自然视觉特性。目视判断图像的质量或解释处理结果是一种常用评价方法。特别是对于极化特征的保持,由于 Pauli 合成图中颜色充分反映了主成分散射机制,故能用来定性评价;同时还可用 Cloude 分解后散射熵与散射角来衡量极化信息保持性能。

3. 单极化 SAR 图像滤波

实验图像为 Cosmo – Skymed 卫星 HH 波段 SAR 图像,成像区域为意大利东北部费拉拉省戈罗市港口,大小为 700 像素 × 700 像素,距离向与方位向采样分辨率均为 2.5m。

选取的比较方法是非局部均值算法及其改进。各算法参数取值如下:非局部均值算法、PPB 算法、BM3D、NLEM 算法和本节算法的搜索窗大小为 21 × 21,相似性窗大小为 7 × 7;非局部均值算法平滑参数 h 取 200,PPB 算法 h 取 3.5,BM3D 滤波噪声标准差为 200,NLEM 算法滤波参数为 700。本节算法滤波平滑参数为

$$h = C \frac{\text{var}(u)}{\max|u - \hat{u}|} \quad (2-23)$$

式中:C 为常数,单视条件下一般取 4.5。

原始 SAR 图像以及各滤波结果如图 2-4 所示,各算法实验结果对应的等效视数（ENL）、边缘保持指数（EPI）和运算时间如表 2-2 所列。

选取图 2-4(a) 中均匀区域农田 A 和海洋 B 的等效视数来评价各滤波算法的平滑能力。对比观察图 2-4 中区域 A 的滤波结果,可以看出原始 NLM 和 NLEM 算法滤波结果出现了人为风吹麦浪状纹理,破坏了均匀区域的特性,影响了目标判读。PPB 算法与 BM3D 算法都取得较好的平滑效果,但平滑程度不及本节算法滤波结果,从图 2-4(f) 中可看出,本节提出算法滤波后区域 A 表现得非常均匀,对应到表 2-2 中 A 区域的等效视数值也大于其余结果,与视觉效果完全吻合。对于海洋区域 B,本节算法滤波结果平滑程度与 NLM、BM3D 算法相当,不及 PPB 算法,但优于 NLEM 滤波结果。

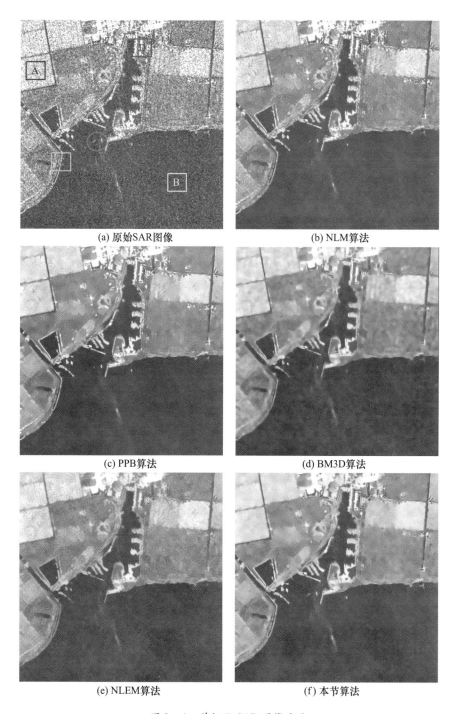

图 2 - 4　单极化 SAR 图像滤波

表 2 - 2　单极化 SAR 图像滤波性能对比

评价指标	滤波前	NLM 算法	PPB 算法	BM3D 算法	NLEM 算法	本节算法
ENL(A)	19.84	126.5	275.43	453.35	204.26	884.32
ENL(B)	14.02	537.4	677.4	486.9	215.9	463.8
EPI(C)	—	0.7422	0.7067	0.6575	0.4781	0.7776
EPI(D)	—	0.9994	0.9939	0.9986	0.4998	0.9940
时间/s	—	686.1	98.1	8981.9	2003.3	611.3

在边缘保持方面,选取图 2 - 4(a)中海陆分界区域 C 和人工建筑丰富的区域 D 来评价。区域 C 中主要边缘结构为倾斜 60°左右的堤岸,对比观察滤波结果可以发现,NLM 算法、PPB 算法与本节算法滤波效果较好,但滤波结果图 2 - 4(f)所示的边缘保持指数最大,反映出在该区域本节算法效果最优。其原因在于本节算法利用不变矩能够找到更多的相似性图块用于识别图像的结构,从而较好地保持了图像的纹理细节。

区域 D 中地物主要是建筑物,相比而言,NLM 算法、PPB 算法、BM3D 算法与本节算法滤波结果中建筑物的强散射结构与原始 SAR 图像保持了较高的一致性,但由于整个建筑物横平竖直,没有更多的相似性结构可以挖掘利用,所以本节算法并未体现出优势,表 2 - 2 中 D 区域边缘保持指数结果证实了该点。

对于小目标保持而言,以图 2 - 4(a)中港口口门处两艘船(椭圆圈内)为例,可以看出 PPB 算法、BM3D 算法和 NLEM 算法几乎失效,无法识别出左边的小船舶目标;相比而言,本节算法滤波结果两艘船目标清晰,完全保留了船舶点目标。

在运算效率方面,NLEM 算法耗时最长,约为 2003.3s。本节所提算法耗费时间 611.365s,与 NLM 算法相当,这主要由于计算 Zernike 矩花费了大量时间,统计计算过程中获得矩幅度图耗费时间为 565.802s,二者之差约为 46s,即为快速 PPB 算法运行时间。46s 约为 NLM 算法运行时间的 1/15,充分表明本节所提快速算法是有效的。

2.3　基于功率图的多极化 SAR 图像非局部均值滤波

2.3.1　目标极化散射特性的表征

通常雷达目标可分为确定性目标和分布式目标两类。当目标散射特征为确定的或稳态的,在完全极化的单色波照射下,确定性目标的散射波是完全极化的,电磁散射特性可以用一个极化散射矩阵完全表征。对分布式目标来说,无论被什么波照射,其散射波一般都是部分极化的,电磁散射特性可以用极化协方差矩阵和相干矩阵等表征。

1. 极化散射矩阵

极化作为电磁波的 4 个基本特征之一,是指电场矢量端点在垂直于传播方向的平面上的运行轨迹。极化散射矩阵又称为 Sinclair 散射矩阵[185-186],用于表述雷达发射波和目标后向散射回波的各极化分量间的变换关系。

选定散射坐标系和极化基后,设雷达发射波和目标散射波表示为

$$\boldsymbol{E}^{\text{t}} = E_{\text{H}}^{\text{t}} \boldsymbol{u}_{\text{H}}^{\text{t}} + E_{\text{V}}^{\text{t}} \boldsymbol{u}_{\text{V}}^{\text{t}} \qquad \boldsymbol{E}^{\text{r}} = E_{\text{H}}^{\text{r}} \boldsymbol{u}_{\text{H}}^{\text{r}} + E_{\text{V}}^{\text{r}} \boldsymbol{u}_{\text{V}}^{\text{r}} \qquad (2-24)$$

式中:$\boldsymbol{E}^{\text{t}}$ 为雷达发射到目标的入射波 Jones 矢量;$\boldsymbol{E}^{\text{r}}$ 为雷达天线接收波 Jones 矢量,即目标散射波矢量;$\boldsymbol{u}_{\text{H}}$ 和 $\boldsymbol{u}_{\text{V}}$ 为正交极化基。设雷达照射的目标与雷达接收天线间的距离为 r,目标入射波矢量和目标散射波矢量间的关系为[9]

$$\begin{bmatrix} E_{\text{H}}^{\text{r}} \\ E_{\text{V}}^{\text{r}} \end{bmatrix} = \frac{\mathrm{e}^{jkr}}{r} \begin{bmatrix} S_{\text{HH}} & S_{\text{HV}} \\ S_{\text{VH}} & S_{\text{VV}} \end{bmatrix} \cdot \begin{bmatrix} E_{\text{H}}^{\text{t}} \\ E_{\text{V}}^{\text{t}} \end{bmatrix} = \frac{\mathrm{e}^{jkr}}{r} S \cdot \begin{bmatrix} E_{\text{H}}^{\text{t}} \\ E_{\text{V}}^{\text{t}} \end{bmatrix} \qquad (2-25)$$

式中:S_{mn}(m、$n = \text{H 或 V}$)为采用 n 极化方式发射、m 方式接收的复散射系数;k 为电磁波的波数;方程中的矩阵 $\boldsymbol{S}$ 是极化散射矩阵,表示为

$$S = \begin{bmatrix} S_{\text{HH}} & S_{\text{HV}} \\ S_{\text{VH}} & S_{\text{VV}} \end{bmatrix} \qquad (2-26)$$

在后向散射对准约定的条件下[185-186],根据天线互易性,有 $S_{\text{HV}} = S_{\text{VH}}$。

2. 极化散射矩阵矢量化

一个确定目标能够用极化散射矩阵 $\boldsymbol{S}$ 表示,为表述方便也可用与之等价的散射矢量 $\boldsymbol{k}_4$ 来表征,具体为

$$\boldsymbol{k}_4 = \frac{1}{2} \text{Trace}(\boldsymbol{S} \cdot \boldsymbol{\psi}) = [k_1, k_2, k_3, k_4]^{\text{T}} \qquad (2-27)$$

式中:$\boldsymbol{S}$ 为散射矩阵;$\boldsymbol{\psi}$ 为在 Hermitian 内积空间的大小为 2×2 的正交基;Trace 表示矩阵对角线元素求和;上标 T 表示矩阵转置。

一种常用的完全正交基为 Lexicographic 基,又称为直序排列基,即

$$\boldsymbol{\psi}_{4\text{L}} = \left\{ \begin{bmatrix} 2 & 0 \\ 0 & 0 \end{bmatrix}, \begin{bmatrix} 0 & 2 \\ 0 & 0 \end{bmatrix}, \begin{bmatrix} 0 & 0 \\ 2 & 0 \end{bmatrix}, \begin{bmatrix} 0 & 0 \\ 0 & 2 \end{bmatrix} \right\} \qquad (2-28)$$

利用式(2-28)对极化散射矩阵 $\boldsymbol{S}$ 进行矢量化,可得

$$\boldsymbol{k}_{4\text{L}} = [S_{\text{HH}}, S_{\text{HV}}, S_{\text{VH}}, S_{\text{VV}}]^{\text{T}} \qquad (2-29)$$

在满足互易性的情况下,Lexicographic 基矢量化的 $\boldsymbol{k}_{4L}$ 变为三维矢量,即

$$\boldsymbol{k}_{3\text{L}} = [S_{\text{HH}}, \sqrt{2} S_{\text{HV}}, S_{\text{VV}}]^{\text{T}} \qquad (2-30)$$

另一种正交基矩阵是 Pauli 基,即

$$\psi_P = \left\{ \sqrt{2}\begin{bmatrix} 1 & 0 \\ 0 & 1 \end{bmatrix}, \sqrt{2}\begin{bmatrix} 1 & 0 \\ 0 & -1 \end{bmatrix}, \sqrt{2}\begin{bmatrix} 0 & 1 \\ 1 & 0 \end{bmatrix}, \sqrt{2}\begin{bmatrix} 0 & -j \\ j & 0 \end{bmatrix} \right\} \quad (2-31)$$

利用式(2-31)对极化散射矩阵 $\boldsymbol{S}$ 进行矢量化,可得 Pauli 散射矢量,即

$$\boldsymbol{k}_{4P} = \frac{1}{\sqrt{2}} \left[S_{HH} + S_{VV}, S_{HH} - S_{VV}, S_{HV} + S_{VH}, j(S_{HV} - S_{VH}) \right]^T \quad (2-32)$$

在满足互易性 $S_{HV} = S_{VH}$ 条件下,Pauli 散射矢量 $\boldsymbol{k}_{4P}$ 变为三维矢量,即

$$k_{3P} = \frac{1}{\sqrt{2}} \left[S_{HH} + S_{VV}, S_{HH} - S_{VV}, 2S_{HV} \right]^T \quad (2-33)$$

3. 极化协方差矩阵和极化相干矩阵

在 SAR 成像中,当像元尺寸大于电磁波波长时,在单个像元内所记录的信息来自多个相互独立的、空间随机分布的散射中心,其中的每个散射中心都可以用一个散射矩阵来表示。此时,单个分辨像元表示的地物不再是一个确定性目标,而是由多个散射中心复合而成的部分散射体,其散射特性可以采用统计平均的方法来描述。为了表征部分相干散射体,引入极化协方差矩阵或极化相干矩阵等二阶统计量[187]。

采用直序排列基散射矢量 $\boldsymbol{k}_{4L}$,极化协方差矩阵定义为

$$\boldsymbol{C}_4 = \langle \boldsymbol{k}_{4L} \boldsymbol{k}_{4L}^{*T} \rangle = \begin{bmatrix} \langle |S_{HH}|^2 \rangle & \langle S_{HH}S_{HV}^* \rangle & \langle S_{HH}S_{VH}^* \rangle & \langle S_{HH}S_{VV}^* \rangle \\ \langle S_{HV}S_{HH}^* \rangle & \langle |S_{HV}|^2 \rangle & \langle S_{HV}S_{VH}^* \rangle & \langle S_{HV}S_{VV}^* \rangle \\ \langle S_{VH}S_{HH}^* \rangle & \langle S_{VH}S_{HV}^* \rangle & \langle |S_{VH}|^2 \rangle & \langle S_{VH}S_{VV}^* \rangle \\ \langle S_{VV}S_{HH}^* \rangle & \langle S_{VV}S_{HV}^* \rangle & \langle S_{VV}S_{VH}^* \rangle & \langle |S_{VV}|^2 \rangle \end{bmatrix} \quad (2-34)$$

式中: $*$ 为求共轭算子;$\langle \cdot \rangle$ 表示空间统计平均处理。由式(2-34)可知,极化协方差矩阵等于部分散射体内所有散射中心的直序排列基散射矢量与其共轭转置之积的统计平均。

在满足互易性的情况下,采用直序排列基散射矢量 $\boldsymbol{k}_{3L}$,极化协方差矩阵定义为

$$\boldsymbol{C}_3 = \langle \boldsymbol{k}_{3L} \boldsymbol{k}_{3L}^{*T} \rangle = \begin{bmatrix} \langle |S_{HH}|^2 \rangle & \sqrt{2}\langle S_{HH}S_{HV}^* \rangle & \langle S_{HH}S_{VV}^* \rangle \\ \sqrt{2}\langle S_{HV}S_{HH}^* \rangle & 2\langle |S_{HV}|^2 \rangle & \sqrt{2}\langle S_{HV}S_{VV}^* \rangle \\ \langle S_{VV}S_{HH}^* \rangle & \sqrt{2}\langle S_{VV}S_{HV}^* \rangle & \langle |S_{VV}|^2 \rangle \end{bmatrix} \quad (2-35)$$

类似地,采用 Pauli 基散射矢量 $\boldsymbol{k}_{4P}$,极化相干矩阵定义为 $\boldsymbol{T}_4 = \langle \boldsymbol{k}_{4P} \cdot \boldsymbol{k}_{4P}^{*T} \rangle$。

采用 Pauli 基散射矢量 $\boldsymbol{k}_{3P}$,极化相干矩阵定义为

$$\boldsymbol{T}_3 = \langle \boldsymbol{k}_{3P} \cdot \boldsymbol{k}_{3P}^{*\mathrm{T}} \rangle$$

$$= \frac{1}{2} \begin{bmatrix} \langle |S_{HH} + S_{VV}|^2 \rangle & \langle (S_{HH} + S_{VV})(S_{HH} - S_{VV})^* \rangle & 2\langle (S_{HH} + S_{VV})S_{HV}^* \rangle \\ \langle (S_{HH} - S_{VV})(S_{HH} + S_{VV})^* \rangle & \langle |S_{HH} - S_{VV}|^2 \rangle & 2\langle (S_{HH} - S_{VV})S_{HV}^* \rangle \\ 2\langle S_{HV}(S_{HH} + S_{VV})^* \rangle & 2\langle S_{HV}(S_{HH} - S_{VV})^* \rangle & 4\langle |S_{HV}|^2 \rangle \end{bmatrix}$$

$$(2-36)$$

极化协方差矩阵和极化相干矩阵两者间的变换关系为

$$\boldsymbol{C}_3 = \boldsymbol{Q}_3^{\mathrm{T}} \boldsymbol{T}_3 \boldsymbol{Q}_3, \text{或} \boldsymbol{T}_3 = \boldsymbol{Q}_3 \boldsymbol{C}_3 \boldsymbol{Q}_3^{\mathrm{T}} \qquad (2-37)$$

式中:变换矩阵 $\boldsymbol{Q}_3 = \dfrac{1}{\sqrt{2}} \begin{bmatrix} 1 & 0 & 1 \\ 1 & 0 & -1 \\ 0 & \sqrt{2} & 0 \end{bmatrix}$。

2.3.2 算法原理及实现步骤

从单极化 SAR 图像到多极化 SAR 图像,最直观的是增加了多个不同极化通道的数据。对于 SAR 极化相干矩阵 $\boldsymbol{T}$ 而言,它包含了 9 个元素,数据量是单通道 SAR 数据的 9 倍。其中,每个元素都可以单独作为一个 SAR 数据来处理,但考虑到 $\boldsymbol{T}$ 矩阵 9 个元素之间具有极化相关性,滤波时需要同步处理;否则滤波结果不理想。

为将非局部均值应用到极化 SAR 图像滤波,同时保持极化 SAR 数据的极化相关性。一个自然的想法就是直接在功率图 Span 上应用快速 PPB 算法。即采用 Span 数据来计算 $\boldsymbol{T}$ 矩阵滤波过程中的滤波权值。由于 Span = $|S_{HH}|^2$ + $2|S_{HV}|^2$ + $|S_{VV}|^2$,可以看出功率图综合了各极化通道能量,在一定程度上反映了所有极化特性,因此选它来计算滤波权值。对于 $\boldsymbol{T}$ 矩阵而言,其功率图

$$\text{Span} = \boldsymbol{T}_{11} + \boldsymbol{T}_{22} + \boldsymbol{T}_{33} \qquad (2-38)$$

具体滤波时,使用功率图 Span 计算出极化相干矩阵中任一元素的 x 像素点与 y 像素点的权值 $w(x,y)$。对应到极化 SAR 数据 $\boldsymbol{T}$ 矩阵中的具体一个元素(如 $\boldsymbol{T}_{11}$)滤波时,$\boldsymbol{T}_{11}$ 中 x 像素点与 y 像素点的相似度函数即为 Span 图中以 x 位置和 y 位置的两个像素点为中心的区域相似性度量。本节算法具体步骤如下:

(1)载入极化 SAR 图像数据相干矩阵 $\boldsymbol{T}$。

(2)按照式(2-38)计算总功率 Span 图像,并以 2 倍 $W + P + 1$ 对其进行扩展;初始化搜索窗口内像素(不含中心点)最大权值 M,搜索窗口内像素(不含中心点)权值总和 Z。

（3）计算搜索窗口内各像素（不含中心点）的权值，利用积分图像计算实现快速滤波。

① 在 Span 扩展图上，逐一选取搜索窗口中心相似窗口像素构成的图块 A_1，搜索窗口用于滤波的相似性窗口像素构成的图块 A_2；按照式（2-14）计算上述两个图块的相似性度量 SD。

② 按照式（2-15）计算相似性度量的积分图像 SI。

③ 利用积分图像 SI 根据式（2-16）快速计算相似性窗口内相似性度量之和 SSD；由相似度函数通过式（2-13）的计算得到搜索窗口位置的滤波权值 $w(x,y)$，其中参数 h 取 3 倍的 Span 图噪声标准差。

④ 用搜索窗 Ω 内每个像素对应于每个通道 $T_{11}-T_{33}$ 原图像区域 $T(x)$ 进行加权滤波，得到像素 x 的滤波结果，滤波式为

$$\hat{T}(x) = \sum_{y\in\Omega} w(x,y)T(y) \qquad (2-39)$$

$\hat{T}(x)$ 为 $T(x)$ 的滤波结果。

⑤ 更新 M 与 Z。

⑥ 用搜索窗口内其余像素（不含中心点）对每个通道 $T_{11}-T_{33}$ 对应像素按照①～⑤进行同样的处理，得到整个滤波后的相干矩阵 $\hat{T}$。

（4）对搜索窗口中心像素赋予最大权值 M，叠加到滤波结果 $\hat{T}$ 中，并用 $M+Z$ 进行归一化处理，生成最终的滤波结果 $\hat{T}$。

（5）利用 Pauli 分解将滤波结果极化相干矩阵 $\hat{T}$ 合成伪彩图，以便于观察滤波的效果。Pauli 分解主要是使用相干矩阵 T 中的 T_{11}、T_{22} 和 T_{33} 三元素来合成伪彩图。

2.3.3 实验及结果分析

1. 多视极化 SAR 图像滤波

实验数据来源于 AIRSAR 四视旧金山区域极化 SAR 图像，大小为 300 像素 × 300 像素，距离向与方位向采样分辨率均为 10m，原始数据经 Pauli 分解后合成的伪彩图（以下简称"Pauli 伪彩图"）见图 2-5（a）。对比算法分别为精制极化 Lee 算法和文献[177]非局部均值算法。各算法参数取值如下：精制极化 Lee 算法平滑窗口大小取 21 像素 ×21 像素、相似性窗口大小为 7 像素 ×7 像素；文献[177]和本节算法的搜索窗大小为 21 像素 ×21 像素、相似性窗口大小为 7 像素 ×7 像素，平滑参数 h 取 1。评价结果分别用其同质区域的等效视数 ENL、边缘保持指数 EPI 以及运算时间的大小来衡量。各算法滤波结果 Pauli 伪彩图如图 2-5 所示。

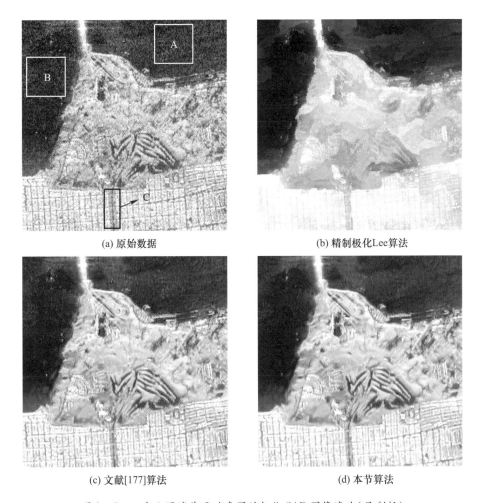

(a) 原始数据　　　　　　　　　　　(b) 精制极化Lee算法

(c) 文献[177]算法　　　　　　　　　(d) 本节算法

图 2-5　旧金山区域基于功率图的极化 SAR 图像滤波(见彩插)

　　由于相干矩阵 T 不是单通道图像,计算其同质区域等效视数,需要将 Pauli 伪彩图转换为灰度图像,通过该灰度图像的等效视数来反映同质区域平滑程度。分别计算图 2-5(a)中均质海洋区域 A 和 B 的等效视数 ENL,城市建筑物纹理区域 C 的边缘保持指数 EPI 及统计各滤波算法的运行消耗时间结果见表 2-3。

　　对比观察可以发现,图 2-5(b)中 21 像素×21 像素窗口条件下精制极化 Lee 滤波结果效果不理想,海洋区域的滤波结果最为平滑,等效视数大于其余两种滤波结果,但出现了扇贝效应和虚假细线,森林区域模糊不清,严重影响了图像的质量;在均匀区域 A 和 B 对比不同滤波结果可以看出,图 2-5(d)中本节算法滤波视觉效果较文献[177]算法滤波结果更为清晰,这与表 2-3 中等效视数大小正好吻合。

表 2 - 3　旧金山区域多视极化 SAR 图像滤波性能对比

评价指标	滤波前	精制极化 Lee	文献[177]算法	本节算法
ENL(A)	3.5872	15.8100	6.9463	11.6457
ENL(B)	2.0409	2.5763	1.6873	2.1277
EPI(C)	—	2.3478	3.5066	3.1754
时间/s	—	72.27	750.349	7.216

在建筑物区域 C 对比不同滤波结果,可以看出精制极化 Lee 算法滤波结果过度平滑,破坏了原来的细节。而文献[177]算法和本节算法的滤波结果中街道和房屋较为清晰,与表 2 - 3 中边缘保持指数值保持一致。

运算效率方面,表 2 - 3 中运行时间说明:本实验条件下,相比文献[177]中的 NLM 算法而言,本节算法运算速度提高了 100 多倍,极大改善了非局部均值算法在极化 SAR 滤波中应用效率,为 NLM 算法实际应用提供了基础。

2. 单视极化 SAR 图像滤波

实验图像源于 2013 年 Radarsat - 2 卫星 SLC 全极化 SAR 图像,成像区域为唐山曹妃甸地域,主要为港区和海面,分辨率为 8m,对应光学遥感图如图 2 - 6(a)所示。利用 NEST 软件对实验数据进行辐射校正、地斜校正和正射投影等预处理,经 Pauli 分解后合成的伪彩图如图 2 - 6(b)所示,图像大小为 6125 像素 × 7575 像素,方位向和距离向采样率分别为 4.71m 和 4.73m,其中矩形框标出区域用于后续滤波性能对比,大小为 300 像素 × 300 像素,实验区域局部放大后如图 2 - 6(c)所示。对比算法及其参数取值和评价指标同多视极化 SAR 图像实验,处理结果如图 2 - 6 所示。分别计算图 2 - 6(c)中均质海洋区域 A 和农田区域 B 的等效视数 ENL,田埂纹理区域 C 的边缘保持指数 EPI 及统计各滤波算法的运行消耗时间结果见表 2 - 4。

对比观察可以发现,图 2 - 6(b)中精制极化 Lee 滤波结果效果不理想,整体上保留了大量亮点,出现了许多虚假线,使得堤岸边缘两侧区域膨胀模糊;在农田区域 B 对比不同滤波结果可以看出,图 2 - 6(f)中本节算法滤波结果要优于精制极化 Lee 和文献[177]算法滤波结果,这与表 2 - 4 中等效视数大小正好吻合。

表 2 - 4　唐山曹妃甸单视极化 SAR 图像滤波性能对比

评价指标	滤波前	精制极化 Lee	文献[177]算法	本节算法
ENL(A)	4.5139	0.9182	0.8687	0.8765
ENL(B)	6.6453	12.2905	9.2409	12.3250
EPI(C)	—	1.0719	1.2023	1.1572
时间/s	—	71.76	800.562	7.872

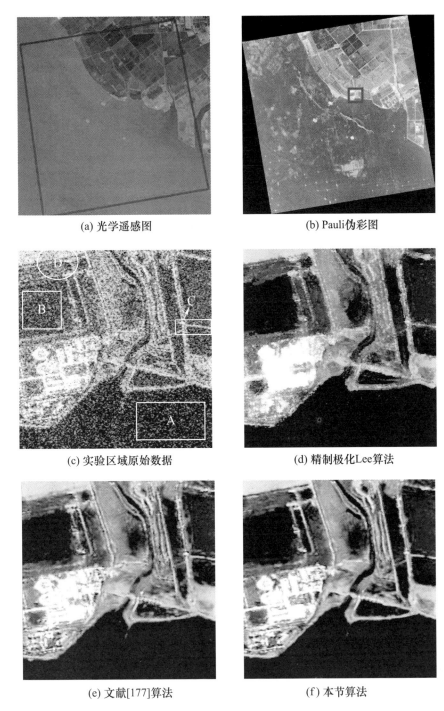

(a) 光学遥感图　　　　　　　　　　(b) Pauli伪彩图

(c) 实验区域原始数据　　　　　　　(d) 精制极化Lee算法

(e) 文献[177]算法　　　　　　　　(f) 本节算法

图 2-6　唐山曹妃甸基于功率图的极化 SAR 图像滤波(见彩插)

对比田埂纹理区域 C 的不同滤波结果,可以看出精制极化 Lee 算法模糊了原来的纹理细节,文献[177]算法田埂纹理两侧出现了虚影,本节算法的滤波结果视觉效果最为清晰。同时,观察区域 D 可以看出,农田之间存在一个显著条状目标,本节算法处理结果较完整地显现出来,而在前两个算法处理结果中已模糊不清。

运算效率方面,表 2-4 中运行时间说明:本实验条件下,相比文献[177]非局部均值算法而言,本节算法运算速度提高了 100 多倍,极大地改善了非局部均值算法应用效率,同样适用于高分辨率单视极化 SAR 图像。

同时在实验结果中,可以看到本节提出算法滤波结果中海面和农田等均质区域中存在不规则条纹,工业厂区和河堤内部分多面散射体目标模糊扩散。从算法原理讲,该算法直接利用功率图进行非局部均值滤波,将极化 SAR 像素间的相似性等价为功率图上像素间的相似性。由于功率图仅反映了图像的能量特征,并没有体现出不同极化通道之间的差异,从而滤波结果中模糊了不同极化能量组合结果,还需要进一步完善。

2.4 多极化 SAR 图像贝叶斯非局部均值滤波

针对已有极化 SAR 非局部均值滤波算法存在的问题,本节开展了以下工作。

(1)针对极化条件下非局部均值图块相似性度量不严密的问题,根据贝叶斯形式的非局部均值模型,结合极化相干矩阵服从复 Wishart 分布,推导出在无先验知识条件下,极化相干矩阵之间的相似性度量为修正的复 Wishart 距离,将该距离对称化后给出了完整的极化 SAR 贝叶斯非局部均值模型。

(2)原非局部均值算法中使用固定平滑参数 h 来处理整幅图像,滤波性能欠佳;本节通过分析其影响因素,设计了一种自适应平滑参数选取模型。

(3)针对计算量大的难题,通过对提出的修正对称复 Wishart 距离进行因式分解,利用积分图设计了新模型的快速实现算法。

2.4.1 极化 SAR 贝叶斯非局部均值模型

非局部均值算法的一个关键问题是像素点之间的相似度计算,对于极化 SAR 数据,每个散射目标对应为一个极化相干矩阵,该矩阵包含了雷达测量得到的全部极化信息,为此,需要寻找一种可靠的度量函数来描述极化相干矩阵之间的相似计算。

1. 贝叶斯非局部均值模型

根据非局部均值算法思想,C. Kervrann 等利用贝叶斯概率公式提出了贝叶斯形式的非局部均值模型[188]。当采用均方误差函数(即二次型损失函数)时,未知参数 $u(x)$ 的贝叶斯估计是其观测样本 $z(x)$ 的条件期望[189],即

$$u(x) = \hat{z}(x) = \sum_{u(x) \in \Delta} p(u(x) \mid z(x)) u(x) \tag{2-40}$$

式中:$p(u(x) \mid z(x))$ 为给定观测样本 $z(x)$ 情况下真实值 $u(x)$ 的条件分布函数;Δ 为采样区间。将式(2-40)全概率展开,可以得到

$$\hat{z}(x) = \frac{\sum_{u(x)} p(z(x) \mid u(x)) p(u(x)) u(x)}{\sum_{u(x)} p(z(x) \mid u(x)) p(u(x))} \tag{2-41}$$

如果用样本 $z(y)$ 代替理想无噪声的值 $u(x)$,并进行全概率公式展开,可得

$$\hat{z}(x) = \frac{\sum_{y \in \Omega} p(z(x) \mid z(y)) p(z(y)) z(y)}{\sum_{y \in \Omega} p(z(x) \mid z(y)) p(z(y))} \tag{2-42}$$

如果 $w(x,y) = p(z(x) \mid z(y)) p(z(y))$,则式(2-42)可以看成非局部均值的形式,即 $\hat{z}(x) = (1/C(x,y)) \sum_{y \in \Omega} w(x,y) z(y)$,其中 $C(x,y) = \sum_{y \in \Omega} w(x,y)$。所以也将式(2-42)称为贝叶斯形式的非局部均值模型[176]。由于理想无噪声的值 $u(x)$ 未知,故假设搜索窗内元素 $z(y)$ 分布一致,此时,贝叶斯模型具体表现为最大似然估计,只需求出 $p(z(x) \mid z(y))$ 就可以得到加权权重 $w(x,y)$。

2. 贝叶斯非局部均值模型的极化 SAR 推广

将式(2-42)中 $z(x)$、$z(y)$ 看成中心像素和估计像素所对应的极化相干矩阵 $\boldsymbol{T}_x$、$\boldsymbol{T}_y$,就可以将贝叶斯形式的非局部均值模型应用到极化 SAR 数据相干斑抑制中。式(2-2)修正为

$$\hat{z}(\boldsymbol{T}_x) = \frac{1}{C(\langle \boldsymbol{T}_x \rangle, \langle \boldsymbol{T}_y \rangle)} \sum_{\boldsymbol{T}_y \in \Omega} w(\langle \boldsymbol{T}_x \rangle, \langle \boldsymbol{T}_y \rangle) z(\boldsymbol{T}_y) \tag{2-43}$$

式中:$\langle \boldsymbol{X} \rangle$ 为 $\boldsymbol{X}$ 的 n 视处理,$\langle \boldsymbol{X} \rangle = (1/n) \sum_{i=1}^{n} \boldsymbol{X}_i$。对于多视极化 SAR 数据,计算权值时则无需再次对相干矩阵做多视处理。

经过 n 维多视处理后,多视相干矩阵 $\boldsymbol{T}$ 服从复 Wishart 分布,即

$$p_T^{(n)}(\boldsymbol{T}) = \frac{n^{qn} |\boldsymbol{T}|^{n-q} \exp(-n \mathrm{Tr}(\boldsymbol{\Sigma}^{-1} \boldsymbol{T}))}{K(n,q) |\boldsymbol{\Sigma}|^n} \tag{2-44}$$

式中:Tr 表示矩阵的迹;$\boldsymbol{\Sigma}$ 为相干矩阵的空间统计平均,$\boldsymbol{\Sigma} = E(\boldsymbol{T})$;对于互易介质,$q = 3$;$K(n,q) = \pi^{q(q-1)/2} \Gamma(n) \cdots \Gamma(n-q+1)$,$\Gamma(n)$ 为伽马函数。

由式(2-44)得到条件分布,即

$$p(\boldsymbol{T}_x \mid \boldsymbol{T}_y) = \frac{n^{qn} \mid \boldsymbol{T}_x \mid^{n-q} \exp(-n\mathrm{Tr}(\boldsymbol{T}_y^{-1}\boldsymbol{T}_x))}{K(n,q) \mid \boldsymbol{T}_y \mid^n} \tag{2-45}$$

由于非局部均值算法中像素间的相似性是由各个邻域窗口比较得到,所以式(2 - 45)又可以写成

$$p(\boldsymbol{T}_x \mid \boldsymbol{T}_y) = \prod_{m=1}^{M} p(\boldsymbol{T}_{xm} \mid \boldsymbol{T}_{ym}) = \frac{\exp\left(-\sum_{m=1}^{M}\left(\mathrm{Tr}(\boldsymbol{T}_{ym}^{-1}\boldsymbol{T}_{xm}) - \frac{n-q}{n}\ln \mid \boldsymbol{T}_{xm} \mid + \ln \mid \boldsymbol{T}_{ym} \mid\right)\right)}{n^{-M(qn+1)} \cdot K(n,q)^M}$$
$$\tag{2-46}$$

式中:M 为邻域窗内像素的个数。将式(2 - 46)代入式(2 - 42)后,式(2 - 42)中的归一化函数可以将含视数 n 的常数项约掉,即可得到加权权重函数,即

$$w(\boldsymbol{T}_x, \boldsymbol{T}_y) = \exp\left(-\sum_{m=1}^{M}\left(\mathrm{Tr}(\boldsymbol{T}_{ym}^{-1}\boldsymbol{T}_{xm}) - \frac{n-q}{n}\ln \mid \boldsymbol{T}_{xm} \mid + \ln \mid \boldsymbol{T}_{ym} \mid\right)\right) \tag{2-47}$$

对比式(2 - 3)即可得到贝叶斯非局部均值模型下极化相干矩阵之间的相似性度量函数为

$$d(\boldsymbol{T}_x, \boldsymbol{T}_y) = \sum_{m=1}^{M}\left(\mathrm{Tr}(\boldsymbol{T}_{ym}^{-1}\boldsymbol{T}_{xm}) - \frac{n-q}{n}\ln \mid \boldsymbol{T}_{xm} \mid + \ln \mid \boldsymbol{T}_{ym} \mid\right) \tag{2-48}$$

从式(2 - 48)可以看出,该相似性度量函数不满足对称性,即像素 x 与像素 y 之间的相似度 $d(\boldsymbol{T}_x, \boldsymbol{T}_y)$ 和像素 y 与像素 x 的相似度 $d(\boldsymbol{T}_y, \boldsymbol{T}_x)$ 不相等,这与事实不符,所以式(2 - 48)并不能准确地反映出像素间的相似程度。为此进行了对称化处理,得到最终相似性度量函数为修正的复对称 Wishart 距离,即

$$d(\boldsymbol{T}_x, \boldsymbol{T}_y) = \sum_{m=1}^{M}\left(\mathrm{Tr}(\boldsymbol{T}_{ym}^{-1}\boldsymbol{T}_{xm} + \boldsymbol{T}_{xm}^{-1}\boldsymbol{T}_{ym}) + \frac{q}{n}(\ln \mid \boldsymbol{T}_{xm} \mid + \ln \mid \boldsymbol{T}_{ym} \mid)\right) \tag{2-49}$$

在具体应用时,仍离不开用滤波参数 h 来控制平滑程度,代入式(2 - 3)得权重函数为

$$w(\boldsymbol{T}_x, \boldsymbol{T}_y) = \exp\left(-\frac{d(\boldsymbol{T}_x, \boldsymbol{T}_y)}{h^2}\right) \tag{2-50}$$

值得指出的是,文献[179]直接采用极化分类中 Wishart 距离代替欧几里德距离,将非局部均值应用到极化 SAR 滤波中,并借鉴欧几里德距离对 Wishart 距离进行了平方处理。按照贝叶斯理论,文献[190]证明了极化协方差矩阵之间相似性度量为 Wishart 距离,权重函数中未对该距离进行平方处理,从而增强了部分行列式值小于1的极化矩阵的滤波效果。然而,该距离不满足对称性,且推导过程中直接忽略了含视数 n 的变量项$(n-q) \cdot \ln \mid \boldsymbol{T}_{xm} \mid /n$;这样使得该距离不能精确反映矩阵间相似性计算,影响滤波效果。经过对称化处理后的距离

更加合理地反映了两个极化相干矩阵之间的度量。此外,距离中增加的 q/n 系数项反映了图像维度与视数,不仅使得对不同类型数据具有更好的适应性,而且可以增进矩阵极化相似性的利用程度。

3. 自适应选取滤波参数

滤波参数 h 在非局部均值算法中起着十分关键的作用,控制对噪声的平滑程度:当 h 取值大时权重 w 比较大,加权平均的结果使得去噪结果比较光滑;当 h 较小时权重 w 比较小,其细节保留程度比较高。非局部均值算法本身具有一定自适应能力:对于均匀区域,与待滤波像素相似的像素较多,有效参与滤波像素也就多,平滑程度大;对于地物丰富区域,与待滤波像素相似的像素较少,平滑程度低。然而原非局部均值算法中 h 是全局固定的,后来贝叶斯非局部均值模型中 h 取经验值 3σ,事实上针对不同的图像,采用全局固定滤波参数难以使得图像各个子区域同时达到最优滤波,实质上仅是噪声滤除和边缘纹理之间的简单折中。

为此,采用一种自适应选取 h 参数的策略来滤波更为科学。即在均匀区域选择大的 h,加大平滑程度;而对于细节丰富区域,则选择小 h,进一步保护目标。文献[179]中根据搜索窗内像素点与中心像素的距离,分为冗余性大和冗余性小的两类像素点,然后分别设定不同的加权系数来调节 h。许光宇等[191]采用归一化图像梯度域 SVD 分解特征值来度量各图块的内容复杂度。根据内容丰富程度三等分后,分别赋予不同固定权值来调节平滑参数。张权[192] 依据 Sobel 算子梯度幅度信息将滤波参数 h 分为 3 个等级。上述方法取得了一定效果,但是过于简单,仅分为两三类,未能有效反映不同地物的平滑程度。为此设计以下滤波参数,即

$$h = K \cdot W \cdot n_e^{\text{span}} \cdot (1.2\, n_e^{\text{loc}} + 0.4) \qquad (2-51)$$

式中:W 为搜索窗大小,反映参与滤波像素的数量;n_e^{span} 为整幅 SAR 图像的等效视数,反映了图像整体噪声污染程度;n_e^{loc} 为归一化搜索窗图块等效视数,反映了局部区域内地物的丰富程度;K 为常数。

由式(2-51)可以看出,滤波参数受控于搜索窗图块的等效视数,使得搜索窗内像素可以根据局部地物的丰富程度自适应选取滤波参数,弱化了全局使用固定滤波参数造成滤波效果下降的问题。

2.4.2 快速算法设计实现

1. 算法原理

在单通道数据中,相似性度量为二维像素差异矩阵,求取积分图只需运算存储二维像素差异矩阵即可。对于极化 SAR 数据而言,每个像素扩展为一个 3×3 矩阵,像素相似性度量对应为极化相干矩阵之间的相似性度量,存储矩阵

不再是简单的二维像素差异矩阵,此时,上述积分图计算方法失效。

在所提极化 SAR 图像贝叶斯非局部均值算法中,像素间的相似性用修正对称复 Wishart 距离来度量。为应用积分图实现其快速计算,需要进行因式分解。由于极化相干矩阵是 Hermite 阵,因此其逆矩阵 T_x、T_y 也为 Hermite 阵。为此,利用 Hermite 阵迹可表示为主对角元素之和的性质,对修正复 Wishart 距离进行因式分解,获得了适用于极化 SAR 图块操作的存储矩阵表达式。因式分解过程为

$$设 \boldsymbol{\Sigma}_1^{-1} = \begin{bmatrix} a_1 & a_4 + a_5\mathrm{j} & a_6 + a_7\mathrm{j} \\ a_4 - a_5\mathrm{j} & a_2 & a_8 + a_9\mathrm{j} \\ a_4 - a_5\mathrm{j} & a_8 - a_9\mathrm{j} & a_3 \end{bmatrix}、\boldsymbol{\Sigma}_2 = \begin{bmatrix} b_1 & b_4 + b_5\mathrm{j} & b_6 + b_7\mathrm{j} \\ b_4 - b_5\mathrm{j} & b_2 & b_8 + b_9\mathrm{j} \\ b_4 - b_5\mathrm{j} & b_8 - b_9\mathrm{j} & b_3 \end{bmatrix},$$

则有

$$\mathrm{Tr}(\boldsymbol{\Sigma}_1^{-1} \boldsymbol{\Sigma}_2) = \sum_{i=1}^{3} a_i b_i + 2\sum_{i=4}^{9} a_i b_i \qquad (2-52)$$

同理,$\mathrm{Tr}(\boldsymbol{\Sigma}_2^{-1} \boldsymbol{\Sigma}_1)$ 也可以得到类似的解析表达式。$\boldsymbol{\Sigma}_1$、$\boldsymbol{\Sigma}_2$ 中每个元素都对应为一个图像块。对于 3×3 矩阵的行列式则可以采用矩阵论中对角线法来逐元素展开,进而通过式(2-49)计算积分图存储矩阵。

由上述分析可知,对于一幅 $M \times M$ 大小的图像,搜索区域的半径为 W,需要 $M^2 \times (2W+1)^2$ 次邻域相似性图块比较,邻域的半径为 P,NLM 方法计算复杂度为 $O(9M^2 \times (2W+1)^2 \times (2P+1)^2)$。改进后的方法利用积分图计算减少了像点之间相似性重复计算,计算复杂度降为 $O((2W+1)^2 \times (M+2P+1)^2)$,计算量约为原 NLM 的 $(M+2P+1)^2/(3M \times (2P+1))^2$。可见,快速算法的计算量要明显小于原 NLM,算法效率得到显著提高。以 300 像素 $\times$ 300 像素大小图像为例,在搜索窗 10×10、相似窗 3×3 条件下计算,运行速度约为原 NLM 算法的 421 倍。

2. 实现步骤

算法具体实现步骤如下。

(1)对 T 矩阵进行多视与求逆处理,多视结果与逆运算结果分别记为 T_m 和 T_{inv}。

(2)设置滤波参数:搜索窗 Ω 大小、相似窗 W 大小。

(3)根据 Ω 与 W,对 T、T_m 和 T_{inv} 进行扩展,扩展结果记为 P_t、P_{tm} 和 P_{tinv}。

(4)初始化权值 w、权值和 $\boldsymbol{\Sigma}$、最大权值 M,对相干矩阵 T 元素进行滤波。

① 定义 x 表示 P_t 中搜索窗口中心相似性像素,y 表示 P_t 中搜索窗口 (dx, dy) 位置的非中心相似性像素。

② 分别选取 x 在 P_{tm} 和 P_{tinv} 中对应位置像素构成的图块组 $\boldsymbol{A}(\boldsymbol{a}_{11} - \boldsymbol{a}_{33}, \boldsymbol{a}_{11}' - \boldsymbol{a}_{33}')$ 与 y 在 $\boldsymbol{P}_{tm}$ 和 $\boldsymbol{P}_{tinv}$ 中对应位置像素构成的图块组 $\boldsymbol{B}(\boldsymbol{b}_{11} - b_{33}, \boldsymbol{b}_{11}' - \boldsymbol{b}_{33}')$,先后使用式(2-49)与式(2-52)计算像素 x 与 y 之间的相似性度量 $d(x, y)$,表达为图

块 $SD(x,y)$。

③ 将 SD 代入式（2 - 15）、式（2 - 16），获得像素 x 与 y 为中心的相似性图块间的度量 $D(x,y)$，表达为 $SSD(x,y)$；将 SSD 代入式（2 - 50）得到滤波权值 $w(x,y)$，其中平滑参数 h 按照式（2 - 51）计算。

④ 用 P_1 中搜索窗 Ω 内 $(\mathrm{d}x,\mathrm{d}y)$ 位置的像素 y 对 $z(x)$ 进行加权滤波，得到像素 x 的滤波结果 $\hat{z}(x)$，滤波式为 $\hat{z}(x) = \sum\limits_{y \in \Omega} w(x,y)z(y)$。

⑤ 更新权值和 Σ、最大权值 M。

⑥ 在搜索窗 Ω 内逐像素进行上述步骤②~⑤处理，得到 T 整体滤波后的相干矩阵 $\hat{T}$。

（5）将 T 矩阵所有元素 $T_{11} - T_{33}$ 中的中心像素赋予最大权值 M，叠加到滤波结果 $\hat{T}$ 中，并用权值和 Σ 进行归一化处理，形成最终滤波结果 $\hat{T}$。

（6）采用 Pauli 向量法，使用滤波结果 $\hat{T}$ 中的 T_{11}、T_{22} 和 T_{33} 这 3 个元素来合成伪彩图，以观察滤波效果。

2.4.3 实验及结果分析

1. 多视极化 SAR 图像滤波

实验所用数据仍采用 NASA/JPL 实验室 AIRSAR 系统获取的 L 波段旧金山极化 SAR 数据。图 2 -7(a) 是实验地区光学遥感图；图 2 -7(b) 是原始数据 Pauli 伪彩图；图 2 -7(c) 是精制极化 Lee 滤波后 Pauli 伪彩图，滤波窗口大小为 21 像素 ×21 像素、相似性窗口大小为 7 像素 ×7 像素；图 2 -7(d) 是采用文献[178]算法滤波后 Pauli 伪彩图，搜索窗口大小为 21 像素 ×21 像素，相似性窗口大小为 7 像素 ×7 像素，以下算法亦同。文献[178]算法平滑参数 h 取 5，文献[179]算法和本节算法 $K = 0.05$；图 2 -7(e) 是采用文献[179]算法滤波后 Pauli 伪彩图；图 2 -7(f) 是本节算法滤波后 Pauli 伪彩图。采用的评价指标有等效视数 ENL、边缘保持指数 EPI、运算时间和极化信息保持能力，其中极化信息保持能力采用 Cloude 分解的散射熵 H 与散射角 α 来衡量。各滤波算法性能对比情况见表 2 -5。

表 2 -5　旧金山区域多视极化 SAR 图像滤波性能对比

评价指标	滤波前	精制极化 Lee	文献[178]算法	文献[179]算法	本节算法
ENL(A)	3.5872	15.8100	20.3587	20.1916	28.9282
ENL(B)	2.0409	2.5763	4.1365	3.2851	5.1603
EPI(C)	—	2.3478	2.1831	2.1562	3.1155
时间/s	—	72.27	865	26301	62

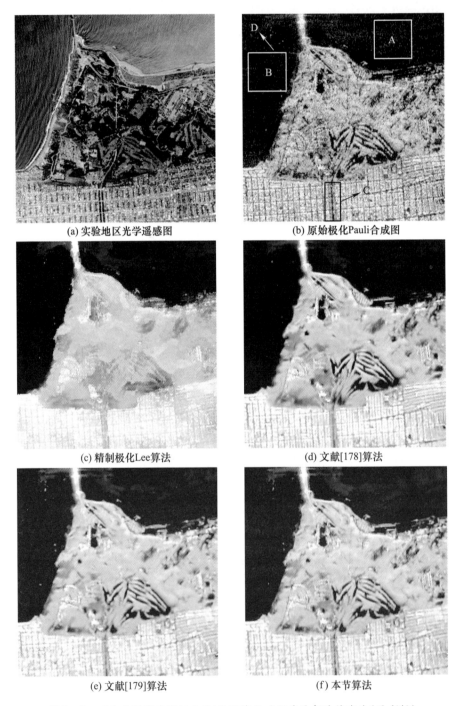

(a) 实验地区光学遥感图　　　　　　　　　　(b) 原始极化Pauli合成图

(c) 精制极化Lee算法　　　　　　　　　　　(d) 文献[178]算法

(e) 文献[179]算法　　　　　　　　　　　(f) 本节算法

图 2-7　旧金山区域多视极化 SAR 图像贝叶斯非局部均值滤波(见彩插)

对比图 2-7(b)和(c)可以看出,精制极化 Lee 滤波对相干斑有一定程度抑制,但海洋区域上出现了扇贝效应和虚假细线,滤波后出现了强烈的灰度变化,视觉效果不好;森林区域模糊不清,而且图中边缘明显带有锯齿状,与实际情况不符,这是因为边缘检测模板过于粗糙,不能与实际地物很好地匹配。由图 2-7(d)可以看出,文献[178]算法滤波后图像在保持纹理特征的同时对相干斑的平滑能力有很大提升。但需要指出的是,图 2-7(d)中几乎丢失了图 2-7(b)中 D 所对应的点目标,致使无法判读出图像中船舶等感兴趣点目标。究其原因,主要是由于直接利用功率图计算非局部均值相似性权值,忽略了不同散射机制之间的差异,仅用能量(功率图)大小来衡量像素之间的相似性造成的。对比图 2-7(d)~(f)可以明显地看出,后两种滤波算法对各类地物的散射机制保持较好。

观察图 2-7(e)和(f)可知,匀质区域 A 与 B 在本节算法滤波结果中得到进一步平滑,图像下方城市区域 C 的边缘细节保持较好,表 2-5 中实验结果充分反映了本节算法的优越性。特别值得一提的是,图像左侧海洋区域中船舶点目标保持很好,并未出现文献[179]算法结果中点目标扩散的不良现象。

为了进一步对比各类算法对极化特征的影响,对相干矩阵进行 Cloude 分解,利用相应的散射熵 H 和散射角 α 来进行分析。对各算法滤波结果进行 Cloude 分解结果如图 2-8 所示,其中图 2-8(a)~(e)为散射熵图像,图 2-8(f)~(j)为散射角图像。对比图 2-8(a)~(e)可以看出,在海洋区域内,精制极化 Lee 滤波与文献[178]算法的散射熵出现较多模糊,效果不理想;文献[179]与本节算法的散射熵图像与原始数据的散射熵图像较为一致,但本节结果更为清晰。在图像中部的森林区域内精制极化 Lee 滤波与文献[178]算法的散射熵结果将内部孤立的建筑物等模糊覆盖,而本节算法结果显著地区分了这些地物,相比文献[179]算法结果更为精细;同样在实验图像下方的建筑物区域内,本节算法结果轮廓更为清晰。

对比图 2-8(f)~(j)可以看出,精制极化 Lee 滤波的散射角完全模糊,严重破坏了原图像的散射机制;文献[178]算法的散射角比较清晰,但丢失了海面上船舶与森林中的建筑物等孤立目标;文献[179]算法的散射角不仅清晰,而且保留了船舶等点目标,但是点目标出现扩散模糊现象,相比之下,本节算法与原始数据的散射角最为相似。综合比较可知,本节算法更好地保持了地物的极化散射特性。

运算效率方面,从表 2-5 中运行时间可看出,本节算法相比文献[179]滤波算法,耗费时间从 26301.531s 减小到 62.226s,即由原来 7.3h 减小到 1min,计算速度提高约 423 倍,极大改善了非局部均值算法在极化 SAR 中的应用效

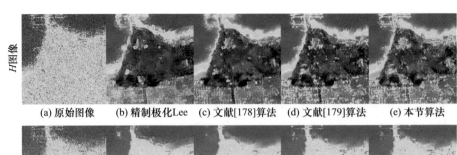

H图像

(a)原始图像　(b)精制极化Lee　(c)文献[178]算法　(d)文献[179]算法　(e)本节算法

α图像

(f)原始图像　(g)精制极化Lee　(h)文献[178]算法　(i)文献[179]算法　(j)本节算法

图 2-8　旧金山区域多视极化 SAR 数据 Cloude 分解结果(见彩插)

率,具有良好的工程应用前景。

2. 单视极化 SAR 图像滤波实验—

为验证提出算法处理单视极化 SAR 图像的效果,选择前文 Radarsat-2 卫星唐山曹妃甸 SLC 全极化 SAR 图像,实验图像大小为 1500 像素 × 1500 像素,成像区域为港区出海口,对应光学遥感图如图 2-9(a)所示,其中矩形框标出区域用于后续滤波性能对比,对应 Pauli 合成图如图 2-9(b)所示。利用本节提出算法滤波,运行 7282s 后获得结果如图 2-9(c)所示。

(a)实验区域光学遥感图　　(b)原始Pauli合成图　　(c)本节算法滤波结果

图 2-9　曹妃甸单视极化 SAR 图像贝叶斯非局部均值滤波(见彩插)

从图中可以看出,本节算法滤波结果中海洋、农田等均匀区域平滑效果显著,整齐排列的建筑物和道路等纹理清晰显现,孤立人造目标保留完整,充分表明了算法的有效性。

为进一步分析算法滤波性能,截取上述矩形框内数据进行比较,该区域大小为 300 像素 × 300 像素,实验区域如图 2-10 所示,区域中有海洋、港口码头、农田等目标。比较方法是精制极化 Lee 算法、文献[178]与文献[179]算法。各算法参数取值如下:精制极化 Lee 算法的窗口大小取 21 像素 ×21 像素、相似性窗口大小为 7 像素 ×7 像素;非局部均值类的搜索窗口大小为 21 像素 ×21 像素、相似性窗口大小为 7 像素 ×7 像素,文献[178]平滑参数 h 取 20,文献[179]和本节算法 $K = 0.25$。图 2 –10(a)是实验地区光学遥感图;图 2 –10(b)是原始数据 Pauli 伪彩图;图 2 –10(c)是精制极化 Lee 滤波后 Pauli 伪彩图;图 2 –10(d)是采用文献[178]算法滤波后 Pauli 伪彩图;图 2 –10(e)是采用文献[179]算法滤波后 Pauli 伪彩图;图 2 –10(f)是本节算法滤波后 Pauli 伪彩图。各算法性能对比情况见表 2 –6。

表 2 –6 唐山曹妃甸单视极化 SAR 图像滤波性能对比

评价指标	滤波前	精制极化 Lee	文献[178]算法	文献[179]算法	本节算法
ENL(A)	4.5139	0.9182	0.8378	1.0546	1.2780
ENL(B)	6.6453	12.2905	17.5958	11.1941	20.5026
EPI(C)	—	1.0719	0.9059	1.1646	1.2007
时间/s	—	71.76	1180	35907	64

对比图 2 –10(b)和图 2 –10(c)可以看出,精制极化 Lee 滤波对相干斑有一定程度抑制,但滤波均匀区域中残留了大量高亮斑点,纹理边缘出现了严重膨胀现象,视觉效果不好,而且图中边缘明显带有锯齿状,与实际情况不符。由图 2 –10(d)可以看出,文献[178]算法滤波后图像在保持纹理特征的同时对相干斑的平滑能力有很大提升,但农田均匀区域内出现了不规则纹理,边缘也出现了膨胀。对比图 2 –10(d)~(f)可以明显地看出,后两种滤波算法对各类地物的散射机制保持较好。

观察图 2 –10(e)和图 2 –10(f)可知,匀质区域在本节算法滤波结果中得到有效平滑,A 与 B 区域内部非常均匀。田埂纹理区域 C 的边缘细节保持完好,并未出现文献[178]算法结果中田埂断裂和文献[179]算法结果中边缘散焦的不良现象,同时,边缘区域 D 中的条状目标,在本节算法处理结果中完整显现出来,反映出本节算法具有较好的结构保持能力。表 2 –6 中实验结果验证了本节算法边缘保持的优越性。

利用各算法滤波结果进行 Cloude 分解后结果如图 2 –11 所示,其中图 2 –11(a)~(e)为散射熵图像,图 2 –11(f)~(j)为散射角图像。对比图 2 –11(a)~(e)可以看出,在海洋区域内,精制极化 Lee 滤波与文献[178]算法的散射熵出现虚假线条,与实际不符;文献[179]与本节算法的散射熵图像与原始数据的散射熵图像较为一致,但本节算法结果更为清晰。在河堤和码头区域内精制极化 Lee 滤波与文献[178]算法的散射熵结果将独立地物等模糊,而本节算法结果

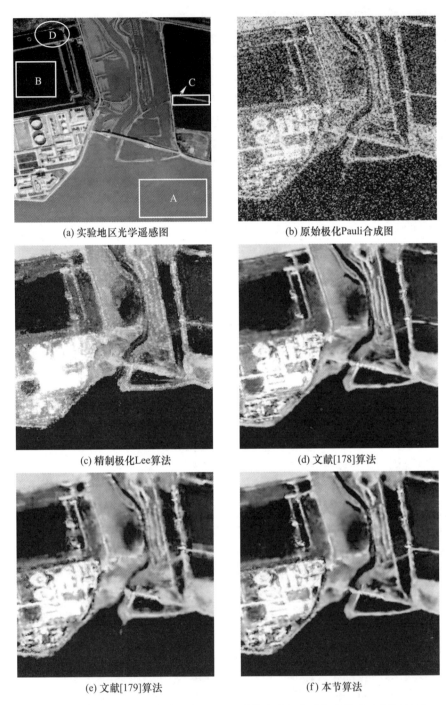

(a) 实验地区光学遥感图　　　　　　　　(b) 原始极化Pauli合成图

(c) 精制极化Lee算法　　　　　　　　　　(d) 文献[178]算法

(e) 文献[179]算法　　　　　　　　　　　(f) 本节算法

图 2 – 10　曹妃甸局部区域单视极化 SAR 图像贝叶斯非局部均值滤波(见彩插)

有效区分开来,比文献[179]算法结果更为精细;同样在实验图像下方的海岸线,本节算法结果轮廓更为清晰。

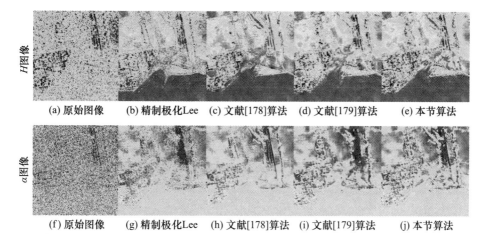

图 2 - 11　曹妃甸单视极化 SAR 数据 Cloude 分解结果(见彩插)

对比图 2 - 11(f) ~ (j)可以看出,精制极化 Lee 滤波的散射角完全模糊,严重破坏了原图像的散射机制;文献[178]算法的散射角比较清晰,但丢失了部分田埂与孤立地物;文献[179]算法的散射角较为清晰,而且保留了码头区域和田埂等边缘纹理,但是出现扩散模糊现象,相比之下,本节算法与原始数据的散射角最为接近。

从表 2 - 6 中的运行时间可看出,本节算法相比文献[179]滤波算法,耗费时间从 35907s 减小到 64s,计算速度提高约 561 倍。

3. 单视极化 SAR 图像滤波实验二

实验图像为 2012 年 Radarsat - 2 卫星 SLC 全极化 SAR 图像,分辨率为 8m,选择滤波图像大小为 1500 像素 ×1500 像素,方位向和距离向采样率分别为 4.85m 和 4.73m,成像区域为日本东京湾,图中存在大量船舶目标。对应光学遥感图如图 2 - 12(a)所示,其中矩形框标出区域用于后续滤波性能对比。Pauli 基合成伪彩图如图 2 - 12(b)所示。利用本节提出算法对数据进行滤波,结果如图 2 - 12(c)所示。

从图中可以看出,本节算法滤波图像中海洋均匀区域平滑效果显著,城市、码头、桥梁等纹理清晰显现,舰船、桥墩等孤立目标保留完整,充分表明了算法的有效性。

为进一步分析算法滤波性能,截取上述矩形框内区域数据进行测试,该区域位于港口附近海区域,大小为 250 像素 ×250 像素。区域中有海洋、港口码头、船舶等目标。比较方法是精制极化 Lee 算法、文献[178]与文献[179]算法。

 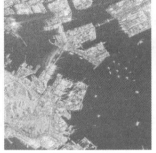 

(a) 光学遥感图   (b) 原始RGB Pauli图   (c) 本节算法滤波结果

图 2 - 12　东京湾单视极化 SAR 图像贝叶斯非局部均值滤波(见彩插)

各算法参数取值如下:精制极化 Lee 算法的窗口大小取 21 像素 ×21 像素、相似性窗口大小为 7 像素 ×7 像素;非局部均值和本节算法的搜索窗口大小为 21 像素 ×21 像素、相似性窗口大小为 7 像素 ×7 像素,文献[178]平滑参数 h 取 84.6481,文献[179]和本节算法 $K=0.15$。实验结果如图 2 - 13 所示,各算法性能对比情况见表 2 - 7。

表 2 - 7　东京湾单视极化 SAR 图像滤波性能对比

评价指标	滤波前	精制极化 Lee	文献[178]算法	文献[179]算法	本节算法
ENL(A)	7.6826	10.2255	12.7516	18.0266	27.2411
EPI(B)	—	1.0892	1.0737	1.0748	1.1656
时间/s	—	71.21	466.572	10745.525	33.217

对比滤波结果,可以发现图 2 - 13(c)中精制极化 Lee 滤波平滑效果不理想,整体上出现了大量虚假边缘结构,码头纹理区域严重破坏。图 2 - 13(d)中文献[178]算法滤波结果较为清晰,但海洋区域出现大量人造纹理,与实际不符;同时码头边缘存在散焦现象,内部纹理结构相对模糊。在均质海洋区域 A 对比不同滤波结果,可看出图 2 - 13(e)和图 2 - 13(f)的滤波结果要明显优于图 2 - 13(d)的结果,视觉平滑效果更为清晰,这与表 2 - 7 中等效视数大小吻合。但是图 2 - 13(e)中过度平滑了地物,导致码头边缘散焦膨胀,码头上房屋、集装箱与道路纹理之间出现模糊。相比之下,本节算法滤波结果最为清晰,表 2 - 7 中区域 B 的边缘保持指数结果反映出本节算法具有较好的结构保持能力。

对于海上船舶目标 C,精制极化 Lee 滤波结果不仅出现船舶模糊,而且周边出现虚假轮廓。文献[178]算法船舶滤波结果畸形扩散。文献[179]算法滤波结果也出现了较为严重的船舶模糊,放大了目标区域,相比之下,本节提出算法滤波结果保持了较好的边缘轮廓。

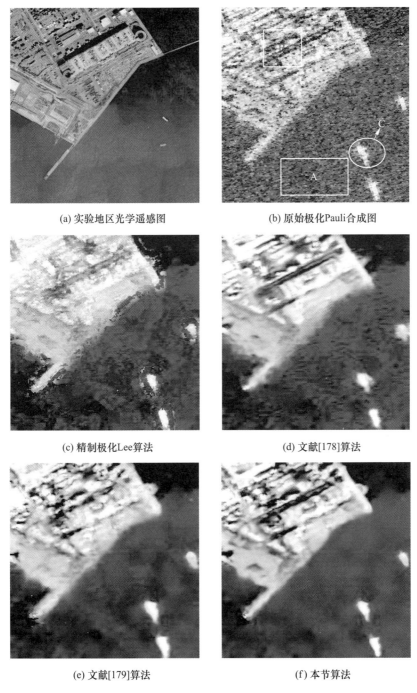

(a) 实验地区光学遥感图　　　　　　(b) 原始极化Pauli合成图

(c) 精制极化Lee算法　　　　　　(d) 文献[178]算法

(e) 文献[179]算法　　　　　　(f) 本节算法

图 2 – 13　东京湾局部区域单视极化 SAR 图像贝叶斯非局部均值滤波(见彩插)

　　为进一步对比各类算法对极化特征的影响,本节对相干矩阵进行了 Cloude 分解,利用相应的散射熵 H 和散射角 α 进行分析。对各算法滤波结果进行 Cloude 分解,结果如图 2 - 14 所示。其中,图 2 - 14(a) ~ (d)为对应散射熵图像,图 2 - 14(e) ~ (h)为对应散射角的图像。对比图 2 - 14(a) ~ (d)可以看出,在海洋区域内,精制极化 Lee 与文献[178]算法的散射熵出现较多的曲线,舰船目标严重变形,效果不理想;精制极化 Lee 散射角图像存在虚假杂波。在码头区域内,文献[179]与本节算法的散射熵较为清晰,有效区分了地物。相比之下,本节算法散射熵图像中船舶目标比较清晰,未出现文献[179]算法结果中的膨胀现象。

　　运算效率方面,从表 2 - 7 中的运行时间可看出,本次实验中所提算法相比原非局部均值算法,耗费时间从 10745.525s 减小到 33.217s,即由原来的近 3h 减小到 0.5min,计算速度提高约 323 倍,改善了非局部均值算法在极化 SAR 数据中的应用效率。

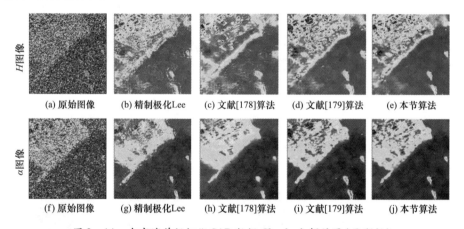

(a) 原始图像　　(b) 精制极化Lee　　(c) 文献[178]算法　　(d) 文献[179]算法　　(e) 本节算法

(f) 原始图像　　(g) 精制极化Lee　　(h) 文献[178]算法　　(i) 文献[179]算法　　(j) 本节算法

图 2 - 14　东京湾单视极化 SAR 数据 Cloude 分解结果(见彩插)

第三章

SAR图像自适应全变分去噪

在 SAR 图像处理领域,去噪是一个被广泛研究的课题,其目的是在去除图像噪声的同时不损害图像特征。基于偏微分方程(Partial Differential Equations, PDE)的变分去噪法,根据图像的先验模型和噪声特性建立能量泛函,利用变分法求能量泛函的极值,即将去噪问题转化为求能量泛函极值问题,具有充足的理论支撑,特别是其中的全变分法能够在抑制噪声的同时保持细节,在图像去噪领域得到广泛使用[193-196]。

变分去噪方法具体流程:首先建立能量泛函模型,然后求模型对应的欧拉 – 拉格朗日(Euler – Lagrange,E – L)方程,继而得到模型的梯度下降流,最后用离散化方法求解偏微分方程。从处理流程可以看出,能量泛函模型的建立是变分法去噪的核心问题之一。Aubert 和 Aujol 提出的针对乘性伽马噪声的 SAR 图像乘性噪声去除模型(简称 AA 模型)[29],能够在抑制乘性噪声的同时保留边缘信息,在 SAR 图像去噪中得到广泛应用,但该模型在灰度相似性区域容易产生阶梯效应[197-198]。

本章首先介绍了常用的变分去噪模型,重点介绍了 AA 模型。然后研究了针对乘性噪声的自适应全变分模型,理论分析了其性能,新模型可根据局部梯度的模值执行自适应扩散处理,不仅能平滑噪声,还能抑制阶梯效应、保留边缘。

3.1 变分去噪模型

由于传感器成像、图像存储和传输等过程中可能受到噪声影响,图像中存在噪声是不可避免的。通常噪声包括两种模型:一种是加性噪声模型;另一种是乘性噪声模型。下面先介绍变分法,再分别介绍针对这两种噪声的变分模型。

3.1.1 变分法

图像去噪问题可以根据图像的先验模型和噪声特性建立能量泛函,去噪图像就是该能量泛函的极值。变分法研究的是泛函的极值问题,因此可以将变分法用于图像去噪研究,利用变分方法寻求问题的最终解[199]。

定义 3 - 1 设 $\{u(x)\}$ 是给定的某类函数集合,如果对于该集合中的任何一个函数 $u(x)$,按照一定的法则都有确定的数值 E 与之相对应,记为 $E[u(x)]$ 或者 $E[u]$,则称 $E[u]$ 是定义在函数集合 $\{u(x)\}$ 上的一个泛函。简而言之,泛函就是以函数集合为定义域的实值映射。

定义 3 - 2 泛函 $E[u(x)]$ 的宗量 $u(x)$ 与另一个宗量 $u_0(x)$ 的差值为 $\delta u = u_0 - u, u \neq u_0$,称为宗量 $u(x)$ 的变分。

定义 3 - 3 对于泛函 $E[u(x)]$,函数 $u(x)$ 变分引起的泛函增量为

$$\Delta E = E[u_0] - E[u] = E[u + \delta u] - E[u] \tag{3-1}$$

如果展开,泛函增量可表示为

$$\Delta E[u] = L[u, \delta u] + \frac{1}{2!} Q[u, \delta u] + o(\| \delta u \|^2) \tag{3-2}$$

式中:$L[u, \delta u]$ 为关于 δu 的线性泛函,称为泛函 $E[u(x)]$ 的一阶变分,简称变分,记为 δE。式(3-2)等号右端的第 2 项为二阶变分。

变分 δE 可表示为

$$\delta E = \frac{\partial E[u + \alpha \delta u]}{\partial \alpha} \bigg|_{\alpha = 0} \tag{3-3}$$

如果泛函 $E[u(x)]$ 在 $u = u_0$ 处达到极值,则在 $u = u_0$ 上泛函的变分 $\delta E = 0$。

$\Omega \subset \mathbb{R}^2$ 为代表图像域的二维有界开集,令泛函为

$$E[u(x,y)] = \iint_\Omega F\left(x, y, u(x,y), \frac{\partial u(x,y)}{\partial x}, \frac{\partial u(x,y)}{\partial y}\right) \mathrm{d}x\mathrm{d}y \tag{3-4}$$

则

$$\delta E = \left\{ \frac{\partial}{\partial \alpha} \iint_\Omega F\left(x, y, u(x,y,\alpha), \frac{\partial u(x,y,\alpha)}{\partial x}, \frac{\partial u(x,y,\alpha)}{\partial y}\right) \mathrm{d}x\mathrm{d}y \right\}_{\alpha = 0} \tag{3-5}$$

式中:$u(x,y,\alpha) = u(x,y) + \alpha \delta u$。

设 $u_x = u_x(x,y) = \dfrac{\partial u(x,y)}{\partial x}, u_y = u_y(x,y) = \dfrac{\partial u(x,y)}{\partial y}$,则

$$u_x(x,y,\alpha) = \frac{\partial u(x,y,\alpha)}{\partial x} = u_x(x,y) + \alpha \delta u_x \tag{3-6}$$

$$u_y(x,y,\alpha) = \frac{\partial u(x,y,\alpha)}{\partial y} = u_y(x,y) + \alpha\delta u_y \qquad (3-7)$$

进一步,式(3-5)变为

$$\delta E = \iint_{\Omega}(F_u\delta_u + F_{u_x}\delta_{u_x} + F_{u_y}\delta_{u_y})\mathrm{d}x\mathrm{d}y \qquad (3-8)$$

另有

$$\frac{\partial}{\partial x}\{F_{u_x}\delta u\} = \frac{\partial}{\partial x}\{F_{u_x}\}\delta u + F_{u_x}\delta u_x \qquad (3-9)$$

$$\frac{\partial}{\partial y}\{F_{u_y}\delta u\} = \frac{\partial}{\partial y}\{F_{u_y}\}\delta u + F_{u_y}\delta u_y \qquad (3-10)$$

则式(3-8)等号右端的后两项可写为

$$\iint_{\Omega}(F_{u_x}\delta_{u_x} + F_{u_y}\delta_{u_y})\mathrm{d}x\mathrm{d}y = \iint_{\Omega}\left\{\frac{\partial}{\partial x}\{F_{u_x}\delta u\} + \frac{\partial}{\partial y}\{F_{u_y}\delta u\}\right\}\mathrm{d}x\mathrm{d}y -$$

$$\iint_{\Omega}\left\{\frac{\partial}{\partial x}\{F_{u_x}\}\delta u + \frac{\partial}{\partial y}\{F_{u_y}\}\delta u\right\}\mathrm{d}x\mathrm{d}y \qquad (3-11)$$

由格林公式可知,式(3-11)等号右端第 1 项为

$$\iint_{\Omega}\left\{\frac{\partial}{\partial x}\{F_{u_x}\delta u\} + \frac{\partial}{\partial y}\{F_{u_y}\delta u\}\right\}\mathrm{d}x\mathrm{d}y = \iint_{\partial\Omega}\{F_{u_x}\delta u\mathrm{d}y - F_{u_y}\delta u\mathrm{d}x\}$$

$$= \iint_{\partial\Omega}\delta u\left\{F_{u_x}\frac{\mathrm{d}y}{\mathrm{d}s} - F_{u_y}\frac{\mathrm{d}x}{\mathrm{d}s}\right\}\mathrm{d}s \qquad (3-12)$$

式中:$\partial\Omega$ 为图像区域 Ω 的边界;s 为 $\partial\Omega$ 的弧长变量。

若要泛函 $E[u(x,y)]\to\min$,则变分 $\delta E = 0$,将式(3-11)和式(3-12)代回式(3-8),可得

$$\iint_{\Omega}\left(F_u - \frac{\partial}{\partial x}F_{u_x} - \frac{\partial}{\partial y}F_{u_y}\right)\delta u\mathrm{d}x\mathrm{d}y = 0 \qquad (3-13)$$

且须满足自然边界条件

$$\iint_{\partial\Omega}\delta u\left\{F_{u_x}\frac{\mathrm{d}y}{\mathrm{d}s} - F_{u_y}\frac{\mathrm{d}x}{\mathrm{d}s}\right\}\mathrm{d}s = 0 \qquad (3-14)$$

考虑变分 δu 的任意性,可得极值的必要条件——欧拉-拉格朗日方程为

$$F_u - \frac{\partial}{\partial x}F_{u_x} - \frac{\partial}{\partial y}F_{u_y} = 0 \qquad (3-15)$$

3.1.2　加性噪声去除模型

加性噪声模型假设原始图像 u 受到加性噪声 v 干扰,观测图像为

$$f = u + v \tag{3-16}$$

去噪处理便是利用观测图像 f 恢复获得原始图像 u。

变分法去噪模型的能量泛函表达式为

$$E(u) = \Phi(u) + \lambda L(u,f), \lambda > 0 \tag{3-17}$$

式中：$\Phi(u)$ 为包含原始图像 u 先验信息的正则项；$L(u,f)$ 为与噪声图像 f 和原始图像 u 相关的数据保真项。

调和去噪模型的能量泛函为[200]

$$E(u,\lambda) = \iint_{\Omega} |\nabla u|^2 \mathrm{d}x\mathrm{d}y + \lambda \iint_{\Omega} (f-u)^2 \mathrm{d}x\mathrm{d}y \tag{3-18}$$

式中：Ω 为二维有界开集，代表图像域。利用变分法得到其欧拉 – 拉格朗日方程为

$$-\mathrm{div}(\nabla u) - \lambda(f-u) = 0 \tag{3-19}$$

该模型在正则项中采用了图像梯度的 L^2 范数，是一种最小二乘模型。调和去噪模型朝各个方向的扩散能力相等，是一种各向同性扩散去噪模型，因此能够有效去除噪声，但同时使得图像中的边缘变得模糊。

1992 年 Rudin、Osher 和 Fatemi 提出了经典的全变分（Total Variation，TV）正则化模型，通常简称为 ROF 模型[26]。ROF 模型用图像梯度的 L^1 范数（即 TV 范数）代替了调和去噪模型中的 L^2 范数，也就是最小化全变分。以原始图像 u 的全变分范数

$$\mathrm{TV}(u) = \iint_{\Omega} |\nabla u|\mathrm{d}x\mathrm{d}y \tag{3-20}$$

作为正则项，数据保真项仍然采用 L^2 范数，ROF 模型的能量泛函为

$$E(u,\lambda) = \iint_{\Omega} |\nabla u|\mathrm{d}x\mathrm{d}y + \lambda \iint_{\Omega} (f-u)^2 \mathrm{d}x\mathrm{d}y \tag{3-21}$$

利用变分法，得到其欧拉 – 拉格朗日方程为

$$-\mathrm{div}\left(\frac{\nabla u}{|\nabla u|}\right) - \lambda(f-u) = 0 \tag{3-22}$$

ROF 模型在图像边缘位置沿切向方向扩散，能够在抑制加性噪声的同时保留边缘信息。但是该模型在整幅图像采用沿边缘切向方向扩散的机制，由于受噪声影响，图像中的平坦区域会产生虚假的边缘方向，甚至出现虚假边缘，导致沿假边缘方向扩散产生阶梯效应，即"块状"效应。

3.1.3 乘性噪声去除模型

乘性噪声模型假设原始图像 u 受到噪声 v 干扰，观测图像为

$$f = uv \tag{3-23}$$

去噪处理便是利用观测图像 f 恢复得到 u。

2003 年，Rudin、Lion 和 Osher 提出了针对乘性噪声的第一个全变分模型，简称 RLO 模型[27]。RLO 模型是 ROF 模型的乘性噪声版本，其假设噪声为高斯白噪声，但实际图像中乘性噪声的形态多样，高斯噪声只是其中一个形态。

1. AA 模型

2005 年 Aubert 和 Aujol 提出了全变分乘性噪声去除模型，简称 AA 模型[29]。SAR 图像中的乘性噪声为相干斑噪声，也称为 Speckle 噪声，服从均值为 1 的伽马分布，其概率密度函数为

$$p(v) = \frac{L^L}{\Gamma(L)} v^{L-1} e^{-Lv} \quad v \geqslant 0 \tag{3-24}$$

式中：$\Gamma(L) = (L-1)!$，L 为视数；噪声 v 的标准差为 $1/\sqrt{L}$。给定图像 $f = uv$，当 u 和 v 是统计独立随机变量时，对图像域每个像素 $s \in \Omega$，有

$$p(f(s)) | u(s)) = p\left(\frac{f}{u}\right) \frac{1}{u} = \frac{L^L}{u^L \Gamma(L)} f^{L-1} e^{-\frac{Lf}{u}} \tag{3-25}$$

基于贝叶斯决策理论的最大后验概率估计，利用 f 估计原始图像 u。根据贝叶斯公式，有

$$p(u|f) = \frac{p(f|u)p(u)}{p(f)} \tag{3-26}$$

利用对数变换将式（3-26）的最大化问题转变为最小化问题，则有

$$-\lg(p(u|f)) = -\lg(p(f|u)) - \lg(p(u)) + \lg(p(f)) \tag{3-27}$$

假设 f 在图像域各像素是统计独立的，则有

$$p(f|u) = \prod_{s \in \Omega} p(f(s)|u(s)) \tag{3-28}$$

假设原始图像 u 服从吉布斯先验分布

$$p(u) = \frac{1}{Z} \exp(-r\Phi(u)) \tag{3-29}$$

式中：Z 为归一化常数；$\Phi(u)$ 为一个非负函数。

考虑到对给定图像 f，$\lg(p(f))$ 为定常数，因此在式（3-27）中可以将其忽略。进一步将式（3-28）代入式（3-27），得到最小化问题为

$$-\sum_{s \in \Omega} (\lg(p(f(s)|u(s))) + \lg(p(u(s)))) \tag{3-30}$$

进一步将式（3-25）和式（3-29）代入式（3-30），考虑到 Z 为常数，则最小化问题简化为

$$\sum_{s \in \Omega} \left(L\left(\lg(u(s)) + \frac{f(s)}{u(s)} \right) + r\Phi(u(s)) \right) \tag{3-31}$$

由式(3-31),AA 模型的能量泛函表示为

$$\iint_{\Omega} \Phi(u)\mathrm{d}x\mathrm{d}y + \frac{L}{r} \iint_{\Omega} \left(\lg u + \frac{f}{u} \right)\mathrm{d}x\mathrm{d}y \tag{3-32}$$

借鉴 ROF 模型的思路,定义 $\iint_{\Omega} \Phi(u)\mathrm{d}x\mathrm{d}y = \iint_{\Omega} |\nabla u|\mathrm{d}x\mathrm{d}y$,并不失一般性,令 $L/r = \lambda$,则能量泛函表示为

$$E(u,\lambda) = \iint_{\Omega} |\nabla u|\mathrm{d}x\mathrm{d}y + \lambda \iint_{\Omega} \left(\lg u + \frac{f}{u} \right)\mathrm{d}x\mathrm{d}y \tag{3-33}$$

式中:等式右端第 1 项与 ROF 模型相同;第 2 项为数据保真项。

利用变分法,得到其欧拉-拉格朗日方程为

$$-\mathrm{div}\left(\frac{\nabla u}{|\nabla u|} \right) + \lambda\left(\frac{u-f}{u^2} \right) = 0 \tag{3-34}$$

AA 模型与 ROF 模型采用了相同的全变分范数作为正则项,区别仅在于保真项不同。因此与 ROF 模型一样,AA 模型也存在阶梯效应的问题。

针对 AA 模型能量泛函的非凸问题,2008 年 Shi 和 Osher 将观测图像做对数变换,$\lg f = \lg(uv) = \lg u + \lg v$,令 $z = \lg u$,并且用 $|\nabla \lg u|$ 代替 $|\nabla u|$,同时保留数据保真项,则 AA 模型能量泛函变为

$$E(z,\lambda) = \iint_{\Omega} |\nabla z|\mathrm{d}x\mathrm{d}y + \lambda \iint_{\Omega} (z + f\mathrm{e}^{-z})\mathrm{d}x\mathrm{d}y \tag{3-35}$$

此时模型关于 z 是严格凸的,简称 SO 模型[28]。利用变分法,得到 SO 模型的 E-L 方程为

$$-\mathrm{div}\left(\frac{\nabla z}{|\nabla z|} \right) + \lambda(1 - f\mathrm{e}^{-z}) = 0 \tag{3-36}$$

在得到模型的解 z 后,令 $u = \mathrm{e}^z$,便得到了去噪图像。

2. IDT 模型

2010 年,Steidl 和 Teuber 利用 I-divergence 作为保真项,提出了 I-divergence-TV 模型,简称 IDT 模型[30]。I-divergence 也称为广义 Kullback-Leibler 距离,用于度量两个概率分布的差异性,定义为

$$I(f,u) = \iint_{\Omega} \left(f\lg\frac{f}{u} - f + u \right)\mathrm{d}x\mathrm{d}y \tag{3-37}$$

是 Boltzmann-Shannon 熵的 Bregman 距离。忽略常数项,结合 AA 模型的全变分正则项,IDT 模型的能量泛函为

$$E(u,\lambda) = \iint_{\Omega} |\nabla u| \mathrm{d}x\mathrm{d}y + \lambda \iint_{\Omega} (u - f \lg u) \mathrm{d}x\mathrm{d}y \qquad (3-38)$$

如式所述,IDT 模型关于 u 是凸函数。利用 MAP 方法研究,I – divergence 被认定为处理泊松噪声的典型数据保真项,但未用于 SAR 图像去噪,Steidl 和 Teuber 证明 IDT 模型适合于伽马噪声图像。

利用变分法,得到其欧拉 – 拉格朗日方程为

$$-\mathrm{div}\left(\frac{\nabla u}{|\nabla u|}\right) + \lambda\left(1 - \frac{f}{u}\right) = 0 \qquad (3-39)$$

式(3 – 36)为 SO 模型的 E – L 方程,其中设定了 $z = \lg u$,则有

$$\frac{\nabla z}{|\nabla z|} = \frac{e^z \nabla z}{e^z |\nabla z|} = \frac{\nabla u}{|\nabla u|} \qquad (3-40)$$

由此可知,式(3 – 36)所示 SO 模型 E – L 方程与式(3 – 39)所示 IDT 模型 E – L 方程一致,即 SO 模型解与 IDT 模型解一致[198]。

3.2　自适应全变分去噪模型

针对全变分去噪 AA 模型存在的阶梯效应问题,本节介绍去除乘性噪声的自适应全变分模型,简称为 SRATV(Speckle Removal Adaptive Total Variation)。SRATV 模型不仅可以平滑噪声,也可以保留边缘并抑制阶梯效应。通过将 ROEWA 边缘检测器引入全变分模型,新模型根据局部梯度模值的大小进行自适应扩散,在图像的边缘区域沿边缘方向扩散,实现边缘保持,在图像其他区域各向同性扩散,即模糊处理实现平滑噪声。

3.2.1　ROEWA 算子

SAR 图像受相干斑噪声影响,与光学遥感图像中的噪声特性完全不同,在光学遥感图像边缘检测中效果好的传统边缘检测算法,如 Canny、Sobel 等算法,已经不再适用 SAR 图像边缘检测。研究人员提出了很多 SAR 图像边缘检测算法,如均值比(ROA)检测器[51]及改进型 MROA、RGOA、MSP – ROA、似然比(LR)检测器等[201]。ROA 和 LR 检测器基于最大似然估计,在单边缘模型条件下能取得好的检测效果。

1997 年提出的指数加权均值比(ROEWA)检测器是一种基于多边缘模型的算子,具有恒虚警特性,虚假边缘少,且计算简单、实用性强,更适用于实测 SAR 图像的边缘检测[52]。

在统计多边缘模型条件下,ROEWA 检测器满足均方误差最小准则,是一种

指数加权滤波器,该滤波器先在水平方向和垂直方向分别计算中心像素两侧的指数加权均值比,然后用这两个分量得到边缘强度。一维条件下,该滤波器的表达式为

$$f(x) = C\exp\{-\alpha|x|\} \tag{3-41}$$

式中:C 为归一化常数;α 为滤波系数。推广到二维空间,滤波器的表达式为

$$f_{2D}(x,y) = f(x)f(y) \tag{3-42}$$

在离散情况下,$f(x)$ 的离散形式 $f(n)$ 可分为因果 $f_1(n)$ 和非因果 $f_2(n)$ 两部分,即

$$f_1(n) = a \cdot b^n H(n), f_2(n) = a \cdot b^{-n} H(-n) \tag{3-43}$$

式中:$0 < b = e^{-\alpha} < 1, a = 1 - b$;$H(n)$ 为离散的 Heaviside 函数。二维滤波器表示为

$$f(n) = \frac{1}{1+b} f_1(n) + \frac{b}{1+b} f_2(n) \tag{3-44}$$

输入 $e_1(n)$ 和 $e_2(n)$,分别与 $f_1(n)$ 和 $f_2(n)$ 卷积,输出结果可由下述简单迭代过程表示,即

$$\begin{cases} s_1(n) = a(e_1(n) - s_1(n-1)) + s_1(n-1), & n = 1, 2, \cdots, N \\ s_2(n) = a(e_2(n) - s_2(n+1)) + s_1(n+1), & n = N, N-1, \cdots, 1 \end{cases} \tag{3-45}$$

ROEWA 检测器的比率表示为

$$r_{i\max} = \max\left\{\frac{\hat{\mu}_{i1}}{\hat{\mu}_{i2}}, \frac{\hat{\mu}_{i2}}{\hat{\mu}_{i1}}\right\} \tag{3-46}$$

式中:i 为 X 或 Y,分别为水平方向和垂直方向的比值。

为计算指数加权均值,在水平方向时,图像 $u(x,y)$ 先按列与一维滤波器 $f(n)$ 卷积完成滤波,然后滤波结果按行分别与因果部分 $f_1(n)$ 和非因果部分 $f_2(n)$ 卷积滤波,得到水平方向的指数加权均值 $\hat{\mu}_{X1}(x,y)$ 和 $\hat{\mu}_{X2}(x,y)$,垂直方向的计算类似,表达式为

$$\begin{cases} \hat{\mu}_{X1}(x,y) = f_1(x) * (f(y) \cdot u(x,y)) \\ \hat{\mu}_{X2}(x,y) = f_2(x) * (f(y) \cdot u(x,y)) \\ \hat{\mu}_{Y1}(x,y) = f_1(y) * (f(x) \cdot u(x,y)) \\ \hat{\mu}_{Y2}(x,y) = f_2(y) * (f(x) \cdot u(x,y)) \end{cases} \tag{3-47}$$

式中:* 表示水平方向卷积;· 表示垂直方向卷积,可由式(3-45)和式(3-44)计算实现。由此 ROEWA 检测器的水平方向和垂直方向的指数加权均值比率为

$$\begin{cases} r_{X\max}(x,y) = \max\left\{ \dfrac{\hat{\mu}_{X1}(x-1,y)}{\hat{\mu}_{X2}(x+1,y)}, \dfrac{\hat{\mu}_{X2}(x+1,y)}{\hat{\mu}_{X1}(x-1,y)} \right\} \\[4mm] r_{Y\max}(x,y) = \max\left\{ \dfrac{\hat{\mu}_{Y1}(x,y-1)}{\hat{\mu}_{Y2}(x,y+1)}, \dfrac{\hat{\mu}_{Y2}(x,y+1)}{\hat{\mu}_{Y1}(x,y-1)} \right\} \end{cases} \quad (3-48)$$

类似光学图像边缘检测器的梯度模值的定义,定义水平方向和垂直方向两个比率分量的模值为 ROEWA 检测器的边缘强度

$$|\boldsymbol{r}_{\max}(x,y)| = \sqrt{r_{X\max}^2(x,y) + r_{Y\max}^2(x,y)} \quad (3-49)$$

图 3-1 给出了一幅 TerraSAR-X 卫星 SAR 图像的边缘提取实验。图 3-1(a)所示为原始 SAR 图像,图像中间较大面积的黑色区域为水体;图 3-1(b)所示为 ROEWA 算子获得的边缘强度图,可以看出水陆交界处的边缘强度值大,与实际边界较为符合,而图 3-1(c)所示常规梯度算子得到的边缘强度图效果较差。

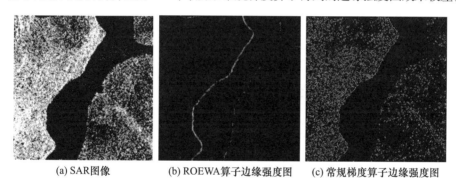

(a) SAR图像　　　　(b) ROEWA算子边缘强度图　　　　(c) 常规梯度算子边缘强度图

图 3-1　TerraSAR-X 卫星 SAR 图像边缘提取实验

3.2.2　自适应全变分模型

将 ROEWA 边缘检测器及相应边缘指示函数引入到 AA 模型,构造自适应全变分去噪模型,该模型是最小化下述能量泛函,即

$$E(u,\lambda) = \iint_{\Omega} \frac{1}{1+g(\boldsymbol{r}_{\max})} |\nabla u|^{1+g(\boldsymbol{r}_{\max})} \mathrm{d}x\mathrm{d}y + \lambda \iint_{\Omega} \left(\lg u + \frac{f}{u} \right) \mathrm{d}x\mathrm{d}y \quad (3-50)$$

式中:等式右端的第一项是自适应全变分项;第二项是观测图像 f 的数据保真度项。通过边缘指示函数 $g(\boldsymbol{r}_{\max})$,边缘信息被引入正规化项,$g(\boldsymbol{r}_{\max})$ 的定义为

$$g(\boldsymbol{r}_{\max}) = \frac{1}{1+\left(\dfrac{|\boldsymbol{r}_{\max}|}{k} \right)^2} \quad (3-51)$$

式中:k 为调节系数,用于突出边缘明显性、增强边缘;$|\boldsymbol{r}_{\max}|$ 为图像 f 的局部梯

度的模值。因为 $g(r_{max})$ 只需计算一次，由此引入的执行负担较小。基于统计多边缘模型的 ROEWA 算子具有最小均方误差特性和恒虚警率性质，可以更准确地检测获得 SAR 图像的边缘。$g(r_{max})$ 是图像梯度模值的非负函数，具有如下特性：$g(0) = 1$；当 $|r_{max}| \to \infty$ 时，$g(r_{max}) \to 0$。

由式(3-50)可知，SRATV 模型有

$$F(x, y, u, u_x, u_y) = \frac{1}{1 + g(r_{max})} |\nabla u|^{1 + g(r_{max})} + \lambda \left(\lg u + \frac{f}{u} \right) \quad (3-52)$$

式中：$|\nabla u| = \sqrt{u_x^2 + u_y^2}$。根据前述变分法一节中推导的此类泛函求极值的必要条件——欧拉-拉格朗日方程为

$$F_u - \frac{\partial}{\partial x} F_{u_x} - \frac{\partial}{\partial y} F_{u_y} = 0 \quad (3-53)$$

对于式(3-52)有

$$F_u = \lambda \left(\frac{1}{u} - \frac{f}{u^2} \right) = \lambda \frac{u - f}{u^2} \quad (3-54)$$

$$F_{u_x} = |\nabla u|^{g(r_{max})} \frac{u_x}{|\nabla u|} = \frac{u_x}{|\nabla u|^{1 - g(r_{max})}} \qquad F_{u_y} = |\nabla u|^{g(r_{max})} \frac{u_y}{|\nabla u|} = \frac{u_y}{|\nabla u|^{1 - g(r_{max})}}$$

$$(3-55)$$

将式(3-54)和式(3-55)代入 E-L 方程式(3-53)，可得到

$$\lambda \frac{u - f}{u^2} - \frac{\partial}{\partial x} \left(\frac{u_x}{|\nabla u|^{1 - g(r_{max})}} \right) - \frac{\partial}{\partial y} \left(\frac{u_y}{|\nabla u|^{1 - g(r_{max})}} \right) = 0 \quad (3-56)$$

$$\Rightarrow \lambda \frac{u - f}{u^2} - \left(\frac{\partial}{\partial x}, \frac{\partial}{\partial y} \right) \cdot \left(\frac{u_x}{|\nabla u|^{1 - g(r_{max})}}, \frac{u_y}{|\nabla u|^{1 - g(r_{max})}} \right) = 0 \quad (3-57)$$

根据梯度的定义：$\nabla u = (\partial u / \partial x, \partial u / \partial y) = (u_x, u_y)$，散度的定义：若 $a = (p, q)$，$\mathrm{div} a = \partial p / \partial x + \partial q / \partial x$，则有 E-L 方程

$$\Rightarrow \lambda \frac{u - f}{u^2} - \left(\frac{\partial}{\partial x}, \frac{\partial}{\partial y} \right) \cdot \left(\frac{\nabla u}{|\nabla u|^{1 - g(r_{max})}} \right) = 0 \quad (3-58)$$

$$\Rightarrow -\mathrm{div} \left(\frac{\nabla u}{|\nabla u|^{1 - g(r_{max})}} \right) + \lambda \frac{u - f}{u^2} = 0 \quad (3-59)$$

与式(3-34)所示 AA 模型 E-L 方程相比，自适应全变分去噪模型 SRATV 的 E-L 方程等号左端第一项与之不同，第二项相同。这是因为 SRATV 模型与 AA 模型采用了相同的保真项，但正则项不同，AA 模型采用的是与 ROF 模型一样的 L1 范数即全变分范数，而 SRATV 模型采用了自适应全变分范数。

根据梯度下降流法，欧拉-拉格朗日方程的解函数随时间变化，并且满足

使能量泛函呈现下降趋势。梯度下降流法解上述方程的具体方法为：设时间为 t，当 $t \to \infty$ 时，u 应当稳定，从而 $\partial u / \partial t \to 0$。于是令 $\partial u / \partial t$ 等于式（3-59）的负值，由此得到变分问题式（3-50）的梯度下降流为

$$\frac{\partial u}{\partial t} = \mathrm{div}\left(\frac{\nabla u}{|\nabla u|^{1-g(r_{\max})}}\right) + \lambda \frac{f-u}{u^2} \qquad (3-60)$$

由此，能量泛函式（3-50）的极小值求解，就是从某一个适当选定的初始值 $u_0 = u(x, y, t=0)$ 开始，根据式（3-60）做迭代运算，直至达到稳定解。

3.2.3　模型自适应扩散性能的理论分析

SRATV 是一个自适应扩散模型，在均匀区域各向同性扩散，在边缘区域各向异性扩散。本节从理论上分析 SRATV 的自适应性能。

1. 局部坐标系

已知图像在 (x,y) 坐标系下表示为 $u(x,y): \mathbb{R}^2 \to \mathbb{R}$。$u(x,y)$ 的梯度为 $\nabla u = (u_x, u_y)$，$u_x = \partial u / \partial x$，$u_y = \partial u / \partial y$，$u_{xx} = \partial^2 u / \partial x^2$，$u_{yy} = \partial^2 u / \partial y^2$，$u_{xy} = \partial^2 u / \partial x \partial y$。

定义 η 为当前像素的局部梯度方向，ξ 为垂直于 η 的局部边缘方向，则 η 和 ξ 两个正交方向分别表示为[199]

$$\eta = \frac{\nabla u}{|\nabla u|} = \frac{1}{|\nabla u|}(u_x, u_y) \qquad (3-61)$$

$$\xi = \frac{\nabla^\perp u}{|\nabla u|} = \frac{1}{|\nabla u|}(-u_y, u_x) \qquad (3-62)$$

由 η 和 ξ 两个正交基，构建图像中任一像素点处的局部坐标系 (η, ξ)，如图 3-2 所示。则 (x,y) 坐标系与 (η, ξ) 局部坐标系间的坐标变换关系为

$$\begin{bmatrix} \eta \\ \xi \end{bmatrix} = \frac{1}{|\nabla u|}\begin{bmatrix} u_x & u_y \\ -u_y & u_x \end{bmatrix} \cdot \begin{bmatrix} x \\ y \end{bmatrix} \qquad (3-63)$$

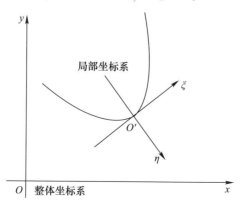

图 3-2　整体坐标系与局部坐标系示意图

定义方向导数为函数在任意方向的变化率。给定函数 $u(x,y)$ 上任一点 (x_0,y_0)，给定方向 $(\Delta x,\Delta y)$，$u(x,y)$ 在点 (x_0,y_0) 处沿给定方向的一阶方向导数可表示为

$$\frac{\mathrm{d}}{\mathrm{d}t}u(x_0,y_0)=\lim_{t\to 0}\frac{u(x_0+t\cdot\Delta x,y_0+t\cdot\Delta y)-u(x_0,y_0)}{t}$$

$$=\frac{\partial u}{\partial x}\cdot\Delta x+\frac{\partial u}{\partial y}\cdot\Delta y=\nabla u\cdot(\Delta x,\Delta y) \qquad (3-64)$$

同样，二阶方向导数可表示为

$$\frac{\mathrm{d}^2}{\mathrm{d}t^2}u(x_0,y_0)=\frac{\mathrm{d}}{\mathrm{d}t}\left(\frac{\partial u}{\partial x}\cdot\Delta x+\frac{\partial u}{\partial y}\cdot\Delta y\right)$$

$$=\left(\frac{\partial^2 u}{\partial x^2}\cdot\Delta^2 x+\frac{\partial^2 u}{\partial y\partial x}\cdot\Delta y\Delta x\right)+\left(\frac{\partial^2 u}{\partial x\partial y}\cdot\Delta x\Delta y+\frac{\partial^2 u}{\partial y^2}\cdot\Delta^2 y\right)$$

$$=\frac{\partial^2 u}{\partial x^2}\cdot\Delta^2 x+\frac{\partial^2 u}{\partial y^2}\cdot\Delta^2 y+2\frac{\partial^2 u}{\partial x\partial y}\cdot\Delta x\Delta y \qquad (3-65)$$

对于局部坐标系 (η,ξ)，在以 η 表示的局部梯度方向，$(\Delta x,\Delta y)=(u_x,u_y)/|\nabla u|$，即 $\Delta x=u_x/|\nabla u|$，$\Delta y=u_y/|\nabla u|$。则根据式 $(3-64)$，$u(x,y)$ 沿 η 方向的一阶方向导数为

$$u_\eta=\nabla u\cdot\eta=u_x\cdot\frac{u_x}{|\nabla u|}+u_y\cdot\frac{u_y}{|\nabla u|}=|\nabla u| \qquad (3-66)$$

根据式 $(3-65)$，$u(x,y)$ 沿 η 方向的二阶方向导数为

$$u_{\eta\eta}=\frac{\partial^2 u}{\partial x^2}\cdot\left(\frac{u_x}{|\nabla u|}\right)^2+\frac{\partial^2 u}{\partial y^2}\cdot\left(\frac{u_y}{|\nabla u|}\right)^2+2\frac{\partial^2 u}{\partial x\partial y}\cdot\frac{u_x}{|\nabla u|}\frac{u_y}{|\nabla u|}$$

$$=\frac{u_{xx}u_x^2+u_{yy}u_y^2+2u_{xy}u_xu_y}{|\nabla u|^2} \qquad (3-67)$$

同理，在以 ξ 表示的局部边缘方向，$(\Delta x,\Delta y)=(-u_y,u_x)/|\nabla u|$，即 $\Delta x=-u_y/|\nabla u|$，$\Delta y=u_x/|\nabla u|$。则 $u(x,y)$ 沿 ξ 方向的一阶方向导数和二阶方向导数分别为

$$u_\xi=\nabla u\cdot\xi=u_x\cdot\frac{-u_y}{|\nabla u|}+u_y\cdot\frac{u_x}{|\nabla u|}=0 \qquad (3-68)$$

$$u_{\xi\xi}=\frac{\partial^2 u}{\partial x^2}\cdot\left(\frac{-u_y}{|\nabla u|}\right)^2+\frac{\partial^2 u}{\partial y^2}\cdot\left(\frac{u_x}{|\nabla u|}\right)^2+2\frac{\partial^2 u}{\partial x\partial y}\cdot\frac{-u_y}{|\nabla u|}\frac{u_x}{|\nabla u|}$$

$$=\frac{u_{xx}u_y^2+u_{yy}u_x^2-2u_{xy}u_xu_y}{|\nabla u|^2} \qquad (3-69)$$

由式(3-67)和式(3-69)可知

$$u_{\eta\eta} + u_{\xi\xi} = u_{xx} + u_{yy} \qquad (3-70)$$

2. 扩散性能分析

在 SRATV 模型中,图像局部梯度模值实现自适应的作用。如式(3-51),$g(\boldsymbol{r}_{max})$ 是图像梯度模值 $|\boldsymbol{r}_{max}|$ 的一个非负函数,$0 < g(\boldsymbol{r}_{max}) \leqslant 1$。如果当前处理像素位于边缘位置,它具有很大的梯度模值,当 $|\boldsymbol{r}_{max}|/k \to \infty$,则 $g(\boldsymbol{r}_{max}) \to 0$。此时,式(3-50)变为 AA 模型,式(3-60)变为

$$\frac{\partial u}{\partial t} = \mathrm{div}\left(\frac{\nabla u}{|\nabla u|}\right) + \lambda \frac{f-u}{u^2} \qquad (3-71)$$

若当前处理像素位于平坦区域,它具有很小的梯度模值或等于零。当 $|\boldsymbol{r}_{max}| \to 0$,则 $g(\boldsymbol{r}_{max}) \to 1$。此时,式(3-50)变为

$$E(u, \lambda) = \iint_{\Omega} \frac{1}{2} |\nabla u|^2 \mathrm{d}x\mathrm{d}y + \lambda \iint_{\Omega}\left(\log u + \frac{f}{u}\right)\mathrm{d}x\mathrm{d}y \qquad (3-72)$$

式中,模型在正则项中采用了图像梯度的 L^2 范数,与调和模型一致,式(3-60)所示的梯度下降流变为

$$\frac{\partial u}{\partial t} = \mathrm{div}(\nabla u) + \lambda \frac{f-u}{u^2} \qquad (3-73)$$

利用散度的性质:$\mathrm{div}(\varphi \boldsymbol{a}) = \varphi \mathrm{div}(\boldsymbol{a}) + \boldsymbol{a} \cdot \nabla \varphi$ ($\boldsymbol{a}$ 为任一向量),可计算得到

$$\mathrm{div}\left(\frac{\nabla u}{|\nabla u|}\right) = |\nabla u|^{-1}\mathrm{div}(\nabla u) + \nabla u \cdot \nabla(|\nabla u|^{-1})$$

$$= \frac{u_{xx}u_y^2 + u_{yy}u_x^2 - 2u_{xy}u_x u_y}{|\nabla u|^3}$$

$$= \frac{1}{|\nabla u|}u_{\xi\xi} \qquad (3-74)$$

式(3-74)也是曲率的表达式。则式(3-71)所示扩散方程在局部坐标系 (η, ξ) 下表示为

$$\frac{\partial u}{\partial t} = \frac{1}{|\nabla u|}u_{\xi\xi} + \lambda \frac{f-u}{u^2} \qquad (3-75)$$

由式(3-75)可以看出,扩散仅沿图像的局部边缘方向展开,而在局部梯度方向无扩散,即实现了边缘保持。

同理,可求得

$$\mathrm{div}(\nabla u) = \left(\frac{\partial}{\partial x}, \frac{\partial}{\partial y}\right)\left(\frac{\partial u}{\partial x}, \frac{\partial u}{\partial y}\right)$$

$$= u_{xx} + u_{yy}$$
$$= u_{\eta\eta} + u_{\xi\xi} \qquad\qquad (3-76)$$

则式(3-73)所示扩散方程在局部坐标系(η,ξ)下表示为

$$\frac{\partial u}{\partial t} = u_{\eta\eta} + u_{\xi\xi} + \lambda\frac{f-u}{u^2} \qquad\qquad (3-77)$$

由式(3-77)可知,沿局部边缘方向的扩散系数和沿局部梯度方向的扩散系数相同,此时是各向同性扩散,图像中的噪声被模糊平滑处理。

由上述分析可知,自适应全变分模型 SRATV 是一种自适应扩散算法,其扩散随局部梯度的幅度自适应变化。在图像的边缘区域,它变为 AA 模型,由于只沿边缘方向扩散,边缘被保留得更好。在图像其他区域,它成为各向同性扩散模型,采用模糊平滑处理,乘性噪声被较好地抑制。

3.2.4　实验及结果分析

在本节,使用模拟和实测 SAR 数据验证所提出 SRATV 模型的性能,并与 AA 模型[29]、式(3-72)所示各向同性扩散模型、IDT 模型[30]、自适应 IDT 模型、经典 Lee 滤波器[10]、PPB 滤波器[17]等的滤波结果进行对比。为简便描述,将式(3-72)所示各向同性扩散模型简称为模型 1。采用与 SRATV 模型相同的思路,将 ROEWA 边缘指示函数引入 IDT 模型,构建自适应 IDT 模型,简称为模型 2。

实验环境:CPU 为 Intel(R) Core i5 2.6GHz,4GB 内存,实验软件为 Matlab R2010a。各模型的参数设置相同,时间步长 $\Delta t = 0.1$,边缘指示函数中的调节系数 $k = 0.1$,$\lambda = 30$;ROEWA 检测器中滤波器参数为 $a = 0.3$,$b = 1 - a = 0.7$。PPB 滤波器的搜索窗大小为 21 像素 ×21 像素,相似性窗大小为 7 像素 ×7 像素,平滑参数 h 取 3.5。

在求解偏微分方程式(3-60)时,空间偏导数采用迎风差分格式近似,时间偏导数采用前向差分格式近似,时间步长满足 Courant-Friedrichs-Lewy(CFL)条件,应用边界条件是 Neumann 边界条件。

1. 算法性能评价准则

实验中,采用峰值信噪比(Peak Signal to Noise Ratio,PSNR),均匀区域的等效视数 ENL,边缘区域的边缘保持指数 EPI 等指标量化算法的性能。

峰值信噪比定义为

$$PSNR = 10\lg\left\{ \frac{255^2 \times M \times N}{\sum_{x=1}^{M}\sum_{y=1}^{N}\left[u(x,y) - \hat{u}(x,y) \right]^2} \right\} \qquad (3-78)$$

式中:u 和 $\hat{u}$ 为原始图像和去噪后图像;M 和 N 为图像的长、宽大小。PSNR 值越大,去噪图像的质量越好。

2. 实验及结果分析

1）模拟图像实验

实验 1:5 视伽马噪声图像实验

实验图像为一幅含乘性噪声的模拟 SAR 图像，它由原始无噪图像和均值为 1、视数 $L=5$ 的随机伽马噪声相乘获得，图中噪声较为严重，图像大小为 201 像素 ×201 像素，具体如图 3-3(a) 所示。实验中，SRATV 模型、AA 模型、模型 1、IDT 模型和模型 2 等 5 种算法的迭代运算初始值为 $u^0=f$，均采用峰值信噪比 PSNR 达到最大值作为停止准则。

图 3-3(b) 显示的是 AA 模型去噪图像，噪声被抑制，边缘得到保留，但有较明显的阶梯效应。图 3-3(c) 是各向同性扩散模型 1 滤波结果，可以看出整幅图像包括边缘都变得模糊，且有阶梯效应。图 3-3(d) 所示为 IDT 模型滤波结果，存在明显的"块状"阶梯效应。图 3-3(e) 所示为自适应 IDT 模型 2 滤波结果，与 IDT 模型相比，滤波效果得到一定改善，但仍然存在较明显的"块状"阶梯效应，IDT 模型及其改进型去噪效果不佳。图 3-3(f) 所示为 SRATV 模型的去噪图像，可以看出获得了较高质量的滤波图像，并且很好地保持了图像边缘特征，同时没有出现阶梯效应。图 3-3(g) 是经典 SAR 滤波方法 Lee 滤波器得到的去噪图像，与 SRATV 模型相比，图像相对模糊，边缘保持效果不好。图 3-3(h) 是针对 SAR 图像改进的非局部均值滤波器——PPB 滤波器得到的去噪图像，同质区域的滤波结果视觉上比本书 SRATV 模型均匀，但边缘保持性和清晰度不如 SRATV 模型，如图 3-3(h) 中圆圈区域内几何形状的边界处。

表 3-1 给出了 5 种模型算法、Lee 滤波器和 PPB 滤波器实验的峰值信噪比 PSNR、迭代次数和处理时间等指标。从表 3-1 中可以看出，SRATV 模型去噪图像的峰值信噪比在 5 种模型算法中最大，IDT 模型的峰值信噪比在所有算法中最小。SRATV 模型的 PSNR 虽然在数值上仅比 AA 模型大点，但求解的迭代次数远小于 AA 模型。模型 1 快速达到了峰值信噪比的最大值，迭代次数最少，处理时间最短，但其去噪性能差，整幅图像都被模糊，这是由该模型的各向同性扩散特性所决定的。

表 3-1　模拟图像的峰值信噪比、迭代次数和处理时间等指标对比

评价指标	含噪图像	SRATV	AA	模型 1	IDT	模型 2	Lee	PPB
PSNR	12.9512	15.8789	15.3672	15.4190	13.141	15.1061	13.8935	16.8182
迭代次数	—	125	813	34	746	49	—	—
处理时间/s	—	10.421	11.232	0.417	9.899	4.171	1.781	1.233
EPI（区域 A）	—	0.2073	0.3649	0.3721	0.2789	0.2908	0.1330	0.1417
EPI（区域 B）	—	0.3574	0.4182	0.3104	0.4075	0.4231	0.1868	0.1984

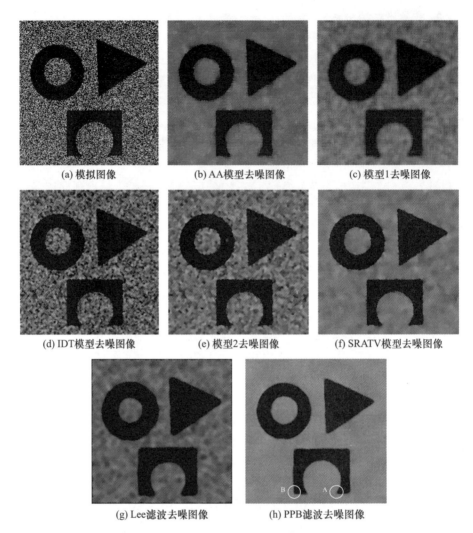

(a) 模拟图像　　　　　　(b) AA模型去噪图像　　　　　　(c) 模型1去噪图像

(d) IDT模型去噪图像　　　　(e) 模型2去噪图像　　　　(f) SRATV模型去噪图像

(g) Lee滤波去噪图像　　　　(h) PPB滤波去噪图像

图 3-3　模拟图像去噪实验

　　在相对少的迭代次数下,新模型的处理时间与 AA 模型、IDT 模型相近。分析新模型的算法实现可知,尽管边缘指示函数 $g(r_{max})$ 只需计算一次,由此引入的执行时间负担很小。但是在求解 u 的每一次迭代中,需要随 u 的改变重新计算 $|\nabla u|^{1-g(r_{max})}$,由此增加了执行的时间负担。总的来说,新模型增加的处理时间是引入 ROEWA 边缘检测器所产生的。

　　非局部均值(NLM)类算法使用图块单元来确定权值,对于任意两个图像块之间的相似性,都要计算对应像素之间的差异;随着滤波窗口的滑动,像素之间相似性度量运算存在大量重复操作,从而使得计算非常耗时,严重制约了该算法的实际应用。本书采用基于积分图设计的快速 PPB 算法[22]，因此处理时间优于变分去噪模型算法。

区域 A 和 B 内边缘主要是几何形状的角点处，SRATV 模型的边缘保持指数 EPI 优于 Lee 滤波器和 PPB 滤波器。分析原因可知，SRATV 模型在图像边缘区域沿边缘方向扩散，保留了真正的边缘。然而，AA 模型和 IDT 模型在整个图像中都沿边缘方向扩散，产生了严重的虚假边缘。因此，AA 模型和 IDT 模型在边缘保持指数 EPI 方面反而优于本节模型。

图 3 - 4 给出了除 IDT 模型外其他 4 种模型算法的峰值信噪比随迭代次数的变化情况。如图 3 - 4 所示，各向同性扩散模型 1 到达峰值的速度最快，但 PSNR 指标值小；SRATV 模型到达峰值的迭代次数远小于 AA 模型，且 PSNR 指标值最好。

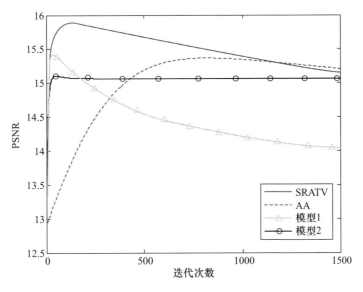

图 3 - 4　PSNR 变化图

实验 2:8 视伽马噪声图像实验

模拟图像噪声的强弱由视数 L 的取值控制，视数的数值越大，图像中的噪声干扰越弱。采用与图 3 - 3 所示实验相同的原始无噪图像，图 3 - 5 是 8 视伽马噪声干扰下的实验，迭代停止准则同实验 1。本次实验不再比较去噪效果不佳的模型 1、IDT 模型和自适应 IDT 模型 2。

图 3 - 5(a)是 8 视随机伽马噪声与原始图像相乘得到的模拟 SAR 图像。图 3 - 5(b)显示的是 AA 模型所恢复的图像，也呈现有阶梯效应。图 3 - 5(c)是 SRATV 模型的恢复图像。图 3 - 5(d)是经典 Lee 滤波器得到的去噪图像，与

SRATV 模型相比,图像相对更模糊,边界保持效果不好。图 3 –5(e)是 PPB 滤波器得到的去噪图像,同质区域的滤波结果视觉效果与 SRATV 模型相近,但边缘保持性和清晰度不如 SRATV 模型,如图 3 –5(e)中圆圈内边缘所示。

(a) 模拟图像   (b) AA模型去噪图像

(c) SRATV模型去噪图像   (d) Lee滤波去噪图像   (e) PPB滤波去噪图像

图 3 – 5   8 视伽马噪声干扰的模拟图像去噪实验

实验 3:2 视伽马噪声图像实验

图 3 – 6 所示为 2 视伽马噪声干扰下的实验。图 3 – 6(a)是 2 视随机伽马噪声与原始图像相乘得到的模拟 SAR 图像,可以看出噪声明显比图 3 – 3(a)和图 3 – 5(a)严重。图 3 – 6(b)是 AA 模型结果,阶梯效应明显。图 3 – 6(c)是 SRATV 模型结果,由于噪声严重,去噪结果不如 5 视和 8 视噪声条件时,但仍明显优于 AA 模型结果(图 3 – 6(b))。图 3 – 6(d)是 Lee 滤波器去噪图像,与 SRATV 模型相比,图像相对更模糊,边界清晰度不如图 3 – 6(c)。图 3 – 6(e)是 PPB 滤波器得到的去噪图像,平坦区域出现了风吹麦浪状纹理,同样破坏了均匀区域的特性。另外,SRATV 模型的边缘保持性能优于 PPB 滤波器,具体见图 3 – 6(e)中圆圈内几何形状的角点处。

2)实测 SAR 图像实验

实验 1:陆地区域 SAR 图像实验

实验采用某区域 SAR 图像,图像大小为 330 像素 ×370 像素,具体如图 3 –7(a)

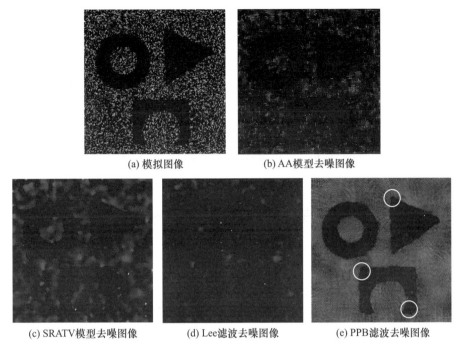

(a) 模拟图像　　　　　　　　　(b) AA模型去噪图像

(c) SRATV模型去噪图像　　　(d) Lee滤波去噪图像　　　(e) PPB滤波去噪图像

图 3 – 6　2 视伽马噪声干扰的模拟图像去噪实验

所示。由于对实测 SAR 图像而言缺少原始无噪图像 u，无法计算峰值信噪比 PSNR，实测 SAR 图像实验的迭代停止条件不再使用 PSNR 达到最大值。实验中使用的迭代停止准则为

$$\frac{\| u^{k+1} - u^{k} \|_{2}}{\| u^{k} \|_{2}} < \text{tol} \qquad (3-79)$$

式中：u^{k} 为第 k 轮迭代获得的去噪图像；tol 为迭代停止阈值，实验中设置 tol = 0.001[31,202]。利用等效视数 ENL 和边缘保持指数 EPI 两项指标，比较 SRATV 模型和 AA 模型的性能。

图 3 – 7(b) 为图 3 – 7(a) 局部区域的放大图。图 3 – 7(c) 为 AA 模型去噪图像，可以看出相干斑噪声得到了抑制，但有较明显的阶梯效果，从对应的局部放大图（图 3 – 7(d)）可以清楚地看到。图 3 – 7(e) 为 SRATV 模型的去噪图像，相干斑噪声被抑制，边缘特征保存较好。对应的局部放大图（图 3 – 7(f)）的特性表明，SRATV 模型能很好地抑制阶梯效应。

选择图像中的 5 个区域进行定量分析。区域 A 和 C 是草地，区域 B 是水体，3 个区域都是同质地区，用于比较等效视数 ENL。其他两个区域 D 和 E 内有丰富的边缘，用于比较边缘保持指数 EPI。表 3 – 2 列出了 SRATV 模型和 AA

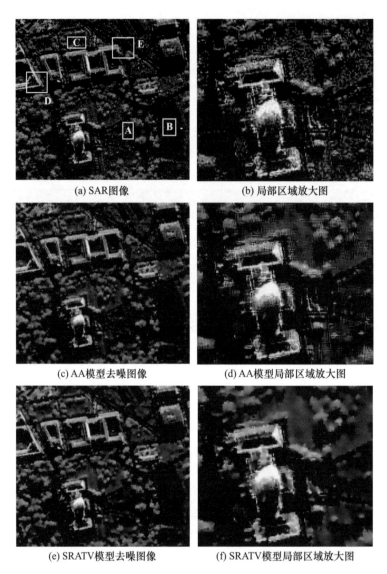

(a) SAR图像　　　　　　　　　　(b) 局部区域放大图

(c) AA模型去噪图像　　　　　　　(d) AA模型局部区域放大图

(e) SRATV模型去噪图像　　　　　(f) SRATV模型局部区域放大图

图 3 – 7　SAR 图像去噪实验 1

模型的 ENL 和 EPI 两项指标。从表 3 – 2 可以看出,SRATV 模型去噪图像中 3 个同质区域的 ENL 优于 AA 模型,即 SRATV 模型能更有效地抑制噪声。

　　SRATV 模型在图像边缘区域沿边缘方向扩散,保留真正的边缘;在其他区域,采用各向同性扩散,噪声和边缘都被平滑。然而,AA 模型在整个图像中都沿边缘方向扩散,产生了虚假边缘,因此 AA 模型在边缘保持指数 EPI 上反而大于 SRATV 模型。但整体上来说,本节 SRATV 模型去噪性能优于 AA 模型。

表 3-2　两种模型的 ENL 和 EPI 比较

评价指标	SAR 图像	AA 模型算法	SRATV 模型算法
迭代次数	—	136	47
处理时间/s	—	5.334	3.430
ENL(区域 A)	19.8187	92.9772	472.7656
ENL(区域 B)	0.4171	1.2256	1.3280
ENL(区域 C)	20.9241	66.2742	142.058
EPI(区域 D)	—	0.7361	0.6019
EPI(区域 E)	—	0.6439	0.4148

实验 2:港口区域 SAR 图像实验

实验采用 Cosmo - Skymed 卫星 SAR 图像,成像区域为意大利东北部 Ferrara 省 GORO 市港口,数据为 HH 极化 GEC 级产品,方位向和距离向的像素间隔为 2.5m × 2.5m,图像尺寸为 740 像素 × 984 像素,图中噪声明显,具体如图 3-8(a)所示。本次实验用于比较 SRATV 模型算法和 Lee 滤波器、PPB 滤波器。

图 3-8(b)是 SRATV 模型的去噪图像。图 3-8(c)是 Lee 滤波器去噪图像,与 SRATV 模型相比,噪声去除效果不明显。图 3-8(d)是 PPB 滤波器去噪图像,同质区域的滤波结果视觉效果与 SRATV 模型相当,但出现了风吹麦浪状纹理,破坏了均匀区域的特性。本书 SRATV 模型去噪图像中道路边界清晰,其边缘保持性能优于 PPB 滤波器。对强散射目标保持而言,以图 3-8(a)中圆圈内目标为例,可以看出陆地上圆圈内强散射目标经 PPB 滤波后结构扩散、模糊,而 SRATV 去噪图像中结构保留好。海面上圆圈内目标为小型船舶,PPB 滤波后变得模糊,而 SRATV 去噪结果目标清晰,点目标得到保留。

选择图像中的 3 个区域进行定量分析。区域 A 是农田,区域 B 是水体,两个区域都是均匀区域,用于比较等效视数 ENL。区域 C 内主要是交叉道路,有丰富的边缘,用于比较边缘保持指数 EPI。表 3-3 列出了 SRATV 模型和 Lee 滤波器、PPB 滤波器的 ENL 和 EPI 两项指标。从表 3-3 中可以看出,对于两个均匀区域,SRATV 模型去噪图像的 ENL 值最大,优于 PPB 滤波器,远大于 Lee 滤波器。即 SRATV 模型取得了好的平滑效果,PPB 滤波器也取得了较好平滑效果,但平滑程度不及 SRATV 模型,Lee 滤波器的平滑性能相对最差。对于区域 C,SRATV 模型的 EPI 值大于 PPB 滤波器,即 SRATV 模型的边缘保持性能优于 PPB 滤波器。Lee 滤波器由于平滑性能一般,噪声去除效果不如 SRATV 模型和 PPB 滤波器,去噪图像的边缘因此保持最好,因而具有相对略高的 EPI 值。从整体上来说,本节 SRATV 模型去噪性能优于 Lee 滤波器和 PPB 滤波器。

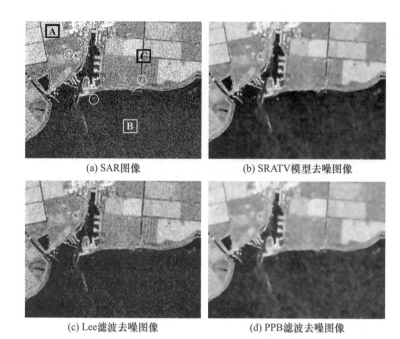

(a) SAR图像   (b) SRATV模型去噪图像

(c) Lee滤波去噪图像   (d) PPB滤波去噪图像

图 3-8　SAR 图像去噪实验 2(见彩插)

表 3-3　SAR 图像去噪性能指标对比

评价指标	SAR 图像	SRATV 模型	Lee 滤波器	PPB 滤波器
ENL(区域 A)	24.3	1921.4	155.1	1806.1
ENL(区域 B)	14.2	716.3	92.9	596.5
EPI(区域 C)	—	0.2423	0.2984	0.2079

　　上述定量和定性分析结果表明,本节 SRATV 模型能有效平滑噪声,保持图像边缘,同时抑制阶梯效应。与 AA 模型、式(3-72)所示各向同性扩散模型 1、IDT 模型、自适应 IDT 模型 2、经典 Lee 滤波器、PPB 滤波器等算法相比,SRATV 模型综合性能最优。

第四章

基于活动轮廓模型的SAR图像分割

图像分割是整个图像处理流程中的重要环节之一,利用图像分割方法可以将整幅遥感图像分为感兴趣目标和背景两部分。在遥感图像海洋目标检测与识别领域,图像分割技术广泛应用于海陆分割、海岸线检测、海面目标检测、船舶轮廓提取等各个方面。

基于变分法和偏微分方程理论的活动轮廓模型分割算法[55],在能量泛函最小的引导下,逐步改变曲线的形状,使其收敛到图像中目标和背景的边界,能够自然处理轮廓曲线的拓扑结构变化,具有较强的鲁棒性,近年来得到了广泛关注和应用。活动轮廓模型分割算法包括:基于边缘信息的模型,如 GAC 模型等[68];基于区域信息的模型,如 C – V 模型[71]、RSF 模型[72]等。由于光照不均匀、噪声影响等原因,强度非均匀现象在真实图像中普遍存在[72-73],C – V 等全局信息模型分割效果不佳。尺度可变区域拟合(Region – Scalable Fitting,RSF)模型存在收敛速度慢、对参数设置要求高、算法性能不稳定等问题。如何设计新的局部能量,以提高局部拟合活动轮廓模型的稳定性和运算效率需要进一步研究。

本章首先介绍了曲线演化方程和水平集。然后介绍了常用的几何活动轮廓模型,重点介绍了 GAC 边缘活动轮廓模型、C – V 区域活动轮廓模型和 RBF 局部活动轮廓模型。综合考虑类内相似性和类间差异性,定义基于类内类间距离的离散度,给出基于局部离散度的活动轮廓模型用于强度非均匀图像分割。给出基于混合活动轮廓模型的多尺度水平集分割算法用于高分辨率 SAR 图像水体分割,解决现有水平集分割算法收敛速度慢的不足。

4.1 曲线演化方程与水平集

按轮廓曲线的表达形式不同,活动轮廓模型可以分为参数活动轮廓模型和几何活动轮廓模型[61]。参数活动轮廓模型将轮廓曲线当作一条带参变量的曲线,以曲线的参数化形式表示轮廓曲线的运动变化,其优点是易于快速实现,但具有不容易处理轮廓曲线的拓扑结构变化的缺点。几何活动轮廓模型用水平集方法表示轮廓曲线的演化方程,演化方程中仅有单位法向矢量和曲率两个几何参数,且这两个参数改用水平集函数表示,其优点是可以自然处理轮廓曲线的拓扑结构变化,从而得到了广泛研究和应用[61]。

4.1.1　曲线演化方程

曲线演化是指曲线随时间的运动变化问题,可用单位法向矢量和曲率等参数来具体描述曲线的几何特征。设 Ω 为二维图像域,平面闭合曲线 C 可描述为 $C(q)=\{x(q),y(q)\}$, q 为空间参变量 $q\in[0,1]$。引入时间 t 后,运动曲线为 $C(q,t)=\{x(q,t),y(q,t)\}$。对时间求导,得到曲线演化方程为以下偏微分方程,即

$$\frac{\partial C(q,t)}{\partial t}=\alpha T+\beta N \qquad (4-1)$$

式中:T 为曲线的单位切向矢量;N 为曲线的单位法向矢量;α 和 β 分别为决定曲线上各点演化速度的切向速率和法向速率。同时研究已证明,曲线运动仅与法向矢量有关,而与切向矢量无关,即曲线沿单位法向矢量运动的演化方程为

$$\frac{\partial C(q,t)}{\partial t}=\beta N=F(k)N \qquad (4-2)$$

式中:k 为曲线的曲率;$F(k)$ 为演化速度函数。由微分几何知道,曲率用于描述曲线弯曲的程度,表示切向矢量随弧长的变化率,单位法向矢量描述曲线的方向,曲率 k 与单位法向矢量 N 的关系为

$$k=-\operatorname{div}(N) \qquad (4-3)$$

式中:div 表示散度计算。

4.1.2　水平集

水平集方法由 Osher 和 Sethian 于 1988 年提出[65],是解决曲线演化的一种主要方法,它将曲线或曲面隐藏在零水平集中,隐式地完成曲线演化,善于描述轮廓线的拓扑结构变化,包括轮廓线的分裂或合并等,因而在图像处理、计算机视觉等领域得到广泛应用。

在图像处理领域,Caselles[66]和 Malladi[67]研究将水平集方法用于活动轮廓模型图像分割,将曲线演化的偏微分方程用水平集表示并求解。针对两类分割问题,闭合轮廓曲线 C 将图像分割为两类区域,假设轮廓曲线 C 内部用 Ω_1 表

示,轮廓曲线 C 外部用 Ω_2 表示。为解决演化过程中轮廓线的拓扑结构变化,引入水平集函数 ϕ,有

$$
\begin{cases}
\phi(x,y) < 0, (x,y) \in \Omega_1 \\
\phi(x,y) > 0, (x,y) \in \Omega_2 \\
\phi(x,y) = 0, (x,y) \in C
\end{cases} \tag{4-4}
$$

水平集随曲线的演化而演化,任意时刻的零水平集 $\phi(t,x,y) = 0$ 确定了当前时刻分割的轮廓线,轮廓线为 $C(q,t) = \{x(q,t),y(q,t) \,|\, \phi(t,x,y) = 0\}$,则演化过程中,零水平集 $\phi(t,x,y) = 0$ 要始终满足曲线演化方程式(4-2)。

图 4-1 为基于水平集方法的轮廓曲线演化示意图。其中,图 4-1(a)中圆圈为初始轮廓曲线;图 4-1(d)为相应的水平集函数三维表示,水平面表示图像域二维行列坐标,Z 轴为水平集函数值;图 4-1(e)为水平集函数随时间运动结果,图 4-1(b)为此时的零水平集,即经演化后该时刻的轮廓曲线;图 4-1(f)为水平集函数继续随时间运动结果,图 4-1(c)为相应的零水平集,可以看出此时轮廓曲线的拓扑结构发生了改变。

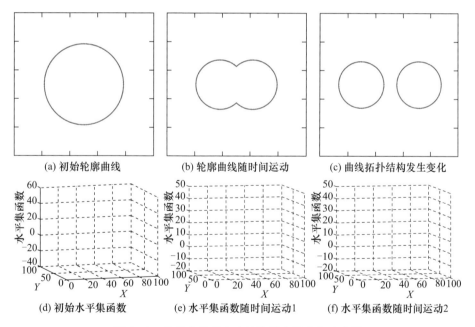

(a) 初始轮廓曲线　　　(b) 轮廓曲线随时间运动　　　(c) 曲线拓扑结构发生变化

(d) 初始水平集函数　　(e) 水平集函数随时间运动1　　(f) 水平集函数随时间运动2

图 4-1　基于水平集方法的轮廓曲线演化示意图

对零水平集 $\phi(t,x,y) = 0$ 关于时间 t 求全微分,有

$$
\frac{\partial \phi(t,x,y)}{\partial x} \cdot \frac{\partial x}{\partial t} + \frac{\partial \phi(t,x,y)}{\partial y} \cdot \frac{\partial y}{\partial t} + \frac{\partial \phi(t,x,y)}{\partial t} = 0
$$

$$\left(\frac{\partial \phi(t,x,y)}{\partial x}, \frac{\partial \phi(t,x,y)}{\partial y} \right) \cdot \left(\frac{\partial x}{\partial t}, \frac{\partial y}{\partial t} \right) + \frac{\partial \phi(t,x,y)}{\partial t} = 0$$

$$\nabla \phi \cdot \frac{\partial C}{\partial t} + \frac{\partial \phi}{\partial t} = 0 \tag{4-5}$$

式中:$\nabla \phi$ 为水平集 ϕ 的梯度。

由轮廓曲线 C 上水平集 ϕ 取值为零可知,水平集 ϕ 沿轮廓曲线 C 切线方向的变化量为零。因此,水平集 ϕ 的梯度 $\nabla \phi$ 垂直于轮廓曲线 C 的切向,平行于轮廓曲线 C 的法线。根据式(4-4)的定义,轮廓曲线 C 内部水平集 ϕ 为负值,轮廓曲线 C 外部水平集 ϕ 为正值,则 C 的单位法向矢量可以用水平集 ϕ 表示为

$$N = -\frac{\nabla \phi}{|\nabla \phi|} \tag{4-6}$$

式中:$|\nabla \phi| = \sqrt{\phi_x^2 + \phi_y^2}$。将式(4-6)和式(4-2)代入式(4-5),可得

$$\frac{\partial \phi}{\partial t} = -\nabla \phi \cdot \frac{\partial C}{\partial t} = -\nabla \phi \cdot F(k)N = F(k)|\nabla \phi| \tag{4-7}$$

式(4-7)为水平集表示的曲线演化方程。将式(4-6)代入式(4-3),可得轮廓曲线的曲率为

$$k = \mathrm{div}\left(\frac{\nabla \phi}{|\nabla \phi|} \right) = \frac{\phi_{xx}\phi_y^2 + \phi_{yy}\phi_x^2 - 2\phi_{xy}\phi_x\phi_y}{|\nabla \phi|^3} \tag{4-8}$$

由此,在获得活动轮廓模型的曲线演化方程后,可转换为水平集表示的演化方程。设定初始时刻 $t=0$ 的水平集,则利用式(4-7)求解过程中,$\phi(t,x,y)=0$ 表示的零水平集就是当前时刻的轮廓曲线 $C(q,t)$。通常称式(4-7)为曲线演化方程式(4-2)的欧式表达,属于一类 Hamilton - Jacobi 偏微分方程。

水平集方法在演化求解时,为保证稳定性,一般选择符号距离函数作为水平集函数。利用初始轮廓曲线将水平集函数初始化为符号距离函数,即

$$\phi(x,y) = \begin{cases} -\sqrt{(x-x^0)^2 + (y-y^0)^2}, & (x,y) \in \Omega_1 \\ \sqrt{(x-x^0)^2 + (y-y^0)^2}, & (x,y) \in \Omega_2 \\ 0, & (x,y) \in C \end{cases} \tag{4-9}$$

式中:(x^0, y^0) 为轮廓曲线上与点 (x,y) 欧式距离最短的点,即水平集函数 $\phi(x,y)$ 是点 (x,y) 到轮廓曲线的最短距离,且轮廓曲线内部点 $\phi(x,y)$ 取值为负,轮廓曲线外部点 $\phi(x,y)$ 取值为正。由简单计算可知,符号距离函数满足 $|\nabla \phi| = 1$。如果初始化轮廓曲线为以 (x_0, y_0) 为圆心、R 为半径的圆,则符号距离函数为

$$\phi(x,y)=\begin{cases} \sqrt{(x-x_0)^2+(y-y_0)^2}-R, & (x,y)\in \Omega_1 \text{ 或 } \Omega_2 \\ 0, & (x,y)\in C \end{cases} \quad (4-10)$$

由式(4-7)可以看出,水平集表示的演化方程为一个偏微分方程。直接求解偏微分方程十分困难,难以得到解析解,一般采用离散化的方法,采用数值计算方法求解。

用水平集方法表示活动轮廓模型有以下优点。

(1)演化曲线可以随水平集函数 ϕ 的演化自然地改变拓扑结构,包括轮廓曲线的分裂、合并、形成尖角等。

(2)由于水平集函数 ϕ 在演化过程中始终保持为一个完整的函数,因此容易实现近似数值计算求解。

4.2 几何活动轮廓模型

按照定位分割边界信息的不同,活动轮廓模型可以分为基于边缘信息的活动轮廓模型、基于区域信息的活动轮廓模型和混合活动轮廓模型等。

4.2.1 基于边缘信息的活动轮廓模型

1. 水平集方法

1987 年,Kass 和 Witkin 等提出了首个活动轮廓模型[55],也是首个参数活动轮廓模型——Snake 模型,Snake 模型是基于边缘信息的活动轮廓模型。针对 Snake 模型不容易处理拓扑结构变化的缺点,Caselles[66] 和 Malladi[67] 带领的两个研究小组分别独立将水平集方法用于活动轮廓模型,提出了几何活动轮廓模型。

假定 $I(x,y)$ 为定义在二维图像域 Ω 的函数,Caselles 等提出的几何活动轮廓模型为[66]

$$\frac{\partial C}{\partial t}=g(|\nabla I|)(\alpha k+v_0)N \quad (4-11)$$

式中: $\alpha k+v_0$ 为曲线沿单位法向的演化速度, α、v_0 为常数项; $g(|\nabla I|)=1/(1+|\nabla G_\sigma * I|^2)$ 为基于梯度的边缘指示函数, G_σ 为标准差为 σ 的高斯函数,对图像进行高斯卷积滤波以消除噪声影响。 $g(|\nabla I|)$ 用于控制曲线的运动速度,当曲线运动到边缘处时, $|\nabla G_\sigma * I|$ 取值较大,此时 $g(|\nabla I|)$ 取值很小,甚至为零,曲线的运动就停止,则曲线演化到边缘处。根据式(4-2)式(4-7)的对应关系,利用水平集方法,该模型表示为

$$\frac{\partial \phi}{\partial t} = g(\mid \nabla I \mid)(\alpha k + v_0)\mid \nabla \phi \mid \qquad (4-12)$$

上述几何活动轮廓模型能够自然处理轮廓曲线的拓扑结构变化,但它是从曲线演化理论出发直接建立式(4-11),不是从能量泛函最小化获得,缺乏理论准则的支撑。另外,该模型存在演化收敛速度慢、易发生目标边界泄漏等缺点。

Caselles[68]和 Yezzi[69]两个研究小组借鉴经典的参数活动轮廓模型 Snake,提出了新的几何活动轮廓模型。新模型利用了黎曼空间的测地线概念,两点间的距离不再是欧式距离,而是某种特征加权的测地距离,因此该模型取名为测地活动轮廓(GAC)模型或短程活动轮廓模型。测地活动轮廓模型的能量泛函为[68]

$$E_g(C) = \int_0^1 g(\mid \nabla I[C(q)] \mid)\left|\frac{\partial C(q)}{\partial q}\right|\mathrm{d}q \qquad (4-13)$$

式中:C 为二维图像域 Ω 中的平面闭合曲线,描述为 $C(q) = \{x(q), y(q)\}$,$q \in [0,1)$ 为参变量;$g(\mid \nabla I \mid)$ 为基于梯度模值的特征加权参数。另有 $\mid \partial C(q)/\partial q \mid \mathrm{d}q = \mathrm{d}s, s$ 为弧长变量,则

$$E_g(C) = \int_0^{L(C)} g(\mid \nabla I[C(s)] \mid)\mathrm{d}s \qquad (4-14)$$

式中:$L(C)$ 为轮廓曲线 C 的长度,$L(C) = \oint \mid \partial C(q)/\partial q \mid \mathrm{d}q = \oint \mathrm{d}s$。当轮廓曲线位于理想分割边界时,$g(\mid \nabla I \mid)$ 取值很小,GAC 模型的能量泛函,即对整条轮廓曲线的加权积分就会得到极小值。可以看出,GAC 模型的能量泛函是由边缘指示函数 $g(\mid \nabla I \mid)$ 加权的轮廓曲线长度,即能量泛函的极值问题实际上是求解两点 $[x(0), y(0)]$ 和 $[x(L), y(L)]$ 间加权最短路径问题。如果能量泛函中没有边缘指示函数,则能量泛函的极小值自然为零,即轮廓曲线在演化时缺少停止条件,将最终演化收敛到一个点。

对式(4-14)采用变分法,可得欧拉-拉格朗日方程[68],即

$$-g(\mid \nabla I \mid)k\boldsymbol{N} + \langle \nabla g, \boldsymbol{N}\rangle\boldsymbol{N} = 0 \qquad (4-15)$$

式中:g 的梯度为 $\nabla g = (g_x, g_y)^{\mathrm{T}}$;$\langle \nabla g, \boldsymbol{N}\rangle = \nabla g \cdot \boldsymbol{N}$,表示 ∇g 和 $\boldsymbol{N}$ 的内积。

根据梯度下降流法,欧拉-拉格朗日方程的解函数随时间变化,并且满足使能量泛函呈现下降趋势。梯度下降流法解上述方程的具体方法为:设时间为 t,当 $t \to \infty$ 时,C 应当稳定,从而 $\partial C/\partial t \to 0$。于是令 $\partial C/\partial t$ 等于式(4-15)的负值,由此得到变分问题式(4-15)的梯度下降流为

$$\frac{\partial C}{\partial t} = [g(\mid \nabla I \mid)k - \langle \nabla g, \boldsymbol{N}\rangle]\boldsymbol{N} \qquad (4-16)$$

利用水平集方法,该模型的演化方程表示为

$$\frac{\partial \phi}{\partial t} = \left[g(\,|\,\nabla I\,|\,)k - \langle \nabla g, N \rangle \right] |\nabla \phi| \qquad (4-17)$$

式中:$\langle \nabla g, N \rangle |\nabla \phi| = -\nabla g \cdot (\nabla \phi / |\nabla \phi|) |\nabla \phi| = -\nabla g \cdot \nabla \phi$。则 GAC 模型的水平集表示的演化方程为

$$\frac{\partial \phi}{\partial t} = gk\,|\nabla \phi| + \nabla g \cdot \nabla \phi \qquad (4-18)$$

利用散度的性质,$\mathrm{div}(g\boldsymbol{a}) = g\mathrm{div}(\boldsymbol{a}) + \boldsymbol{a} \cdot \nabla g$($\boldsymbol{a}$ 为一向量),则式(4-18)变为

$$\frac{\partial \phi}{\partial t} = \mathrm{div}\left(g\,\frac{\nabla \phi}{|\nabla \phi|} \right) |\nabla \phi| \qquad (4-19)$$

为加快收敛速度,可在测地活动轮廓模型中增加气球力项[203],来增加曲线演化的动力。能量泛函变为

$$E(C) = \int_0^{L(C)} g(\,|\,\nabla I\,|\,)\mathrm{d}s + \alpha \int_\omega g(\,|\,\nabla I\,|\,)\mathrm{d}a \qquad (4-20)$$

式中:ω 为轮廓曲线 C 包围的内部区域;$\mathrm{d}a$ 为面积元素;$\int_\omega g(\,|\,\nabla I\,|\,)\mathrm{d}a$ 就是气球力项。可以看出,能量泛函中第 2 项是边缘指数函数加权的曲线内部面积,当曲线演化运动到目标和背景边界处,$g(\,|\,\nabla I\,|\,)$ 取值很小,趋向于零,此时加权面积趋向于零。

由变分法和梯度下降法,曲线演化方程由式(4-16)变为

$$\frac{\partial C}{\partial t} = \left[g(\,|\,\nabla I\,|\,)(k + \alpha) - \langle \nabla g, N \rangle \right] N \qquad (4-21)$$

水平集函数表示的演化方程为

$$\frac{\partial \phi}{\partial t} = g(k + \alpha)\,|\nabla \phi| + \nabla g \cdot \nabla \phi \qquad (4-22)$$

利用散度的性质,$\mathrm{div}(g\boldsymbol{a}) = g\mathrm{div}(\boldsymbol{a}) + \boldsymbol{a} \cdot \nabla g$($\boldsymbol{a}$ 为一向量),则式(4-22)变为

$$\frac{\partial \phi}{\partial t} = \left[\mathrm{div}\left(g\,\frac{\nabla \phi}{|\nabla \phi|} \right) + \alpha g \right] |\nabla \phi| \qquad (4-23)$$

从上述几何活动轮廓模型演化方程的获取可以看出,有两种途径:一是直接从曲线演化理论,得到偏微分方程表示的演化方程,然后表示为水平集函数形式;二是设计合理的能量泛函,从求解能量泛函极小值出发,利用变分法得到欧拉 - 拉格朗日方程,然后得到梯度下降流,最后用水平集函数形式来表示。上述获得水平集函数表示的演化方程的方法,通常称为水平集方法。另一种方法是直接将能量泛函表示为水平集函数形式,然后利用变分法得到欧拉 - 拉格朗日方程,最后用梯度下降法得到水平集表示的演化方程,这种方法通常称为

变分水平集方法。但在实际研究中,许多研究人员将水平集方法、变分水平集方法都称为变分水平集方法。

2. 变分水平集方法

引入 Heaviside 函数,即

$$H(z) = \begin{cases} 1, z \geqslant 0 \\ 0, z < 0 \end{cases}, \quad \delta = \frac{dH(z)}{dz} \tag{4-24}$$

根据式(4-14),则利用水平集函数 ϕ 表示的测地活动轮廓模型能量函数为[61]

$$E_g(\phi) = \int_\Omega g\delta(\phi) |\nabla\phi| dxdy \tag{4-25}$$

式中:$\delta(\phi)$ 表示 Dirac 函数,是 $H(\phi)$ 的一阶导数。令

$$F(\phi) = g\delta(\phi) |\nabla\phi| \tag{4-26}$$

欧拉-拉格朗日方程为

$$F_\phi - \frac{\partial}{\partial x}F_{\phi_x} - \frac{\partial}{\partial y}F_{\phi_y} = 0 \tag{4-27}$$

计算可得

$$F_\phi = g\delta'(\phi) |\nabla\phi| \tag{4-28}$$

$$\begin{cases} F_{\phi_x} = g\delta(\phi)\dfrac{\phi_x}{|\nabla\phi|} \\ F_{\phi_y} = g\delta(\phi)\dfrac{\phi_y}{|\nabla\phi|} \end{cases} \tag{4-29}$$

则有

$$\frac{\partial}{\partial x}F_{\phi_x} + \frac{\partial}{\partial y}F_{\phi_y} = \text{div}\left(g\delta(\phi)\frac{\nabla\phi}{|\nabla\phi|}\right) \tag{4-30}$$

由散度的性质,$\text{div}(g\boldsymbol{a}) = g\text{div}(\boldsymbol{a}) + \boldsymbol{a} \cdot \nabla g$($\boldsymbol{a}$ 为向量),则式(4-30)变为

$$\begin{aligned} \text{div}\left(g\delta(\phi)\frac{\nabla\phi}{|\nabla\phi|}\right) &= \delta(\phi)\text{div}\left(g\frac{\nabla\phi}{|\nabla\phi|}\right) + g\frac{\nabla\phi}{|\nabla\phi|} \cdot \nabla\delta(\phi) \\ &= \delta(\phi)\text{div}\left(g\frac{\nabla\phi}{|\nabla\phi|}\right) + g\frac{\nabla\phi}{|\nabla\phi|} \cdot \delta'(\phi)\nabla\phi \\ &= \delta(\phi)\text{div}\left(g\frac{\nabla\phi}{|\nabla\phi|}\right) + g\delta'(\phi) |\nabla\phi| \end{aligned} \tag{4-31}$$

中间计算结果代入,欧拉-拉格朗日方程为

$$-\delta(\phi)\text{div}\left(g\frac{\nabla\phi}{|\nabla\phi|}\right) = 0 \tag{4-32}$$

根据梯度下降流法,欧拉 – 拉格朗日方程的解函数随时间变化,并且满足使能量泛函呈现下降趋势。梯度下降流法解上述方程的具体方法为:设时间为 t,当 $t \to \infty$ 时,ϕ 应当稳定,从而 $\partial\phi/\partial t \to 0$。于是令 $\partial\phi/\partial t$ 等于式(4 – 32)的负值,由此得到水平集函数表示的演化方程为

$$\frac{\partial\phi}{\partial t} = \delta(\phi)\,\mathrm{div}\Big(g\,\frac{\nabla\phi}{|\nabla\phi|} \Big) \qquad (4-33)$$

Dirac 函数 $\delta(\phi)$ 定义狭窄,在实际的数值计算中,有两种解决方案[61]。一种是采用光滑正则化形式的 Heaviside 函数和 Dirac 函数,如

$$H_\varepsilon(\phi) = \frac{1}{2}\Big[1 + \frac{2}{\pi}\arctan\Big(\frac{\phi}{\varepsilon} \Big) \Big],\ \delta_\varepsilon(\phi) = \frac{\mathrm{d}H_\varepsilon(\phi)}{\mathrm{d}\phi} = \frac{1}{\pi}\frac{\varepsilon}{\varepsilon^2 + \phi^2} \qquad (4-34)$$

式中:参数 ε 确定了正则化 Dirac 函数的有效宽度。

另一种方法是采用 $|\nabla\phi|$ 代替 Dirac 函数 $\delta(\phi)$,此时式(4 – 33)将与水平集方法得到的式(4 – 19)相同,即变分水平集方法得到的演化方程与水平集方法得到的演化方程一致。

以测地活动轮廓模型为代表的边缘活动轮廓模型,利用图像的梯度信息设计边缘指示函数(或称边缘停止函数),使得曲线演化收敛到梯度较大值处,得到分割所需边界,但仍存在以下不足。

(1)对噪声敏感。噪声的存在,影响了图像梯度计算的准确性,进而影响了边缘指示函数,导致边缘定位不准,对最终曲线演化停止时的边界产生坏的影响。

(2)对初始轮廓敏感。当初始化轮廓曲线位于距离理想边界较远处时,受局部边缘信息干扰影响,轮廓曲线在演化过程中可能收敛在局部边缘处。为解决该问题,解决方法是增强曲线演化的动力,如增加"气球力项",但其加权系数不易设定,需要因图而定。当加权系数取值大时,演化速度快,轮廓曲线可能越过真实的边界,无法获得好的结果;当取值小时,演化速度慢,轮廓曲线将无法到达真实的边界。

4.2.2 基于区域信息的活动轮廓模型

基于边缘信息的活动轮廓模型对边缘明显的图像可以得到好的分割结果,但存在对噪声敏感、对初始轮廓曲线敏感等不足。基于边缘信息的活动轮廓模型仅仅利用了图像中不同区域间灰度等特征的不连续性,而没有考虑同一区域内灰度等特征的相似性。利用区域内信息相似性,研究人员提出了基于区域信息的活动轮廓模型。

1. C – V 模型

通过简化 Mumford – Shah(M – S)函数,2001 年 Chan 和 Vese 利用水平集方法提出了经典的基于区域信息的活动轮廓模型——无边缘活动轮廓(Active Contours without Edges)模型,通常简称为 C – V 模型[71],在医学图像和光学图像分割中得到了广泛应用。

假定 Ω 为二维图像域,$I(x,y)$ 为定义在 Ω 的图像函数。针对两类分类问题,设闭合轮廓线 C 将图像分割为目标和背景两类同质区域,分别用 Ω_{in} 和 Ω_{out} 表示,两个区域的灰度均值分别为 c_1 和 c_2。C – V 模型的能量泛函定义为[71]

$$E(C,c_1,c_2) = \mu L(C) + \nu S(C) + \lambda_1 \int_{\Omega_{in}} (I(x,y) - c_1)^2 \mathrm{d}x\mathrm{d}y +$$

$$\lambda_2 \int_{\Omega_{out}} (I(x,y) - c_2)^2 \mathrm{d}x\mathrm{d}y \qquad (4-35)$$

式中:$L(C)$ 为轮廓线 C 的长度;$S(C)$ 为轮廓线 C 包含的区域面积;μ、ν、λ_1、λ_2 为各个能量项的加权系数。当闭合轮廓曲线位于两个同质区域的边界时,能量函数达到最小,即图像分割问题可以表示为求能量函数的最小值问题。

引入水平集函数 ϕ,使得

$$\begin{cases} \phi(x,y) > 0, (x,y) \in \Omega_{in} \\ \phi(x,y) < 0, (x,y) \in \Omega_{out} \\ \phi(x,y) = 0, (x,y) \in C \end{cases}$$

再引入式(4 – 24)所示 Heaviside 函数 $H(\phi)$,则利用水平集函数 ϕ 表示的 C – V 模型能量函数为

$$E(\phi,c_1,c_2) = \mu L(\phi) + \nu S(\phi) + \lambda_1 \int_{\Omega_{in}} (I(x,y) - c_1)^2 \mathrm{d}x\mathrm{d}y +$$

$$\lambda_2 \int_{\Omega_{out}} (I(x,y) - c_2)^2 \mathrm{d}x\mathrm{d}y$$

$$= \mu \int_{\Omega} \delta(\phi) |\nabla\phi| \mathrm{d}x\mathrm{d}y + \nu \int_{\Omega} H(\phi)\mathrm{d}x\mathrm{d}y + \lambda_1 \int_{\Omega} (I(x,y) - c_1)^2 H(\phi)\mathrm{d}x\mathrm{d}y +$$

$$\lambda_2 \int_{\Omega} (I(x,y) - c_2)^2 (1 - H(\phi))\mathrm{d}x\mathrm{d}y \qquad (4-36)$$

由变分法,得到欧拉 – 拉格朗日方程为

$$-\delta(\phi)\left[\mu \mathrm{div}\left(\frac{\nabla\phi}{|\nabla\phi|}\right) + \upsilon - \lambda_1 (I-c_1)^2 + \lambda_2 (I-c_2)^2\right] = 0 \quad (4-37)$$

再由梯度下降法,最终得到水平集函数表示的演化方程为

$$\frac{\partial\phi}{\partial t} = \delta(\phi)\left[\mu \mathrm{div}\left(\frac{\nabla\phi}{|\nabla\phi|}\right) + \upsilon - \lambda_1 (I-c_1)^2 + \lambda_2 (I-c_2)^2\right] \quad (4-38)$$

式中:c_1 和 c_2 分别为

$$
\begin{cases}
c_1 = \dfrac{\displaystyle\int_\Omega I(x,y)H(\phi)\,\mathrm{d}x\mathrm{d}y}{\displaystyle\int_\Omega H(\phi)\,\mathrm{d}x\mathrm{d}y} \\[4mm]
c_2 = \dfrac{\displaystyle\int_\Omega I(x,y)(1-H(\phi))\,\mathrm{d}x\mathrm{d}y}{\displaystyle\int_\Omega (1-H(\phi))\,\mathrm{d}x\mathrm{d}y}
\end{cases}
\tag{4-39}
$$

在实际的数值计算中,采用光滑正则化形式的 Heaviside 函数 $H(\phi)$ 和 Dirac 函数 $\delta(\phi)$。

2. RSF 模型

C-V 模型作为分段常数模型,前提是图像中各类区域强度相似,然而在实际研究中图像的感兴趣区域经常不满足该条件。针对强度非均匀图像的分割,2007 年 Chunming Li 利用图像中局部区域的信息,提出了局部二值拟合活动轮廓(Local Binary Fitting,LBF)模型[74],并于 2008 年进一步发展成为尺度可变区域拟合(Region-Scalable Fitting,RSF)模型[72]。

假定 Ω 为二维图像域,$I(x,y)$ 为定义在 Ω 的图像函数。针对两类分类问题,设闭合轮廓线 C 将图像分割为目标和背景两类同质区域,分别用 Ω_1 和 Ω_2 表示。对于一个点 $x\in\Omega$,定义其局部强度拟合能量为[72]

$$
E_x^{\mathrm{Fit}}(C,f_1(x),f_2(x)) = \sum_{i=1}^{2}\lambda_i\int_{\Omega_i} K_\sigma(x-y)\,|I(y)-f_i(x)|^2\mathrm{d}y \tag{4-40}
$$

式中:λ_i 为取值为正的加权系数;$I(y)$ 为以 x 为中心的局部区域内点 y 的灰度值,该局部区域的大小由核函数 $K_\sigma(x)$ 决定,通常采用高斯核函数 $K_\sigma(x) = (1/(2\pi)^{n/2}\sigma^n)\mathrm{e}^{-|x|^2/2\sigma^2}$,尺度参数 $\sigma>0$;$f_1(x)$ 和 $f_2(x)$ 为轮廓线 C 两侧区域 Ω_1 和 Ω_2 的局部区域的近似强度值。

扩展到整个二维图像域 Ω 上所有的点,并加入轮廓曲线长度项,则能量函数为

$$
E(C,f_1(x),f_2(x)) = \int_\Omega E_x^{\mathrm{Fit}}(C,f_1(x),f_2(x))\mathrm{d}x + \mu L(C) \tag{4-41}
$$

引入水平集函数 ϕ 以及 Heaviside 函数 $H(\phi)$,则利用水平集函数 ϕ 表示为

$$
E(\phi,c_1(x),c_2(x)) = \sum_{i=1}^{2}\lambda_i\int_\Omega\Big(\int_\Omega K_\sigma(x-y)\,|I(y)-f_i(x)|^2 M_i(\phi(y))\mathrm{d}y\Big)\mathrm{d}x +
$$
$$
\mu\int_\Omega \delta(\phi)\,|\nabla\phi|\,\mathrm{d}x\mathrm{d}y \tag{4-42}
$$

式中: $M_1(\phi) = H(\phi)$, $M_2(\phi) = 1 - H(\phi)$ 。进一步,再引入水平集函数惩罚项[204]

$$P(\phi) = \int_{\Omega} \frac{1}{2} (|\nabla \phi| - 1)^2 \mathrm{d}\boldsymbol{x} \qquad (4-43)$$

能量泛函为

$$E(\phi, c_1(\boldsymbol{x}), c_2(\boldsymbol{x})) = \sum_{i=1}^{2} \lambda_i \int_{\Omega} \left(\int_{\Omega} K_\sigma(\boldsymbol{x} - \boldsymbol{y}) |I(\boldsymbol{y}) - f_i(\boldsymbol{x})|^2 M_i(\phi(\boldsymbol{y})) \mathrm{d}\boldsymbol{y} \right) \mathrm{d}\boldsymbol{x} + $$
$$\mu \int_{\Omega} \delta(\phi) |\nabla \phi| \mathrm{d}x \mathrm{d}y + v P(\phi) \qquad (4-44)$$

固定 $f_1(\boldsymbol{x})$ 和 $f_2(\boldsymbol{x})$,求能量泛函相对于水平集函数 ϕ 的最小值,利用变分法和梯度下降法,最终得到水平集函数表示的演化方程为

$$\frac{\partial \phi}{\partial t} = \delta(\phi) \left[-\lambda_1 e_1 + \lambda_2 e_2 + \mu \mathrm{div}\left(\frac{\nabla \phi}{|\nabla \phi|}\right) \right] + v \left[\nabla^2 \phi - \mathrm{div}\left(\frac{\nabla \phi}{|\nabla \phi|}\right) \right] \quad (4-45)$$

式中: e_i 为

$$e_i(\boldsymbol{x}) = \int_{\Omega} K_\sigma(\boldsymbol{y} - \boldsymbol{x}) |I(\boldsymbol{x}) - f_i(\boldsymbol{y})|^2 \mathrm{d}y, \quad i = 1, 2 \qquad (4-46)$$

固定水平集函数 ϕ ,求能量泛函相对于 $f_1(\boldsymbol{x})$ 和 $f_2(\boldsymbol{x})$ 的最小值,可得

$$f_i(\boldsymbol{x}) = \frac{\int_{\Omega} K_\sigma(\boldsymbol{x} - \boldsymbol{y}) M_i(\phi(\boldsymbol{y})) I(\boldsymbol{y}) \mathrm{d}y}{\int_{\Omega} K_\sigma(\boldsymbol{x} - \boldsymbol{y}) M_i(\phi(\boldsymbol{y})) \mathrm{d}\boldsymbol{y}}, \quad i = 1, 2 \qquad (4-47)$$

由于在能量泛函中加入水平集函数惩罚项,使得演化过程中 $|\nabla \phi| \approx 1$,水平集函数基本满足符号距离函数要求。因此,空间偏导数采用简单的中心差分,时间偏导数仍采用常规的前向差分格式近似。

4.3 基于局部离散度活动轮廓模型的强度非均匀图像分割

基于区域信息的活动轮廓模型利用区域内的相似性,使得曲线演化收敛到两个区域的边界处,该类算法具有对初始轮廓不敏感的优点。经典的区域信息模型——C – V 模型利用图像的全局信息,要求目标和背景两个区域是同质的,或灰度值变化小。对自然世界中普遍存在的强度非均匀图像,C – V 等全局区域信息模型的分割性能受到较大的影响。针对全局区域信息活动轮廓模型算法的不足,Li Chunming 提出了尺度可变区域拟合(RSF)模型[72],实现了对强度非均匀图像的有效分割。但 RSF 模型存在收敛速度慢、对参数设置要求高等不足,算法性能不稳定。

为实现强度非均匀图像的准确分割,本节综合考虑类内相似性和类间差异

性,给出了基于局部离散度的活动轮廓模型分割算法。将类间距离引入能量函数中,定义基于类内距离和类间距离的离散度,以增强算法演化的动力。同时采用局部信息建模,使得算法适应强度非均匀图像。为演化求解时水平集函数保持符号距离函数,引入惩罚项,避免周期性初始化的问题。

<h2>4.3.1　基于类内类间距离的离散度</h2>

在模式识别中,聚类的准则有类内距离最小和类间距离最大等[205]。类内距离最小准则考虑的是分类后类内样本特征的相似性,即区域内的一致性。类间距离最大准则考虑的是分类后各类中心相互间的区分性,即区域间的差异性。对于图像来说,聚类就实现了图像的分割。对于图像的两类分割,类内距离可定义为

$$E_1(C, c_1, c_2) = \int_{\Omega_1} (I(\boldsymbol{x}) - c_1)^2 \mathrm{d}\boldsymbol{x} + \int_{\Omega_2} (I(\boldsymbol{x}) - c_2)^2 \mathrm{d}\boldsymbol{x} \quad (4-48)$$

类间距离定义为

$$E_2(C, c_1, c_2) = N_1 (c_1 - c_0)^2 + N_2 (c_2 - c_0)^2$$
$$= \int_{\Omega_1} (c_1 - c_0)^2 \mathrm{d}x + \int_{\Omega_2} (c_2 - c_0)^2 \mathrm{d}x \quad (4-49)$$

式中:$I(\boldsymbol{x})$ 为定义在二维图像域 Ω 的图像函数;$\boldsymbol{x}$ 为二维图像域上的行列坐标 (x, y);针对两类分类问题,闭合轮廓曲线 C 将图像分割为目标和背景两类区域,分别用 Ω_1 和 Ω_2 表示,N_1 和 N_2 分别表示两个区域的像素个数,其灰度均值分别为 c_1 和 c_2,全图的灰度均值为 c_0。

聚类分析中,类内距离采用最小准则,而类间距离采用最大准则,为综合利用式(4-48)和式(4-49),对类间距离修正为

$$E_3(C, c_1, c_2) = N_1 c_0^2 + N_2 c_0^2 - N_1 (c_1 - c_0)^2 - N_2 (c_2 - c_0)^2$$
$$= N c_0^2 - E_2(C, c_1, c_2) \quad (4-50)$$

式中:$N = N_1 + N_2$,表示整幅图像的像素个数,且第 1 项与分割结果无关,对每幅图像而言为一个常数,在后续变分计算过程中将消除。由此将类间距离指标修改为极小型指标,便于与类内距离极小型指标进行综合评价。

综合考虑类内相似性和类间差异性,定义基于类内类间距离的离散度为

$$E(C) = \lambda_1 E_1(C, c_1, c_2) + \lambda_2 E_3(C, c_1, c_2) \quad (4-51)$$

式中:λ_1、λ_2 分别为类内距离能量项和类间距离能量项的加权系数,取值为正。当闭合轮廓线位于两个区域的边界时,能量泛函达到最小,即图像分割问题可以表示为求能量泛函的最小值问题。

4.3.2 基于局部离散度活动轮廓模型的图像分割

强度非均匀现象在真实图像中十分普遍,若采用基于区域内强度均匀的模型算法,会产生严重的误分割。本节借鉴 Li Chunming 提出的尺度可变区域拟合 RSF 模型,引入其局部区域建模思想,设计基于局部离散度的活动轮廓模型,以实现对强度非均匀图像的有效分割。

1. 基于局部离散度的活动轮廓模型

对于一个点 $x \in \Omega$,定义其局部离散度能量为

$$E_x(C, c_1(x), c_2(x)) = \lambda_1 \sum_{i=1}^{2} \int_{\Omega_i} K_\sigma(x - y) \mid I(y) - c_i(x) \mid^2 \mathrm{d}y +$$

$$\lambda_2 \int_{\Omega} K_\sigma(x - y) \mid c_0(x) \mid^2 \mathrm{d}y -$$

$$\lambda_2 \sum_{i=1}^{2} \int_{\Omega_i} K_\sigma(x - y) \mid c_i(x) - c_0(x) \mid^2 \mathrm{d}y \qquad (4-52)$$

式中:λ_1、λ_2 为取值为正的加权系数;$I(y)$ 为以 x 为中心的局部区域内点 y 的灰度值,决定局部区域大小的高斯核函数 $K_\sigma(x)$ 为[72]

$$K_\sigma(x) = \frac{1}{(2\pi)^{n/2} \sigma^n} \mathrm{e}^{- \mid x \mid^2 / 2\sigma^2} \qquad (4-53)$$

式中:尺度参数 $\sigma > 0$。

对于中心点 x,当轮廓线位于两个区域的边界时,其局部离散度能量 E_x 达到最小,$c_1(x)$ 和 $c_2(x)$ 为轮廓线 C 两侧局部区域的最佳近似均值,$c_0(x)$ 为以点 x 为中心的整个局部区域的灰度均值。二维图像域 Ω 内所有 x 的局部离散度能量为 $\int E_x(C, c_1(x), c_2(x)) \mathrm{d}x$,同时加入边缘指示函数加权的轮廓线长度项能量,则基于局部离散度的活动轮廓模型为

$$E(C, c_1(x), c_2(x)) = \int E_x(C, c_1(x), c_2(x)) \mathrm{d}x + v \int_0^{L(C)} g(r) \mathrm{d}s \qquad (4-54)$$

式中:v 为权系数;$L(C)$ 为轮廓线 C 的长度;r 为梯度的模值;g 为基于梯度的边缘指示函数;s 为弧长变量。边缘指示函数为

$$g(r) = \frac{1}{1 + \left(\dfrac{r}{k}\right)^2} \qquad (4-55)$$

式中:k 为比例常数。边缘指示函数 $g(r)$ 为一个单调递减函数,其取值为 $[0,1]$,在目标和背景边界处,r 取值最大,$g(r)$ 取值趋于 0。最小化能量函数,则曲线演化趋向于 $g(r)$ 接近于 0 的地方,即趋向收敛到理想边界。

2. 模型的水平集表示

水平集方法将曲线或曲面隐藏在零水平集中,隐式地完成曲线演化。为解决轮廓线的拓扑结构变化,引入水平集函数 ϕ 为

$$\begin{cases} \phi(x,y) > 0, (x,y) \in \Omega_1 \\ \phi(x,y) < 0, (x,y) \in \Omega_2 \\ \phi(x,y) = 0, (x,y) \in C \end{cases}$$

水平集随着曲线的演化而演化,任意时刻 $\phi(t,x,y) = 0$ 的零水平集就确定了当前分割的轮廓线。引入 Heaviside 函数 $H(\phi)$,即

$$H(\phi) = \begin{cases} 1, \phi \geqslant 0 \\ 0, \phi < 0 \end{cases}, \delta(\phi) = \frac{\mathrm{d}H(\phi)}{\mathrm{d}\phi} \qquad (4-56)$$

则曲线的长度为 $L(C) = \int_0^{L(C)} \mathrm{d}s = \int_\Omega |\nabla H(\phi)| \mathrm{d}x = \int_\Omega \delta(\phi) |\nabla\phi| \mathrm{d}x$,$\nabla\phi$ 表示水平集函数 ϕ 的梯度,$|\nabla\phi|$ 表示梯度的模,边缘指示函数加权的轮廓线长度 $L_g(C) = \int_0^{L(C)} g\mathrm{d}s = \int_\Omega g\delta(\phi) |\nabla\phi| \mathrm{d}x$。

由式(4-52),利用水平集函数 ϕ 表示的点 x 局部离散度能量为

$$\begin{aligned} E_x(\phi, c_1(x), c_2(x)) = &\lambda_1 \sum_{i=1}^2 \int_\Omega K_\sigma(x-y) |I(y) - c_i(x)|^2 M_i(\phi(y)) \mathrm{d}y + \\ &\lambda_2 \int_\Omega K_\sigma(x-y) |c_0(x)|^2 \mathrm{d}y - \\ &\lambda_2 \sum_{i=1}^2 \int_\Omega K_\sigma(x-y) |c_i(x) - c_0(x)|^2 M_i(\phi(y)) \mathrm{d}y \end{aligned}$$

$$(4-57)$$

式中:$M_1(\phi) = H(\phi)$,$M_2(\phi) = 1 - H(\phi)$。由式(4-54),利用水平集函数 ϕ 表示的基于局部离散度的活动轮廓模型能量泛函为

$$\begin{aligned} E_1(\phi, c_1(x), c_2(x)) = &\lambda_1 \sum_{i=1}^2 \int_\Omega \left(\int_\Omega K_\sigma(x-y) |I(y) - c_i(x)|^2 M_i(\phi(y)) \mathrm{d}y \right) \mathrm{d}x + \\ &\lambda_2 \int_\Omega \iint_\Omega K_\sigma(x-y) |c_0(x)|^2 \mathrm{d}y\mathrm{d}x - \\ &\lambda_2 \sum_{i=1}^2 \int_\Omega \left(\int_\Omega K_\sigma(x-y) |c_i(x) - c_0(x)|^2 M_i(\phi(y)) \mathrm{d}y \right) \mathrm{d}x + \\ &v\int_\Omega g\delta(\phi) |\nabla\phi| \mathrm{d}x \end{aligned}$$

$$(4-58)$$

3. 水平集函数的初始化和更新

水平集方法在演化求解时,为保证稳定性,一般利用初始轮廓曲线将水平集函数初始化为符号距离函数,此时满足 $|\nabla\phi| = 1$。但在演化过程中,水平集函数 ϕ 会偏离符号距离函数,从而破坏演化的稳定性,为此需要周期性地将 ϕ 初始化为符号距离函数。但这种初始化的方法计算复杂且费时,并且难以确定更新周期。本节模型采用变分水平集方法,已将能量泛函表示为水平集函数形式,因此为避免周期性初始化,可以在能量泛函中显式地加入水平集函数惩罚项。惩罚项[204] 为

$$P(\phi) = \int_{\Omega} \frac{1}{2} (|\nabla\phi| - 1)^2 \mathrm{d}\boldsymbol{x} \qquad (4-59)$$

则在水平集演化的过程中,惩罚项能使零水平集附近的水平集函数保持为符号距离函数,从而避免周期性地初始化问题。则在式(4-58)的基础上,水平集函数表示的基于局部离散度的活动轮廓模型为

$$E(\phi, c_1(x), c_2(x)) = E_1(\phi, c_1(x), c_2(x)) + \mu P(\phi) \qquad (4-60)$$

式中: μ 为权系数。

4. 演化方程

式(4-60)所示能量泛函变换积分顺序为

$$E_1(\phi, c_1(\boldsymbol{x}), c_2(\boldsymbol{x})) = \lambda_1 \sum_{i=1}^{2} \int_{\Omega} \Big(\int_{\Omega} K_\sigma(\boldsymbol{x} - \boldsymbol{y}) |I(\boldsymbol{y}) - c_i(\boldsymbol{x})|^2 \mathrm{d}\boldsymbol{x} \Big)$$

$$M_i(\phi(\boldsymbol{y})) \mathrm{d}\boldsymbol{y} + \lambda_2 \int_{\Omega} \int_{\Omega} K_\sigma(\boldsymbol{x} - \boldsymbol{y}) |c_0(\boldsymbol{x})|^2 \mathrm{d}\boldsymbol{x}\mathrm{d}\boldsymbol{y} -$$

$$\lambda_2 \sum_{i=1}^{2} \int_{\Omega} \Big(\int_{\Omega} K_\sigma(\boldsymbol{x} - \boldsymbol{y}) |c_i(\boldsymbol{x}) - c_0(\boldsymbol{x})|^2 \mathrm{d}\boldsymbol{x} \Big) M_i(\phi(\boldsymbol{y})) \mathrm{d}\boldsymbol{y} +$$

$$\upsilon \int_{\Omega} g\delta(\phi) |\nabla\phi| \mathrm{d}\boldsymbol{x} + \mu P(\phi)$$

再一步,变为

$$E_1(\phi, c_1(\boldsymbol{x}), c_2(\boldsymbol{x})) = \lambda_1 \sum_{i=1}^{2} \int_{\Omega} \Big(\int_{\Omega} K_\sigma(\boldsymbol{y} - \boldsymbol{x}) |I(\boldsymbol{x}) - c_i(\boldsymbol{y})|^2 \mathrm{d}\boldsymbol{y} \Big)$$

$$M_i(\phi(\boldsymbol{x})) \mathrm{d}\boldsymbol{x} + \lambda_2 \int_{\Omega} \int_{\Omega} K_\sigma(\boldsymbol{y} - \boldsymbol{x}) |c_0(\boldsymbol{y})|^2 \mathrm{d}\boldsymbol{y}\mathrm{d}\boldsymbol{x} -$$

$$\lambda_2 \sum_{i=1}^{2} \int_{\Omega} \Big(\int_{\Omega} K_\sigma(\boldsymbol{y} - \boldsymbol{x}) |c_i(\boldsymbol{y}) - c_0(\boldsymbol{y})|^2 \mathrm{d}\boldsymbol{y} \Big) M_i(\phi(\boldsymbol{x})) \mathrm{d}\boldsymbol{x} +$$

$$\upsilon \int_{\Omega} g\delta(\phi) |\nabla\phi| \mathrm{d}\boldsymbol{x} + \mu P(\phi)$$

令

$$F(\phi) = \lambda_1 \sum_{i=1}^{2} \int_{\Omega} K_\sigma(\boldsymbol{y} - \boldsymbol{x}) \mid I(\boldsymbol{x}) - c_i(\boldsymbol{y}) \mid^2 \mathrm{d}\boldsymbol{y}$$

$$M_i(\phi(\boldsymbol{x})) + \lambda_2 \int_{\Omega} K_\sigma(\boldsymbol{y} - \boldsymbol{x}) \mid c_0(\boldsymbol{y}) \mid^2 \mathrm{d}\boldsymbol{y} -$$

$$\lambda_2 \sum_{i=1}^{2} \int_{\Omega} K_\sigma(\boldsymbol{y} - \boldsymbol{x}) \mid c_i(\boldsymbol{y}) - c_0(\boldsymbol{y}) \mid^2 \mathrm{d}\boldsymbol{y}$$

$$M_i(\phi(\boldsymbol{x})) + vg\delta(\phi) \mid \nabla\phi \mid + \mu \frac{1}{2} (\mid \nabla\phi \mid - 1)^2 \quad (4-61)$$

固定 c_1 和 c_2，对于水平集函数 ϕ 求能量泛函的最小值。欧拉 - 拉格朗日方程为

$$F_\phi - \frac{\partial}{\partial x} F_{\phi_x} - \frac{\partial}{\partial y} F_{\phi_y} = 0 \quad (4-62)$$

式（4 -61）中 λ_2 加权的第 1 项与水平集函数 ϕ 无关，即与分割结果无关，在变分计算过程中将被消除。由计算可得

$$F_\phi = \delta(\phi) [\lambda_1(e_1 - e_2) - \lambda_2(\eta_1 - \eta_2)] + vg\delta'(\phi) \mid \nabla\phi \mid \quad (4-63)$$

式中：$e_i(\boldsymbol{x}) = \int_{\Omega} K_\sigma(\boldsymbol{y} - \boldsymbol{x}) \mid I(\boldsymbol{x}) - c_i(\boldsymbol{y}) \mid^2 \mathrm{d}\boldsymbol{y}, \eta_i(\boldsymbol{x}) = \int_{\Omega} K_\sigma(\boldsymbol{y} - \boldsymbol{x}) \times$ $\mid c_i(\boldsymbol{y}) - c(\boldsymbol{y}) \mid^2 \mathrm{d}\boldsymbol{y}, i = 1,2$。

$$F_{\phi_x} = vg\delta(\phi) \frac{\phi_x}{\mid \nabla\phi \mid} + \mu(\mid \nabla\phi \mid - 1) \frac{\phi_x}{\mid \nabla\phi \mid}$$

$$F_{\phi_y} = vg\delta(\phi) \frac{\phi_y}{\mid \nabla\phi \mid} + \mu(\mid \nabla\phi \mid - 1) \frac{\phi_y}{\mid \nabla\phi \mid}$$

则有

$$\frac{\partial}{\partial x} F_{\phi_x} + \frac{\partial}{\partial y} F_{\phi_y} = \mathrm{div}\left(vg\delta(\phi) \frac{\nabla\phi}{\mid \nabla\phi \mid} + \mu(\mid \nabla\phi \mid - 1) \frac{\nabla\phi}{\mid \nabla\phi \mid} \right)$$

由散度的性质，$\mathrm{div}(v\boldsymbol{a} + \mu\boldsymbol{\beta}) = v\mathrm{div}\boldsymbol{a} + \mu\mathrm{div}\boldsymbol{\beta}$，$\mathrm{div}(g\boldsymbol{a}) = g\mathrm{div}(\boldsymbol{a}) + \boldsymbol{a} \cdot \nabla g$（$v$ 和 μ 为常数，$\boldsymbol{a}$ 和 $\boldsymbol{\beta}$ 为向量），以及 $\nabla\delta(\phi) = \delta'(\phi)\nabla\phi$，则上式变为

$$\mathrm{div}\left(vg\delta(\phi) \frac{\nabla\phi}{\mid \nabla\phi \mid} + \mu(\mid \nabla\phi \mid - 1) \frac{\nabla\phi}{\mid \nabla\phi \mid} \right)$$

$$= v\delta(\phi)\mathrm{div}\left(g \frac{\nabla\phi}{\mid \nabla\phi \mid} \right) + vg \frac{\nabla\phi}{\mid \nabla\phi \mid} \cdot \nabla\delta(\phi) + \mu\mathrm{div}(\nabla\phi) - \mu\mathrm{div}\left(\frac{\nabla\phi}{\mid \nabla\phi \mid} \right)$$

$$= v\delta(\phi)\mathrm{div}\left(g \frac{\nabla\phi}{\mid \nabla\phi \mid} \right) + vg\delta'(\phi) \mid \nabla\phi \mid + \mu\mathrm{div}(\nabla\phi) - \mu\mathrm{div}\left(\frac{\nabla\phi}{\mid \nabla\phi \mid} \right)$$

$$(4-64)$$

将中间计算结果式(4 – 63)和式(4 – 64)代入式(4 – 62),欧拉 – 拉格朗日方程为

$$\delta(\phi)\left[\lambda_1(e_1 - e_2) - \lambda_2(\eta_1 - \eta_2)\right] - \upsilon\delta(\phi)\mathrm{div}\left(g\,\frac{\nabla\phi}{|\nabla\phi|}\right) -$$

$$\mu\mathrm{div}(\nabla\phi) + \mu\mathrm{div}\left(\frac{\nabla\phi}{|\nabla\phi|}\right) = 0 \tag{4 – 65}$$

根据梯度下降流法,欧拉 – 拉格朗日方程的解函数随时间而变化,并且满足使能量泛函呈现下降趋势。梯度下降流法解上述方程的具体方法为:设时间为 t,当 $t \to \infty$ 时,ϕ 应当稳定,从而 $\partial\phi/\partial t \to 0$。于是令 $\partial\phi/\partial t$ 等于式(4 – 65)的负值,由此得到水平集函数 ϕ 表示的基于局部离散度活动轮廓模型的演化方程为

$$\frac{\partial\phi}{\partial t} = \delta(\phi)\left[-\lambda_1(e_1 - e_2) + \lambda_2(\eta_1 - \eta_2) + \upsilon\mathrm{div}\left(g\,\frac{\nabla\phi}{|\nabla\phi|}\right)\right] +$$

$$\mu\left[\mathrm{div}(\nabla\phi) - \mathrm{div}\left(\frac{\nabla\phi}{|\nabla\phi|}\right)\right] \tag{4 – 66}$$

式中:e_i 和 η_i 分别为

$$\begin{cases} e_i(\boldsymbol{x}) = \displaystyle\int_\Omega K_\sigma(\boldsymbol{y} - \boldsymbol{x})\,|I(\boldsymbol{x}) - c_i(\boldsymbol{y})|^2\mathrm{d}\boldsymbol{y}, & i = 1,2 \\[2mm] \eta_i(\boldsymbol{x}) = \displaystyle\int_\Omega K_\sigma(\boldsymbol{y} - \boldsymbol{x})\,|c_i(\boldsymbol{y}) - c(\boldsymbol{y})|^2\mathrm{d}\boldsymbol{y}, & i = 1,2 \end{cases} \tag{4 – 67}$$

固定水平集函数 ϕ,对 $c_1(\boldsymbol{x})$、$c_2(\boldsymbol{x})$ 和 $c_0(\boldsymbol{x})$ 求能量泛函的最小值。使用变分法,得到欧拉 – 拉格朗日方程为

$$\begin{cases} \displaystyle\int_\Omega K_\sigma(\boldsymbol{x} - \boldsymbol{y})(I(\boldsymbol{y}) - c_i(\boldsymbol{x}))M_i(\phi(\boldsymbol{y}))\mathrm{d}\boldsymbol{y} = 0, & i = 1,2 \\[2mm] \displaystyle\sum_{i=1}^{2}\int_\Omega K_\sigma(\boldsymbol{x} - \boldsymbol{y})(c_i(\boldsymbol{x}) - c_0(\boldsymbol{x}))M_i(\phi(\boldsymbol{y}))\mathrm{d}\boldsymbol{y} = 0 \end{cases} \tag{4 – 68}$$

从式(4 – 68)可得,基于局部区域的两类均值 $c_1(\boldsymbol{x})$ 和 $c_2(\boldsymbol{x})$,整体均值 $c_0(\boldsymbol{x})$ 分别为

$$c_i(\boldsymbol{x}) = \frac{\displaystyle\int_\Omega K_\sigma(\boldsymbol{x} - \boldsymbol{y})M_i(\phi(\boldsymbol{y}))I(\boldsymbol{y})\mathrm{d}\boldsymbol{y}}{\displaystyle\int_\Omega K_\sigma(\boldsymbol{x} - \boldsymbol{y})M_i(\phi(\boldsymbol{y}))\mathrm{d}\boldsymbol{y}}, \quad c_0(\boldsymbol{x}) = \frac{\displaystyle\int_\Omega K_\sigma(\boldsymbol{x} - \boldsymbol{y})I(\boldsymbol{y})\mathrm{d}\boldsymbol{y}}{\displaystyle\int_\Omega K_\sigma(\boldsymbol{x} - \boldsymbol{y})\mathrm{d}\boldsymbol{y}}$$

$$\tag{4 – 69}$$

在实际的数值计算中,采用光滑正则化形式的 Heaviside 函数和 Dirac 函数为

$$H_\varepsilon(\phi) = \frac{1}{2}\left(1 + \frac{2}{\pi}\arctan\frac{\phi}{\varepsilon}\right), \quad \delta_\varepsilon(\phi) = \frac{\mathrm{d}H_\varepsilon(\phi)}{\mathrm{d}\phi} = \frac{1}{\pi}\frac{\varepsilon}{\varepsilon^2 + \phi^2} \qquad (4-70)$$

参数 ε 确定了正则化 Dirac 函数的有效宽度。

对式(4-66)求解,采用有限差分方法。空间差分采用简单的中心差分,而不采用迎风有限差分(Upwind Finite Difference)格式近似,时间差分仍采用常规的前向差分格式近似。

4.3.3　实验及结果分析

为验证本节模型算法的有效性,采用强度非均匀的合成图像和真实图像进行实验分析,与 C-V 模型、RSF 模型算法进行比较。实验环境:CPU 为 Intel(R)Core i5 2.6GHz,4GB 内存,实验软件为 Matlab R2010a。

实验中水平集函数 ϕ 的收敛条件是[61]:集合 A 和 B 间的 Hausdorff 距离 $H(A,B) \le h$,其中,A 和 B 分别是演化过程中相邻两次零水平集 ϕ^k 和 ϕ^{k+1},h 为空间迭代步长,设 $h=1$。$H(A,B) = \max(h(A,B),h(B,A))$,其中,$h(A,B) = \max\limits_{a \in A}\min\limits_{b \in B}\|a-b\|$ 表示 A 到 B 的有向 Hausdorff 距离,$h(B,A) = \max\limits_{b \in B}\min\limits_{a \in A}\|a-b\|$ 表示 B 到 A 的有向 Hausdorff 距离。

实验 1 采用合成图和 X 射线血管图等 3 幅质量相近的图像[72-73],针对不同图像各算法的参数设定不变。本节模型算法参数设置为:$\lambda_1 = \lambda_2 = 1$,$\mu = 1$,$\nu = 0.002 \times 255 \times 255$,时间步长 $\Delta t = 0.1$,核函数尺度参数 $\sigma = 3$[72]。为提高计算效率,将高斯核函数 K_σ 简化为 $w \times w(w \ge 4\sigma)$ 卷积模板,实验取 $w = 12$;RSF 模型的参数设置为:$\lambda_1 = \lambda_2 = 1$,$\mu = 1$,$\nu = 0.002 \times 255 \times 255$,$\sigma = 3$,$\Delta t = 0.1$;C-V 模型参数为:$\lambda_1 = \lambda_2 = 1$,$\mu = 1$,$\nu = 0.002 \times 255 \times 255$,$\Delta t = 0.1$;参数 $\varepsilon = 1$,边缘指示函数的比例常数 $k = 0.1$[206],三类算法均采用边缘指示函数加权的轮廓线长度。其中,3 类算法的共有参数设定相同。

实验 1 结果如图 4-2 所示。图 4-2 第 1 行为噪声明显的合成图像实验,图像尺寸为 79 像素 × 75 像素,第 2 行和第 3 行为 X 射线血管图像实验,图像尺寸分别为 104 像素 × 127 像素、111 像素 × 110 像素,3 幅图像都是典型的强度非均匀图像。图 4-2(a)为原图像,图中红色矩形边界为初始水平集对应的轮廓线,图 4-2(b)为 C-V 模型算法分割结果,图 4-2(c)为 RSF 模型算法分割结果,图 4-2(d)为本节算法分割结果。可以看出,本节算法在相同的参数设置条件下对 3 幅图像得到了满意的分割结果。C-V 模型对 3 幅图像分割都无法获得好的结果,究其原因是 C-V 模型利用同质区域的全局信息,要求目标和背景两个区域是同质的,或灰度值变化小,所以不适合强度非均匀图像分割。RSF 模型对合成图像和第 2 行血管图像得到了好的分割结果,与本节算法效果相近,但对第 2 幅血管图像分割失败,这是因为 RSF 模型对参数设置要求高,导致相同参数条件下,无法同时实现对相似的两幅血管图像正确分割。而本节算法在相同参数条件下实现了正确分割,具有较好的适应性。

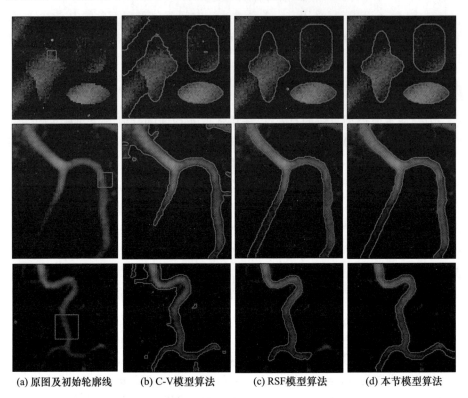

　　(a) 原图及初始轮廓线　　(b) C-V模型算法　　(c) RSF模型算法　　(d) 本节模型算法

图 4 - 2　强度非均匀图像分割实验(见彩插)

　　实验 2 采用 SAR 遥感图像,3 类算法的共有参数设定相同,其中,$\sigma = 15$,$\mu = 2$,$\upsilon = 2000$,其他各参数同实验 1。实验 2 结果如图 4 - 3 所示,图 4 - 3(a)为遥感图像及初始水平集对应的轮廓线,图像尺寸为 125 像素 ×200 像素,图中存在明显的强度非均匀现象,如右侧水陆交界处。C - V 模型无法实现正确的水陆分割,RSF 模型分割效果远优于 C - V 模型,但本节模型算法分割效果最好,如图 4 - 3(c)中矩形框内水陆交界处所示,RSF 模型的处理效果不如本节算法。

　　3 种算法的处理时间和迭代次数如表 4 - 1 所列,可以看出本节模型算法在两项指标上均优于 RSF 模型算法。与 RSF 模型相比,本节模型增加了局部类间距离这一能量项,即增强了曲线演化的动力,从而加快了演化速度,减少了迭代次数,使得本节算法能够更快地收敛到期望边界。与 RSF 模型相比,本节算法

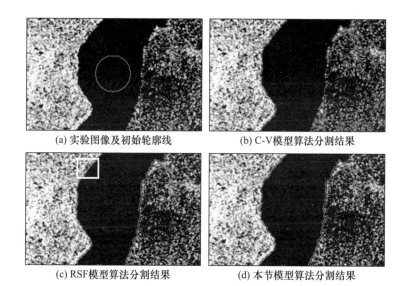

(a) 实验图像及初始轮廓线　　　　　(b) C-V模型算法分割结果

(c) RSF模型算法分割结果　　　　　(d) 本节模型算法分割结果

图 4-3　遥感图像分割实验(见彩插)

在迭代处理中需要计算类间距离能量项,在增加计算量的前提下,运行时间仍优于 RSF 模型。并且在相同的参数设置条件下 3 幅图像分割都获得了满意结果,表明本节算法适应于强度非均匀图像的分割。

表 4-1　分割结果定量化比较

实验图像	C-V 模型		RSF 模型		本节模型	
	处理时间/s	迭代次数/次	处理时间/s	迭代次数/次	处理时间/s	迭代次数/次
第 1 行图像	1.422	130	4.484	445	3.063	271
第 2 行图像	7.233	510	10.015	718	7.959	501
第 3 行图像	4.672	315	10.118	715	7.191	485
遥感图像	33.296	1600	89.219	801	70.029	440

4.4　基于混合模型的多尺度水平集 SAR 图像水体分割

　　基于遥感图像的水体提取可用于水资源调查、洪涝灾害监测等,另外港口检测和海面目标检测等都需要准确地提取水体或检测海岸线作为辅助条件。通常水体在 SAR 图像表现为弱后向散射,与周边陆地具有较大差异。但受 SAR 成像系统固有相干斑噪声和海浪等因素的影响,水体的灰度值起伏变化,这使得它与陆地的对比度下降,导致水体的提取变得复杂。

　　水体提取实际上是一个对水体和陆地的分割问题,常采用区域类分割算法。区域类方法利用区域内灰度等特征的相似性,包括阈值化分割、区域生长及各种推广方法,此类方法的关键是阈值的选择。Otsu 等区域类算法在水陆分割中得到了广泛应用[87,207],但高分辨率 SAR 图像的相干斑噪声严重,该类算法难以直接使用。近几年,活动轮廓模型分割算法被广泛研究用于遥感图像水体提取[85,87]。

基于图像中边缘具有较高梯度模值的先验信息,边缘类活动轮廓模型利用基于梯度的边缘指示函数,使得曲线演化收敛到梯度较大值处,但该类算法没有利用区域信息,存在无法检测内部边缘和边缘定位不准等不足。另外,GAC类模型的边缘指示函数采用光学图像梯度算子计算的梯度模值,在加性噪声条件下,通过高斯卷积滤波便可以消除噪声影响,得到好的边缘指示函数。但SAR 图像受乘性噪声干扰,基于常规边缘信息的活动轮廓模型算法难以获得好的分割结果。通常图像中的相同物体具有相似的灰度特性,区域信息类活动轮廓模型在类内距离最小准则驱动下,使得曲线演化收敛到两个同质区域的边界处,该类算法具有对初始轮廓不敏感的优点,但易受噪声的影响使得同一区域被分割为许多个连通区,不适合直接用于相干斑噪声严重的高分辨率 SAR图像。

针对两类模型的不足,本节设计了结合 SAR 边缘信息与区域信息的混合活动轮廓模型,采用多尺度水平集方法,实现高分辨率 SAR 图像水体提取。为减小相干斑噪声对边缘信息提取的影响,在计算边缘指示函数时,采用 ROEWA算子计算的边缘强度代替差分梯度的模值[85-86]。综合利用 SAR 边缘指示函数加权的轮廓线长度和区域信息构建能量函数。为演化求解时水平集函数保持符号距离函数的特性,引入距离正则项,避免周期性初始化问题。为解决基于活动轮廓模型的水平集分割算法收敛速度慢的缺点,采用多尺度处理方法,加快曲线演化收敛到水体和陆地间的边界。

4.4.1 基于混合模型的水平集分割

SAR 图像受相干斑噪声影响,目标和背景区域不再是理想的同质区域,灰度值的动态范围增大,仅仅利用基于区域信息的经典 C‒V 模型无法得到好的分割结果[61]。在水体检测问题中,水体和相邻陆地的雷达后向散射特性不同,SAR 图像中两者对比虽远不及光学遥感图像,但仍然具有较明显的边缘信息。基于多边缘模型的 ROEWA 算子[52],具有恒虚警特性,虚假边缘少,适用于实测SAR 图像的边缘检测。ROEWA‒GAC 模型[86]在基于边缘信息的经典 GAC 模型基础上,采用 SAR 图像边缘检测 ROEWA 算子计算的边缘强度代替差分梯度的模。ROEWA‒GAC 模型对 SAR 图像的分割效果远优于常规 GAC 模型,但仍存在基于边缘的活动轮廓模型无法检测内部边缘、边缘定位不准和对初始轮廓敏感等固有缺点。更重要的是,为增强曲线演化的动力,ROEWA – GAC 模型增加了"气球力项",但其加权系数不好设定,需要因图而定。当加权系数取值大时,演化速度快,轮廓线可能越过真实的边界,无法获得好的结果;当取值小时,演化速度慢,轮廓线将无法到达真实的边界。

1. 基于 SAR 边缘和区域信息的混合模型

综合利用 ROEWA 算子良好的 SAR 图像边缘检测性能以及区域内相似性信息,基于 SAR 边缘信息与区域信息的混合模型能量泛函定义为

$$E_g(C) = \mu \int_0^{L(C)} g(\boldsymbol{r}_{\max}) \mathrm{d}s + \lambda_1 \int_{\Omega_{\mathrm{in}}} (I(x,y) - c_1)^2 \mathrm{d}x\mathrm{d}y +$$

$$\lambda_2 \int_{\Omega_{\mathrm{out}}} (I(x,y) - c_2)^2 \mathrm{d}x\mathrm{d}y \tag{4-71}$$

式中:$I(x,y)$ 为定义在二维图像域 Ω 的图像函数;针对两类分类问题,闭合轮廓线 C 将图像分割为目标和背景两类区域,分别用 Ω_{in} 和 Ω_{out} 表示,两个区域的灰度均值分别为 c_1 和 c_2;$L(C)$ 为轮廓线 C 的长度;$|\boldsymbol{r}_{\max}|$ 为 ROEWA 算子计算得到的边缘强度;g 为基于梯度的边缘指示函数;s 为弧长变量;μ、λ_1、λ_2 分别为各个能量项的加权系数。边缘指示函数为

$$g(\boldsymbol{r}_{\max}) = \frac{1}{1 + \left(\dfrac{|\boldsymbol{r}_{\max}|}{k} \right)^2} \tag{4-72}$$

式中:k 为比例常数。边缘指示函数 $g(\boldsymbol{r}_{\max})$ 为单调递减函数,其取值为 $[0,1]$,在目标和背景边界处,$|\boldsymbol{r}_{\max}|$ 取值最大,$g(\boldsymbol{r}_{\max})$ 取值趋向于 0。最小化能量函数,则曲线演化趋向于 $g(\boldsymbol{r}_{\max})$ 接近于 0 的地方,即趋向收敛到目标和背景的边界。

在式(4-71)表示的能量函数中,第 1 项表示 ROEWA 边缘指示函数加权的边界长度,第 2 项和第 3 项分别表示目标类和背景类的误差平方和,用于衡量区域内的一致性。演化过程中若曲线到达目标和背景的边界时,ROEWA 边缘指示函数的值接近 0,则第 1 项也接近 0,两类的类内一致性最好,即误差平方和达到最小。因此,最小化式(4-71)表示的能量泛函的过程,就是寻找目标和背景区域最佳分割的过程。

2. 混合模型的水平集表示

为解决轮廓线的拓扑结构变化,引入水平集函数 ϕ,使得

$$\begin{cases} \phi(x,y) > 0, (x,y) \in \Omega_{\mathrm{in}} \\ \phi(x,y) < 0, (x,y) \in \Omega_{\mathrm{out}} \\ \phi(x,y) = 0, (x,y) \in C \end{cases}$$

曲线的演化使得水平集随之演化,任意时刻 $\phi(t,x,y)=0$ 的零水平集就确定了当前的轮廓线。

利用水平集函数 ϕ 表示的基于 SAR 边缘信息与区域信息混合模型能量泛函为

$$E_g(\phi) = \mu \int_\Omega g\delta(\phi) \mid \nabla\phi \mid \mathrm{d}x\mathrm{d}y + \lambda_1 \int_\Omega (I(x,y) - c_1)^2 H(\phi)\mathrm{d}x\mathrm{d}y +$$

$$\lambda_2 \int_\Omega (I(x,y) - c_2)^2 (1 - H(\phi))\mathrm{d}x\mathrm{d}y \qquad (4-73)$$

式中:$\nabla\phi$ 表示水平集函数 ϕ 的梯度;$\mid\nabla\phi\mid$ 表示梯度的模;$H(\phi)$ 为 Heaviside 函数,有

$$H(\phi) = \begin{cases} 1, \phi \geqslant 0 \\ 0, \phi < 0 \end{cases}, \quad \delta = \frac{\mathrm{d}H(\phi)}{\mathrm{d}\phi} \qquad (4-74)$$

3. 水平集函数的初始化和更新

利用初始轮廓将水平集函数初始化为符号距离函数,并在能量函数中加入水平集函数惩罚项,避免周期性初始化问题。距离正则项为[206]

$$R_p(\phi) = \int_\Omega p(\mid\nabla\phi\mid)\mathrm{d}x\mathrm{d}y \qquad (4-75)$$

式中:势能函数 p 定义为

$$p(s) = \begin{cases} \dfrac{1}{(2\pi)^2}(1 - \cos(2\pi s)), & s \leqslant 1 \\ \dfrac{1}{2}(s-1)^2, & s > 1 \end{cases} \qquad (4-76)$$

从式(4-76)可以看出,势函数在 $s=0$ 和 $s=1$ 处有两个最小值点,该势函数叫做双阱势,距离正则项又称为双阱势惩罚项。将距离正则项作为能量函数中的惩罚项,则在水平集演化的过程中,距离正则项能使零水平集附近的水平集函数保持为符号距离函数,从而避免周期性初始化的问题。

引入距离正则项后,水平集函数 ϕ 表示的混合模型能量泛函为

$$E(\phi) = E_g(\phi) + mR_p(\phi) = E_g(\phi) + m\int_\Omega p(\mid\nabla\phi\mid)\mathrm{d}x\mathrm{d}y \qquad (4-77)$$

4. 演化方程

令

$$F(\phi) = \mu g\delta(\phi) \mid\nabla\phi\mid + \lambda_1 (I(x,y) - c_1)^2 H(\phi) +$$

$$\lambda_2 (I(x,y) - c_2)^2 (1 - H(\phi)) + mp(\mid\nabla\phi\mid) \qquad (4-78)$$

固定 c_1 和 c_2,对水平集函数 ϕ 求能量泛函的最小值。欧拉-拉格朗日方程为

$$F_\phi - \frac{\partial}{\partial x} F_{\phi_x} - \frac{\partial}{\partial y} F_{\phi_y} = 0 \qquad (4-79)$$

计算可得

$$F_\phi = \mu g \delta'(\phi) |\nabla\phi| + \lambda_1 (I(x,y) - c_1)^2 \delta(\phi) - \lambda_2 (I(x,y) - c_2)^2 \delta(\phi)$$
$$(4-80)$$

$$F_{\phi_x} = \mu g \delta(\phi) \frac{\phi_x}{|\nabla\phi|} + m p'(|\nabla\phi|) \frac{\phi_x}{|\nabla\phi|}, \quad F_{\phi_y} = \mu g \delta(\phi) \frac{\phi_y}{|\nabla\phi|} + m p'(|\nabla\phi|) \frac{\phi_y}{|\nabla\phi|}$$
$$(4-81)$$

则有

$$\frac{\partial}{\partial x} F_{\phi_x} + \frac{\partial}{\partial y} F_{\phi_y} = \mu \mathrm{div}\left(g\delta(\phi) \frac{\nabla\phi}{|\nabla\phi|}\right) + m \mathrm{div}\left(p'(|\nabla\phi|) \frac{\nabla\phi}{|\nabla\phi|}\right) \qquad (4-82)$$

由散度的性质,$\mathrm{div}(g\boldsymbol{a}) = g\mathrm{div}(\boldsymbol{a}) + \boldsymbol{a} \cdot \nabla g$($\boldsymbol{a}$ 为一向量),则式(4-82)等号右边第 1 项变为

$$\mathrm{div}\left(g\delta(\phi) \frac{\nabla\phi}{|\nabla\phi|}\right) = \delta(\phi)\mathrm{div}\left(g \frac{\nabla\phi}{|\nabla\phi|}\right) + g \frac{\nabla\phi}{|\nabla\phi|} \cdot \nabla\delta(\phi)$$

$$= \delta(\phi)\mathrm{div}\left(g \frac{\nabla\phi}{|\nabla\phi|}\right) + g \frac{\nabla\phi}{|\nabla\phi|} \cdot \delta'(\phi)\nabla\phi$$

$$= \delta(\phi)\mathrm{div}\left(g \frac{\nabla\phi}{|\nabla\phi|}\right) + g\delta'(\phi)|\nabla\phi| \qquad (4-83)$$

中间计算结果代入欧拉 - 拉格朗日方程为

$$\lambda_1 (I(x,y) - c_1)^2 \delta(\phi) - \lambda_2 (I(x,y) - c_2)^2 \delta(\phi) -$$
$$\mu\delta(\phi)\mathrm{div}\left(g \frac{\nabla\phi}{|\nabla\phi|}\right) - m\mathrm{div}\left(p'(|\nabla\phi|) \frac{\nabla\phi}{|\nabla\phi|}\right) = 0 \qquad (4-84)$$

根据梯度下降流法,欧拉 - 拉格朗日方程的解函数随时间而变化,并且满足使能量泛函呈现下降趋势。梯度下降流法解上述方程的具体方法为:设时间为 t,当 $t\to\infty$ 时,ϕ 应当稳定,从而 $\partial\phi/\partial t\to 0$。于是令 $\partial\phi/\partial t$ 等于上式的负值,由此得到水平集函数表示的混合模型式(4-77)的演化方程,即

$$\frac{\partial\phi}{\partial t} = \delta(\phi)\left[\mu\mathrm{div}\left(g \frac{\nabla\phi}{|\nabla\phi|}\right) - \lambda_1 (I - c_1)^2 + \lambda_2 (I - c_2)^2\right] + m\mathrm{div}\left(p'(|\nabla\phi|) \frac{\nabla\phi}{|\nabla\phi|}\right)$$
$$(4-85)$$

初始条件为 $\phi(0,x,y) = \phi_0(x,y)$。

固定水平集函数 ϕ,对 c_1 和 c_2 求能量泛函的最小值,可得

$$c_1 = \frac{\int_\Omega I(x,y) H(\phi)\,\mathrm{d}x\mathrm{d}y}{\int_\Omega H(\phi)\,\mathrm{d}x\mathrm{d}y}, c_2 = \frac{\int_\Omega I(x,y)(1 - H(\phi))\,\mathrm{d}x\mathrm{d}y}{\int_\Omega (1 - H(\phi))\,\mathrm{d}x\mathrm{d}y} \quad (4-86)$$

在实际应用的数值计算中,采用光滑正则化形式的 Heaviside 函数和 Dirac 函数,即

$$\begin{cases} H_\varepsilon(\phi) = \frac{1}{2}\Big[1 + \frac{2}{\pi}\arctan\Big(\frac{\phi}{\varepsilon}\Big)\Big] \\ \delta_\varepsilon(\phi) = \frac{\mathrm{d}H_\varepsilon(\phi)}{\mathrm{d}\phi} = \frac{1}{\pi}\frac{\varepsilon}{\varepsilon^2 + \phi^2} \end{cases} \quad (4-87)$$

参数 ε 确定了正则化 Dirac 函数的有效宽度。

对式(4-85)求解,采用有限差分方法。空间差分采用简单的中心差分,时间差分仍采用常规的前向差分格式近似。

4.4.2 多尺度水平集分割

基于水平集的活动轮廓模型分割方法,收敛速度较慢,存在固有的效率低下等缺点。针对此类问题,一种解决方法是利用 Otsu、FCM 等分割算法对 SAR 图像粗分割,利用粗分割结果提取初始轮廓线,再进行水平集精细分割[83-84,87-88],从而加快曲线演化进程。但 Otsu 等简单分割算法不适合于受相干斑噪声影响的高分辨率 SAR 图像分割,无法获取较好的初始轮廓线。

针对 SAR 遥感图像分割,为提高运算效率,本节采用多尺度的水平集分割方法。基本思想是:利用金字塔分解等下采样方法,将原始 SAR 图像分解为 L 个不同尺度的图像,在最低分辨率图像上利用本节算法实现分割,将该分割结果上采样作为上一级分辨率图像分割的初始值,再对该级图像采用本节算法分割,依次处理,直到完成最上一级即原始图像分割。算法的具体步骤如下。

(1)确定多尺度分解的层数 L,利用原始 SAR 图像生成各尺度图像;为提高运算效率,多尺度分解下采样和上采样均采用简单的双三次插值法。

(2)针对最低分辨率图像,即尺度 $k(k=L)$ 的图像,设定初始轮廓线,将水平集函数 ϕ 初始化为符号距离函数。

(3)针对当前尺度 k 图像,利用 ROEWA 算子计算边缘强度,根据式(4-72)计算边缘指示函数。

(4)根据演化方程式(4-85)更新水平集函数,获得当前尺度图像的分割结果。

(5)尺度 $k = k - 1$,上采样上一步获得的分割图像,作为当前尺度 k 图像水平集分割的初始值。

（6）重复步骤（3）和步骤（4），直到完成对原始图像的分割。

4.4.3　实验及结果分析

为验证本节新算法的有效性，采用实测 SAR 图像进行实验分析，与 C – V 模型、ROEWA – GAC 模型进行比较。

实验环境：CPU 为 Intel（R）Core i5 2.6GHz，4GB 内存，实验软件为 Matlab R2010a。实验中，本书算法参数设置：$\mu = 1, \lambda_1 = \lambda_2 = 0.1, m = 0.1$，时间步长 $\Delta t = 2$；C – V 模型参数设置：$\mu = 1, \lambda_1 = \lambda_2 = 0.1$，时间步长 $\Delta t = 2$；ROEWA – GAC 模型参数设置：$\mu = 1, m = 0.01$，时间步长 $\Delta t = 5$，气球力项加权系数 α 的取值需根据具体图像调节；边缘指示函数的比例常数 $k = 0.1$；参数 $\varepsilon = 1.5$[61,206]。

1. 分割质量与时间分析

实验 1：采用 TerraSAR – X 卫星高分辨率 SAR 图像，数据为条带模式 HH 极化 GEC 级产品，方位向和距离向的像素间隔为 1.25m × 1.25m，图像尺寸为 500 像素 × 400 像素，图中包含水体和陆地两类地物，具体如图 4 – 4（a）所示。图 4 – 4（a）为未经过滤波处理的原始 SAR 图像，尺寸相对较小，本节算法的多尺度分解层数选择 1。为使 3 种算法的运算效率具有可比性，实验中 C – V 模型分割算法和 ROEWA – GAC 模型分割算法也采用多尺度方法，分解层数同本节算法。

图 4 – 4（b）为最粗尺度图像，图中圆圈为初始轮廓线。图 4 – 4（c）中线条为本节算法获得的最终轮廓线，图 4 – 4（d）为本节算法分割结果，白色部分为水体，黑色部分为陆地，取得了好的分割效果。图 4 – 4（e）和图 4 – 4（f）为多尺度 C – V 模型算法分割结果，可以看出分割效果较差。图 4 – 4（g）和图 4 – 4（h）为多尺度 ROEWA – GAC 模型算法分割结果，"气球力"项加权系数 $\alpha = -0.225$，可以看出在水体的右上部分轮廓线越过了真实的边界，出现了分割错误。

实验 2：采用 TerraSAR – X 卫星 SAR 图像，数据为条带模式 HH 极化 GEC 级产品，方位向和距离向的像素间隔为 2.75m × 2.75m，图像尺寸为 1900 像素 × 2000 像素，具体如图 4 –5（a）所示。3 种算法的多尺度分解层数选择 2。多尺度 ROEWA – GAC 模型算法中气球力项加权系数 $\alpha = -0.15$，从图 4 –5（g）和图 4 –5（h）可以看出，在水体的左上和右上部分轮廓线无法到达真实边界，而在水体的右下部分轮廓线已经越过了真实边界。

实验 3：采用模拟 SAR 图像，它由原始无噪图像和均值为 1、视数为 2 的随机伽马噪声相乘获得，图像大小为 402 像素 × 402 像素，具体如图 4 – 6（a）所示。3 种算法的多尺度分解层数选择 1。多尺度 ROEWA – GAC 模型算法中"气球力"项加权系数 $\alpha = -0.15$，从图 4 – 6（g）和图 4 – 6（h）可以看出，轮廓线仅仅收敛在圆环的外边缘，没有到达圆环的内边缘，而在右上区域轮廓线已经

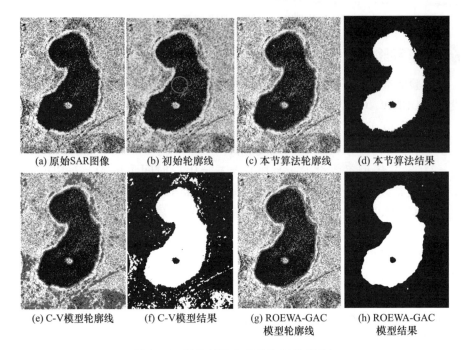

图 4-4   SAR 图像分割实验 1(见彩插)

越过了三角形的真实边界。

从图 4-4 至图 4-6 所示的实验效果,可看出本节算法的分割质量优于
C-V模型分割算法和 ROEWA-GAC 模型分割算法。

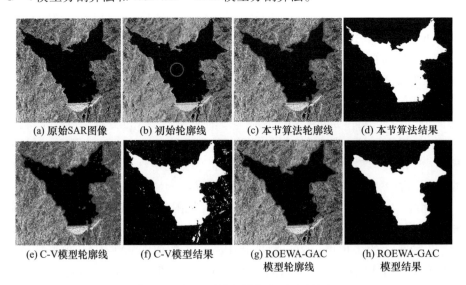

图 4-5   SAR 图像分割实验 2(见彩插)

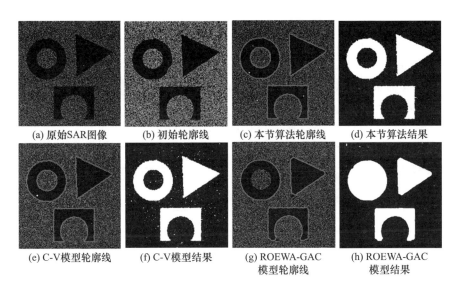

(a) 原始SAR图像　　(b) 初始轮廓线　　(c) 本节算法轮廓线　　(d) 本节算法结果

(e) C-V模型轮廓线　　(f) C-V模型结果　　(g) ROEWA-GAC
模型轮廓线　　(h) ROEWA-GAC
模型结果

图 4-6　SAR 图像分割实验 3(见彩插)

为客观衡量本节算法的水体分割精度,利用 FPR(False Positive Rate) 和
FNR(False Negative Rate) 两类错误率之和,即总错误率(CE)进行定量化分
析[77]。标准分割结果通过繁琐的人眼判读和手工标记获得,FPR 表示标准分
割图中的陆地像素被分割算法划分为水体的错误率,FNR 表示标准分割图中的
水体像素被分割算法漏检的错误率。

图 4-4 和图 4-5 实验的错误率如表 4-2 所列,可以看出本节算法优于
C-V、ROEWA-GAC 算法。在高分辨率 SAR 图像中,相干斑噪声导致陆地中存
在大量的低灰度值小碎块区域,基于像素灰度信息的经典 C-V 模型算法,会将它
们误分割为水体,同时也将水体中的部分噪声像素误分割为陆地。为增强曲线演
化的动力,ROEWA-GAC 模型增加了气球力项,但其加权系数不易设定,当加权
系数取值大时,演化速度快,轮廓线将越过真实的边界,无法获得好的结果,当取
值小时,演化速度慢,轮廓线将无法到达真实的边界。本节算法充分利用 ROEWA
算子边缘信息和区域信息,具有抗细小区域干扰的能力,并且本节算法模型中没
有气球力项,规避了 ROEWA-GAC 模型中气球力项加权系数难以设定的问题。

表 4-2　分割精度对比

测试图像	错误率/% (FPR/FNR/CE)		
	本节方法	C-V 模型	ROEWA-GAC 模型
实验 1 图像	1.82/0.61/2.44	15.16/0.5/15.67	6.15/0.11/6.26
实验 2 图像	0.81/0.43/1.24	5.19/0.63/5.82	0.77/1.62/2.39
实验 3 图像	2/0.83/2.83	3.59/0.83/4.42	12.94/5.63/18.57

图 4 - 4 和图 4 - 5 所示实验的处理时间如表 4 - 3 所列,可以看出本节算法优于多尺度 C - V、多尺度 ROEWA - GAC 算法。当图 4 - 4 所示实验 1 采用常规 C - V 和 ROEWA - GAC 算法时,处理时间分别为 520.691s、744.351s,远大于表 4 - 3 所列的多尺度 C - V、多尺度 ROEWA - GAC 算法时间,可见多尺度处理策略提高了算法的时间效率。

表 4 - 3   时间效率对比

测试图像	分割时间/s		
	本节方法	C - V 模型	ROEWA - GAC 模型
实验 1 图像	44.186	85.489	226.195
实验 2 图像	470.577	546.812	1037.149
实验 3 图像	19.940	124.435	224.968

2. 港口 SAR 图像分割实验

港口 SAR 图像两类分割实验采用 TerraSAR - X 卫星条带模式 HH 极化 GEC 级产品,方位向和距离向的成像分辨率为 3.0m × 3.0m,方位向和距离向的像素间隔为 1.25m × 1.25m,图像尺寸为 2658 像素 × 2061 像素,具体如图 4 - 7 所示。

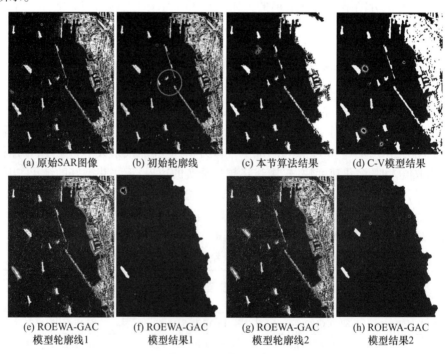

(a) 原始SAR图像   (b) 初始轮廓线   (c) 本节算法结果   (d) C-V模型结果

(e) ROEWA-GAC   (f) ROEWA-GAC   (g) ROEWA-GAC   (h) ROEWA-GAC
模型轮廓线1   模型结果1   模型轮廓线2   模型结果2

图 4 - 7   港口 SAR 图像两类分割实验(见彩插)

　　3 种算法的多尺度分解层数选择 3。从图 4 - 7 可以看出,本节算法取得了较好的分割结果,多尺度 C - V 模型算法分割结果相对较差。图 4 - 7(e) 和图 4 -7(g)显示了多尺度 ROEWA - GAC 模型算法在不同气球力项加权系数下得到的轮廓线,在图像右上角轮廓线还没有收敛到水陆真实边界,但在水面上轮廓曲线已经穿越了绝大部分船舶的边界。

　　采用 Cosmo - Skymed 卫星 SAR 图像进行多类分割实验,数据为 HH 极化 GEC 级产品,方位向和距离向的像素间隔为 2.5m × 2.5m,图像尺寸为 740 像素 ×984 像素,具体如图 4 -8 所示。图中包含水体、弱后向散射陆地和强后向散射陆地 3 类地物,本节算法采用包含两个水平集函数的模型,两个水平集的初始轮廓线为小圆,多尺度分解层数选择 2。

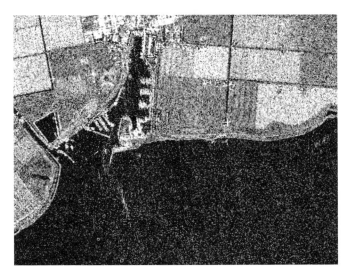

图 4 -8　多类分割 SAR 图像

　　图 4 -8 的多类分割实验结果如图 4 -9 所示。为验证算法的鲁棒性,实验采用了两种不同位置的初始轮廓。如图 4 -9(a)所示,第 1 种设置是两个水平集的初始轮廓线分别是一个圆,一个全部在陆地,另一个布置在水陆交界处;第 2 种设置改变了圆的位置,一个在陆地,另一个在水域。由图 4 -9(b)可知,虽然初始轮廓线的位置不同,但最终的分割结果基本一致,图像中的地物被正确分割为 3 类,本节算法都较好地提取出了水体。实验说明,本节算法对初始轮廓线不敏感,具有较好的鲁棒性。分析原因是,本节算法利用了对初始轮廓线设定要求较低的区域信息模型,同时在能量函数中加入了距离正则项,降低了混合模型对初始轮廓线位置的敏感性。

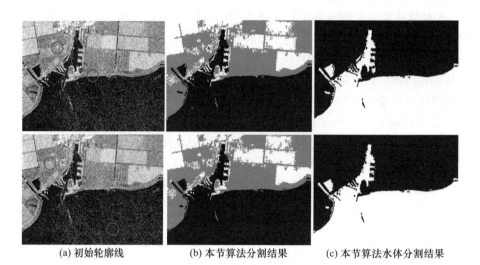

(a) 初始轮廓线   (b) 本节算法分割结果   (c) 本节算法水体分割结果

图 4 − 9   港口 SAR 图像多类分割实验

第五章

高分辨率SAR图像港口目标检测

    港口作为重要军民用设施,对其检测与识别是遥感海洋应用研究的重要内容,可用于海事交通规划与选址、目标定期检查、新建港口目标发现等。港口具有鲜明的上下文和几何特征结构,在现有遥感成像条件下,人眼可以从遥感图像中正确识别出港口。但在中高分辨率条件下,遥感图像图幅巨大,数据海量,人工判读耗时、费力且容易出错,自动化检测是解决问题的有效途径,但利用计算机半自动/自动检测港口目标是一个复杂的课题。

    SAR 遥感图像的港口目标检测方法主要包括岸线封闭性检验和突堤检测两类。岸线封闭性检验类方法[108-111]对尺寸小且海岸线简单的图像具有较好的效果,但对于图像尺寸大或水陆分界海岸线复杂的情况效果并不理想[113]。突堤检测类方法[99-100,112-113]一般包括突堤检测和突堤合并两个步骤。由于仅采用横向和纵向扫描结果取交集的方法实现突堤检测,提取的突堤结构不完整,导致接近横向和纵向布置的突堤被漏检。另外,由于港口目标大小的不确定性、港口几何形状的多样性,使得突堤合并时的距离阈值不易设定。综合利用岸线封闭性检验法和防波堤检测法的优点,文献[113]提出了基于特征的粗、精两级港口检测法。第 1 级粗精度港口检测仍然采用的是横、纵向扫描交集法和聚类合并法,存在与突堤检测类方法相同的不足。针对上述问题,本章旨在设计完备的检测法以获取完整突堤,并设计合理的鉴别方法,实现港口的高效检测与鉴别。

    本章对港口目标进行了分析,介绍了港口目标基本知识,重点介绍了防波堤和码头,并分析了港口结构及其微波散射特性。接下来介绍了港口检测经典方法——突堤检测类方法、岸线封闭性检验类方法,以及结合两者优点的方法。给出一种利用先验约束的 SAR 遥感图像港口检测与鉴别方法。首先利用港内水域半封闭性的特点,定义水域被陆地包围的封闭性测度提取港内水体,使用多向扫描法检测突堤,结合两者结果实现港口区域粗提取。然后依据港口区域的最小外接矩形,判定口门方向和突堤代表点,最后根据突堤代表点间海岸线的封闭性测度完成港口鉴别。进一步,研究了基于口门边界线的复杂场景港口检测与鉴别方法,可实现密集分布港口、多口门港口检测。

5.1 港口目标分析

5.1.1 港口目标知识

现代交通运输系统包括铁路、公路、航空、水路等方式。港口是水路联运的交通枢纽,位于河流、湖泊和海洋沿岸,供船舶停靠,完成上下乘客和装卸货物等功能。全球在用港口众多,从不同的视角出发,港口可分为不同类别。港口按用途可分为商港(也称贸易港)、军港、渔港、工业港(我国也称为业主码头)、避风港和旅游港等[208]。港口按所在位置可分为海岸港、河口港、河港和运河港等,海岸港位于海岸线、海湾内,典型的海岸港有深圳盐田港、青岛港、大连港、日本东京港等。河口港顾名思义是位于河流入海口或河流下游受潮汐影响的河口段内的港口,世界上很多大港口都是河口港,典型的河口港有我国上海港、荷兰鹿特丹港、美国纽约港、英国伦敦港等。由于紧靠大海,海岸港和河口港经常被统称为海港。港口按受潮汐的影响可分为开敞港、闭合港、混合港等。开敞港的港内水域和港外水域连为一体,其港内水位潮汐变化与港外同步。闭合港利用闸门将港内水域与港外水域隔开,使港内水位不受港外潮汐变化影响,保证在低潮时港内仍有足够水深。混合港则是既有开敞港池,又有闭合港池。港口按在经济和社会发展中的地位可分为国际性港口、国家性港口、地区性港口等。

尽管港口类型众多,形态各异,但也有共性之处,它们均由港口水域、码头和陆地区域设施等组成。港口水域通常由锚地、进港航道、船舶掉头水域和港池等水域组成,还包括防波堤、导航设备等人工设施[208]。锚地水域用于船只锚泊、装卸货物(港内锚地),等待检查或等候港内码头泊位(港外锚地),要求有天然掩护物或人工建筑物阻挡风浪。进出港航道用于船只进出港口,要求有足够的水深和宽度、适当的方向和弯道曲率半径以保证航行安全和便捷。船舶掉头水域又称为船舶回旋水域,用于船舶入港和离港时的掉头。港池又称为码头前水域,用于船舶停靠。

外堤通常包括防波堤、防沙堤和导流堤,其中防沙堤也兼具防波功能,导流堤的功能是束水导流、维持航道和口门水深,通常将外堤统称为防波堤[208]。防波堤为港口水域外侧的水工建筑物,用于围挡足够大的水域,防御外海波浪的侵袭,为船舶停靠与作业提供平稳的水面条件,同时阻止泥沙和冰凌侵入阻塞港口,且堤岸内侧常常兼作码头。以防波堤为界,港口水域又可分为港内水域和港外水域,回旋水域和码头前水域位于港内,即防波堤一侧为港内水域,另一侧为港外水域。防波堤有突堤和岛堤两种类型,从陆地区域突向水体中且一端与陆地相连的称为突堤,处于水体中且两端与陆地都不相连的称为岛堤。防波堤按堤线布置形式可分为单突堤式、双突堤式、岛堤式和混合式,防波堤常由一两道突堤或岛堤组成,或由突堤和岛堤混合组成[113]。通常港口的防波堤相互靠拢,对港内水域形成合围之势,两个防波堤堤头间的水域称为口门。口门布置方式可分为侧向式和正向式等,口门数量可根据具体海洋条件和需要布置为多个,以方便船舶进出。

港口陆地区域是用于货物装卸、存储和转运以及乘客集散用的陆上区域,包括前后方仓库、堆场、装卸机械设备、乘客等候大厅、铁路、道路、运输管道、停车场、修理车间以及其他附属建筑物等。

码头是船舶停靠、上下乘客和装卸货物的场地,是完成水陆客货转换功能设施组合的总称,是港口生产活动的中心。港内水域和码头陆地区域相交的位置就是码头前沿线,或称码头轮廓线。码头类型众多,从不同的视角出发,可以将码头分为不同类别。码头按前沿线平面布置形式,可分为顺岸式、突堤式、挖入式、岛式布置和栈桥布置等类型。顺岸式布置是指码头前沿线与自然岸线基本平行的模式,有时河口港和河港常常将码头前沿线设置为折线以适应河道自然走向,顺岸式布置形式的码头便于船舶停靠。图 5 - 1(a)所示为上海港宝山码头的光学遥感图像,码头为顺岸式布置。在河口港和河港,为减短防波堤伸向水域的长度,以防止占用有限的水面和阻挡原水流形态,常采用顺岸式码头布置。突堤式布置广泛用于海港,其码头由陆地区域突向水域中,码头前沿线与自然岸线构成较大角度,两突堤式码头间为顺岸式码头,突堤码头与顺岸码头成直角布置,有时为斜角布置。图 5 - 1(b)所示为青岛港的光学遥感图像,码头为突堤式斜角布置。挖入式布置是指码头和港池水域是在向自然岸线的陆地内侧开挖而成的布置形式[208]。

(a)顺岸式布置码头(上海港)　　　　　　(b)斜角布置突堤码头(青岛港)

图 5 - 1　典型布置码头遥感图像

图 5 - 2 为位于我国大连湾的大连港东西港区,也称大港区,码头为突堤式直角布置。图 5 - 2(a)为平面结构示意图,图 5 - 2(b)为光学遥感图像。大连港东西港区共有 4 个直角布置的突堤码头、3 个顺岸码头,建设有西阻浪堤、北阻浪堤和东阻浪堤共 3 个防波堤,设有北口和东口两个口门。防波堤与突堤码头间水域为用于船舶掉头的回旋水域,4 个突堤码头间水域为港池。

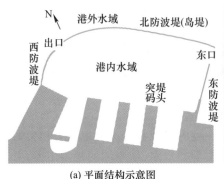

(a) 平面结构示意图   (b) 光学遥感图

图 5 - 2   大连港东西港区图像

5.1.2 港口结构及微波散射特性

依据上节港口知识,通过分析可以得到港口区域各类物体的上下文信息和结构特性如下。

(1)港口位于海洋、河流和陆地交界处,主要由港口外水域、港口内水域和陆地三部分组成。去除港口外水域,港口在结构上表现为由防波堤和码头等陆地建筑物包围港内水域的水陆混合区域。

(2)防波堤突向水体中,一侧为港外水域,另一侧为港内水域,且堤岸内侧常常兼作码头。突堤式码头由陆地区域突向水域,码头两侧均为港内水域,本章将防波堤和突堤式码头两者统称为突堤。突堤的形状呈长条状,具有一定的长宽比,突堤两侧被水域包围。

(3)港口的防波堤相互靠拢,对港内水域形成合围之势,但又相距一定距离,两个防波堤堤头间的水域称为口门,因而港内水域具有较强的封闭性,但未完全封闭。根据具体海洋条件和需要,口门数量可布置为多个以方便船舶进出。

(4)防波堤一般成对出现,加上港口内布置的突堤式码头,一个港口通常应建设有两个以上的突堤。

(5)部分防波堤具有一定的曲率,即不具有好的平直性。

港口区域各类物体微波散射特性如下。

（1）水域的雷达后向散射弱，变化范围相对较小，在 SAR 图像上表现为灰度值较低且面积较大的连通区。

（2）陆地区域既有强后向散射物体，又有弱后向散射物体（如平坦区域等），在 SAR 图像上其取值动态范围较大。

（3）受 SAR 图像固有相干斑噪声影响，海陆边缘出现较多的起伏。

（4）靠港船舶、作业塔吊或起重机等建筑物在 SAR 图像中形成了扩展的强散射结构，受此类结构的遮挡影响，SAR 图像中码头不再具有好的平直性。

图 5 – 3 给出了直布罗陀海峡港口图像，其中，图 5 – 3（a）为光学遥感图像，图 5 – 3（b）为对应地区的 SAR 遥感图像，从 SAR 图像上可以看出该港口区域各类物体的结构特性和微波散射特性符合上述分析。比如，从光学遥感图像可以看出港口的顺岸码头上有作业起重机，相应地，在 SAR 图像上表现为强后向散射，这导致 SAR 图像港口码头岸线不笔直。

(a) 光学遥感图像　　　　　　　　　(b) SAR遥感图像

图 5 – 3　直布罗陀海峡港口遥感图像

5.2　港口检测典型算法

本节介绍适合于 SAR 图像的港口检测方法——突堤检测类方法、岸线封闭性检验类方法，以及综合两者优点的方法。

5.2.1　突堤检测类方法

根据港口突堤的布置，突堤表征为两侧都有水域包围的陆地区域，而非突堤的陆地像素点两侧不会都有水域。为了包围较大面积的水域作为回旋水域和港池等用途，港口防波堤通常具有一定的长度，外形表征为长条状。另外，同一港口的防波堤间相对距离较小。

突堤检测类方法一般包括突堤检测、突堤合并两个步骤。

1. 突堤检测

突堤检测采用横、纵向扫描法,其基本思路如下[112]。

(1)疑似突堤检测。对海陆分割二值图中属于陆地区域的每个像素,横向扫描,检查其左右两侧是否都存在水域,若有,可能为突堤点;进一步,纵向扫描,检查其上下两侧是否均存在水域,若有,可能为突堤点。横纵向扫描结果取交集,即横纵向扫描都可能为突堤点,就将该像素判定为疑似突堤点;否则为其他陆地点。

(2)突堤鉴别。八邻域搜索得到疑似突堤点组成的各连通区,计算各疑似突堤区块的面积和长宽比用于突堤鉴别,去除小面积和不满足长宽比要求的虚假突堤。

假定已知一个突堤连通区的面积为 S,周长为 P。基于突堤为长条状的考虑,计算该突堤区块的长度 L 和宽度 W 的公式为

$$\begin{cases} L + W = P/2 \\ S = LW \end{cases} \tag{5-1}$$

解方程组可得

$$\begin{cases} L = \left(P + \sqrt{P^2 - 16 \times S} \right)/4 \\ W = \left(P - \sqrt{P^2 - 16 \times S} \right)/4 \end{cases} \tag{5-2}$$

经实验验证,突堤长宽比阈值通常设定为 10 以上。

2. 突堤合并

上一步突堤检测获得了多个突堤,可能属于多个港口,进一步通过突堤合并检测港口。定义两个突堤区块的距离为两个区块中心的欧几里德距离,计算突堤两两间的相对距离,利用区域合并法实现聚类,聚为同一类的突堤代表一个港口。实验中,常采用的欧几里德距离阈值为 2000m[112]。

利用横纵向扫描交集来检测突堤的方法思路简洁,运算速度快,但突堤检测类方法存在以下不足。

(1)横纵扫描法可以较完整地提取到斜向布置的突堤,但横向和纵向布置的突堤无法检测,接近横向和纵向布置的突堤只能检测出极小部分,结构极其不完整,在后续鉴别中将由于不符合突堤的特征被剔除,即该方法存在较大的漏检风险。

(2)横纵扫描法会将突入海域的陆地部分区域检测为疑似突堤,而后续突堤鉴别采用的规则简单,只利用了突堤的面积和长宽比,容易产生较多虚警。

(3)突堤合并聚类时采用的距离阈值不易设定,若设定距离阈值过小,可能将一个大型港口的突堤划分到多个类别,若距离阈值过大,可能将两个港口

的突堤判定为属于同一个港口。

　　针对上述问题,需要进一步研究的是:设计更有效的检测法以获取结构完整的突堤,采用更合理的突堤鉴别方法。

5.2.2　岸线封闭性检验类方法

　　岸线封闭性检验类方法是基于港口的半封闭性测度来实现港口检测,其机理是整个港口轮廓线的长度远大于港口口门处的直线距离。通常海岸线有笔直的,也有弯曲的,再加上港口的防波堤、码头等,整个港口的轮廓线是一条复杂的曲线。曲线可以用一系列特征点来近似描述。常用的曲线特征点提取法可以分为角点检测法、多边形近似法两类。角点检测法利用曲线曲率求极值,能获得曲线上的拐点,但这些点可能数量过多,且不一定是全局最优的。已有港口检测实验证明,多边形近似法获得的特征点可以更好地拟合港口轮廓线形状,且数量相对角点检测法更少[209]。

　　1. 多边形近似

　　假设已对遥感图像完成分割处理,得到了边界线即水陆分界线。如图 5－4所示,实曲线是水陆分界线。在二维离散图像中曲线可以用一个点集来表示,图 5－4 中 P_1 和 P_n 两点是分界线的起点和终点。定义水陆分界线用数量更少的特征点来近似,设该特征点集合为 $\boldsymbol{F}$,P_1 和 P_n 两点自然为水陆分界线特征点,设定距离阈值 l_{th}。以 P_1 和 P_n 两点为端点,在整个水陆分界线 P_1 至 P_n 上寻找一个点 F_1,该点满足到线段 P_1P_n 的距离最远。如果满足 $l_1 > l_{th}$,则该点为新的特征点,其将水陆分界线分为 $P_1 \sim F_1$ 和 $F_1 \sim P_n$ 两段。进一步,对曲线 $P_1 \sim F_1$,得到距离最远的点,其距离为 $l_2 < l_{th}$,所以该段曲线不再寻找特征点。对曲线 $F_1 \sim P_n$,得到距离最远的点 F_2,其距离为 $l_3 > l_{th}$,所以 F_2 为新的特征点,加入特征点集合 $\boldsymbol{F}$。接下来,利用相同的策略处理曲线 $F_1 \sim F_2$ 和 $F_2 \sim P_n$ 两段。以此类推,直到所有的两相邻特征点 F_i 间的最远距离都小于阈值,则此时的集合 $\boldsymbol{F}$ 即为多边形近似法得到的水陆分界线特征点集。

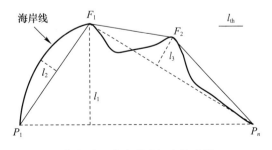

图 5－4　多边形近似法原理图

2. 封闭性检验

港口具有较强的封闭性,但口门的存在使其未完全封闭。在所有的特征点中,离口门两端各有一个最近的特征点,这两点间直线距离最近,同时通过整个港口区域的海岸线轮廓相连,因此具有最大的封闭性测度。

设多边形近似法得到的任意两个特征点为 F_i 和 F_j,定义两点间的港口岸线的封闭性测度为[110]

$$\text{Clousure}(i,j) = \begin{cases} \dfrac{|R_{ij}|}{|L_{ij}|} - 1, & L_{ij}\text{有效} \\ 0, & L_{ij}\text{无效} \end{cases} \qquad (5-3)$$

式中:R_{ij} 为位于特征点 F_i 和 F_j 间的海岸线,其长度 $|R_{ij}|$ 以 R_{ij} 上的像素个数表示;$|L_{ij}|$ 为特征点 F_i 和 F_j 间直线段 L_{ij} 的欧几里德距离长度。假设连接 F_i 和 F_j 的线段 L_{ij} 共有 N 个像素,其中 N_1 个位于水域中,如果 $N_1/N > \text{Th}$,则 L_{ij} 有效。

计算整个水陆分界线的所有特征点两两间的封闭性测度,如果所有特征点间封闭性测度均小于预设的封闭性阈值,则图像中没有港口目标;如果有测度大于阈值,则判定图像中有港口目标,封闭性测度最大的两个特征点确定为该港口轮廓线的近似起点和终点位置,两者间水陆分界线为该港口轮廓线。如果需要检测多个港口,则排除第一个港口所包含的特征点,继续选择大于封闭性阈值的最大封闭性测度。以此类推,直到剩下的所有特征点间封闭性测度均小于封闭性阈值。

利用岸线封闭性检测法具有以下不足。

(1)当图像尺寸大且水陆分界线复杂时,获取特征点的多边形近似法过程复杂且耗时,容易导致特征点过多。

(2)判断特征点间线段是否有效的阈值需要根据经验设定。

但岸线封闭性检验类方法通过封闭性检验确定口门的思路可以借鉴,需要研究如何快速提取少量更具代表性的特征点,以减少计算量。

5.2.3 基于特征的粗、精两级港口检测法

综合利用突堤检测类方法和岸线封闭性检验类方法的优点,文献[113]提出了基于特征的粗、精两级港口检测法。

1. 粗精度港口检测

在粗精度港口检测中,与突堤检测类方法相同,使用横纵扫描法提取港口突堤,并通过面积和长宽比完成初步鉴别,进一步通过计算突堤间相对距离完成突堤聚类。

考虑到一个港口通常具有两个以上的突堤,其所有突堤在纵向投影或横向

投影上必然存在部分交叠,具体如图 5-5 所示,二维图像域上有突堤 R_i 和 R_j,两者在 x 轴上的投影无交叠,但在 y 轴上的投影存在部分交叠。根据此规则进一步鉴别,排除突堤投影无交叠的虚假港口,得到港口初步检测结果。

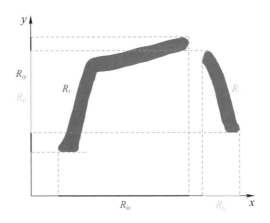

图 5-5　突堤投影交叠鉴别示意图

与突堤检测类方法相比,该方法的改进包括:突堤聚类合并时,使用类间最小距离,而不再是类间中心距离,算法普适性更好,与各突堤的大小无关;突堤聚类得到疑似港口后,增加了基于投影交叠规则的鉴别操作,有效降低了虚警。

2. 高精度港口检测

高精度港口检测利用粗精度港口检测的结果展开,具体步骤如下[113]。

首先,根据粗检测港口区域矩形框 4 个顶点在水陆分割二值图中的位置确定口门方向,利用该方向为每个突堤确定一个代表点,比如口门方向为"右",将突堤的最右侧一个像素点作为该突堤的代表点。采用这种方法,可以得到疑似港口的多个突堤代表点。与多边形近似法相比,这些突堤代表点不是全局最优的,也不一定能很好地拟合港口轮廓线形状,但它们能够较为全面地指示港口中的防波堤、突堤码头等重要目标,是港口轮廓线上的重要角点。

然后,利用封闭性检验法,确定封闭性测度最大的两个代表点。在所有的突堤代表点中,包括形成口门的两个防波堤的代表点,该两点间直线距离最近,同时通过整个港口区域的轮廓线相连,因此具有最大的封闭性测度。计算一个疑似港口的所有突堤代表点两两间的封闭性测度,如果所有封闭性测度均小于预设的封闭性阈值,则去除该疑似目标;如果有测度大于阈值,则最终确定为港口目标,封闭性测度最大的两个代表点确定为该港口轮廓线的起点和终点位置,两点代表的突堤即为该港口的防波堤,两点间水陆分界线为该港口轮廓线,两点间的水域即为口门。

接下来,根据上述方法对每个粗检测疑似港口进行处理,完成高精度检测和鉴别,得到最终的港口检测结果。

岸线封闭性检验类方法用多边形近似得到的是整个水陆分界线的特征点,需要计算所有特征点相互间的封闭性测度,以检测图像中的多个港口。文献[113]方法通过粗精度检测已经获得了多个小幅面的疑似港口区域,针对每个区域中只用判定是否存在一个港口,相对更简单。与岸线封闭性检验类方法相比,该方法使用的代表点少,可以大幅减少计算量。

基于特征的粗、精两级港口检测方法效果优于突堤检测类方法、岸线封闭性检验类方法,但其第 1 级检测采用的仍然是横纵向扫描交集法和聚类合并法,存在同样的不足。

(1)突堤检测存在较大的漏检。接近横向和纵向布置的突堤只能检测出极小部分,突堤结构不完整,在后续鉴别中将由于不符合突堤的特征被剔除,横向和纵向布置的突堤被漏检。

(2)突堤聚类合并时仍然需要设定距离阈值。合并时由原来的类间中心距离改为类间最小距离,但仍需人工设置,增加了不确定性因素。

另外,第 1 级粗精度检测获取疑似港口区域后,根据港口矩形框 4 个顶点在水陆分割二值图中的相对位置确定口门方向的方法,计算简便,但由于该矩形框并不能理想地代表港口区域,可能导致港口走向判断失误、口门方向不准等问题,影响后续突堤代表点提取,进而影响最终港口检测结果。

5.3　利用先验约束的 SAR 图像港口检测与鉴别

通过上节的分析可知,已有方法未充分利用港内水域信息,采用的横纵法扫描防波堤存在漏检,计算口门方向过于简单。本节在深入研究港口目标结构及其微波散射特性的基础上,给出一种利用先验约束的 SAR 遥感图像港口目标检测与鉴别方法。该方法利用港内水域半封闭性的特点,定义封闭性测度提取港内水体,利用多向扫描法获取更完整的突堤结构,实现基于港内水域和突堤相邻性的疑似港口高效检测;进一步依据疑似港口区域最小外接矩形和上下文信息确定准确的口门方向与突堤代表点,根据封闭性测度完成港口区域鉴别。

5.3.1　基于封闭性和多向扫描的港口检测

1. 基于封闭性测度的港内水域检测

港内水域包括回旋水域和码头前水域等。船舶停靠与作业需要平稳的水面条件,以避免颠簸,通常港口建有防波堤用于围挡足够大的水域防御外海波浪的侵袭。同时,港口最外侧的防波堤突出海中且相互靠拢,对港内水域形成合围之势,但又相距一定距离,两防波堤堤头间的水域称为口门。由此可知,港内水域具有较强的封闭性,但未完全封闭。

利用 SAR 图像的海陆分割二值图,对水体中的每个像素以其为中心沿 $N(N=4K,K=2,3,\cdots)$ 个邻域方向分别搜索,检测是否遇到陆地。$N=4K$ 中的 4 表示二维图像空间的 4 个象限区间,K 表示将每个象限区间 K 等分。K 取值最小为 2,表示将每个象限区间二等分,即沿 8 个邻域方向搜索,具体如图 5-6 所示。

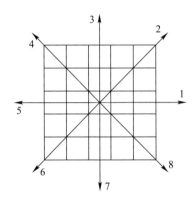

图 5-6　八邻域方向搜索图

定义某个像素的第 m 方向搜索变量 $L_m(m=1,2,\cdots,N)$,其取值为

$$\begin{cases} L_m=1, & \text{如果第 } m \text{ 方向检测到陆地} \\ L_m=0, & \text{如果第 } m \text{ 方向未检测到陆地} \end{cases}$$

由于港内水域被防波堤和码头包围,如果该像素位于港内水域,则在绝大多数邻域方向将搜索到陆地;同时因为存在口门,在少量邻域方向将穿过口门,进入港外水域,即搜索不到陆地。定义该点被陆地包围的封闭性测度为

$$P(i,j)=\frac{1}{N}\sum_{m=1}^{N}L_m \tag{5-4}$$

表示当前像素点 (i,j) 在 N 个邻域方向搜索到陆地的概率。

定义判决阈值为 $T=(N-K+1)/N$,定义判决准则为

$$S(i,j)=\begin{cases} 1, & P(i,j)\geq T \\ 0, & P(i,j)<T \end{cases} \tag{5-5}$$

当 $S(i,j)=1$,即在不小于 $N-K+1$ 个邻域方向搜索到陆地,判定该像素为港内水体;否则,判定该像素为港外水体。当 $K=2$,即在 8 个邻域方向搜索时,要求 7 个以上方向为陆地。$K=3$,在 12 个邻域方向搜索时,要求 10 个以上方向为陆地。

　　由于水陆交错(如突入水域的陆地)等的影响,本方法检测的港内水域区域存在一定虚警,需在后续鉴别中排除。

　　2. 基于多向扫描的突堤检测

　　根据港口突堤的特征,在海陆分割二值图上,突堤表征为两侧都有水域包围的长条状区域,而非突堤的其他陆地像素点不会两侧都有水域。现有基于横、纵向扫描的突堤检测法的思路是[99-100,112-113]:对海陆分割二值图中陆地区域的每个像素横向扫描,检查其左右两侧是否都存在水域,看是否可能为突堤点;纵向扫描,检查其上下两侧是否均存在水域,看是否可能为突堤点。横、纵向扫描结果取交集,即横纵向扫描都为疑似突堤点,就将该像素判定为疑似突堤点;否则为其他陆地点。横纵扫描交集法,可以较完整地提取到斜方向布置的突堤,但横向或纵向布置的突堤只在一个扫描方向符合条件,将漏检;接近横向或纵向布置的突堤只能检测出一个小角,不满足突堤的特征,导致在后续鉴别中将被剔除。

　　多向扫描检测法,扫描方向为 $2K+2$ 个,即在横纵扫描法两个方向的基础上,增加 $2K(K=1,2,\cdots)$ 次斜向扫描。K 表示将一个象限区间 K 等分,K 的系数 2 表示每对正交的斜向扫描方向,且它们关于 X 轴或 Y 轴对称。$K=1$ 时,表示增加 $+45°$ 和 $-45°$ 方向一对共两次扫描。$K=2$ 时,表示增加 $+30°$、$-30°$、$+60°$ 和 $-60°$ 两对共 4 次扫描。多向扫描法检测突堤时,每对正交方向扫描的结果取交集,然后取 $K+1$ 次交集的并集。

　　定义 $+\alpha°$ 方向的突堤检测结果为 $S_{+\alpha°}$,$S_{+\alpha°}$ 的定义范围为整个二维图像空间,取值逻辑"1"表示是突堤点,逻辑"0"表示非突堤点,则最终检测结果为

$$S = (S_{0°} \cdot S_{90°}) + \left(S_{+\left(\frac{90}{K+1}\times 1\right)°} \cdot S_{-\left(\frac{90}{K+1}\times 1\right)°}\right) + \cdots +$$

$$\left(S_{+\left(\frac{90}{K+1}\times K\right)°} \cdot S_{-\left(\frac{90}{K+1}\times K\right)°}\right) \tag{5-6}$$

式中:"$\cdot$"表示逻辑"与";"$+$"表示逻辑"或"。

　　多向扫描法通过增加斜向扫描,实现了横向和纵向布置突堤的提取,可最大限度地提取到疑似突堤目标,突堤结构更完整,解决了现有突堤检测法存在的问题。但同样因为水陆交错等的影响,检测的突堤存在一定虚警。

　　3. 疑似港口区域提取

　　在利用封闭性测度获取疑似港内水域和采用多向扫描法检测突堤的基础上,基于港内水域和突堤紧密相邻的特点提取疑似港口区域。具体步骤如下。

　　(1) 基于几何特征的突堤鉴别。依据防波堤和码头都具有较大长宽比的特征,计算每个疑似突堤的长宽比,排除长宽比小于给定阈值的假突堤[112]。鉴

于不同港口的突堤大小各异,遥感图像的分辨率参数可变,基于长宽比特征的鉴别效果比基于面积的鉴别效果更佳,但突堤结构各异,阈值不宜设定过于苛刻,故仍然存在较多虚假突堤。

（2）基于相邻性的港口区域检测。在前述港内水域、突堤两者检测的基础上,根据港内水域和突堤紧密相邻的先验知识,将连通在一起的港内水体和突堤判定为疑似港口区域。通过这种相邻性原则,可以排除独立出现的疑似港内水域和独立出现的疑似突堤,消除部分虚假目标。

（3）港口区域初鉴别。利用一个港口内通常存在两个以上突堤的先验知识完成港口区域初步鉴别,排除第二步检测出的只包含"一水一堤"的虚假港口目标。

利用先验知识约束的方法实现了疑似突堤的鉴别,排除单独港内水域、单独突堤、"一水一堤"等干扰目标,初步提取港口区域,有效解决了遥感图像分辨率和港口目标大小的不确定性、港口几何形状的多样性带来的问题。

5.3.2 港口区域鉴别

经过上面的处理,已经获得港口检测粗结果,即多个小幅面的疑似港口区域,但只提供了港口的大致范围。下一步,判定港口走向和口门方向,从而提取突堤代表点,计算封闭性测度实现港口鉴别,确定港口岸线的初始位置和结束位置。

1. 确定口门方向与突堤代表点

港口口门的两个堤头间具有最大的封闭性测度,适合作为港口岸线的初始位置和结束位置。获取港口检测粗结果后,可以针对岸线代表点采用封闭性检测法来确定港口岸线的初始位置和结束位置,完成港口最终鉴别。但多边形近似[209]等岸线代表点提取方法存在代表点多、计算量大等缺点。在已提取突堤区域的基础上,以突堤代表点取代突堤区域,从而确定封闭性测度最大的两个代表点,可以大幅度减少计算量。

根据港口区域矩形框 4 个顶点在水陆分割二值图中的位置确定口门方向的方法[99],计算简便,但存在港口走向判断失误、口门方向不准等问题,影响后续突堤代表点提取和封闭性测度计算。基于相邻性的港口区域检测,提取了包括港内水体和突堤两类物体的连通区作为港口区域,本书进一步计算该连通区的最小外接矩形[210-211],以最小外接矩形 4 个顶点在海陆分割二值图中陆地或水域区域的位置,更精确地判断港口的大致走向,分为水平、垂直、+45° 和 -45° 方向 4 类。

接下来,基于港口口门与港口走向相对的特点,根据港口大致走向将口门大致方向判定为"上""下""左""右"4 类；然后根据口门方向，确定每个突堤区域代表点，如果口门方向判定为"下"，将每个突堤区域的最下面的一个像素点选为该突堤代表点；反之，将每个突堤区域的最上面的一个像素点选为该突堤代表点，口门为"左""右"时类推[99]。

2. 基于封闭性测度的港口区域鉴别

港口具有较强的封闭性，但口门的存在使其未完全封闭。形成口门的两个防波堤的代表点间直线距离近，同时通过整个港口区域的海岸线轮廓相连，具有最大的封闭性测度。

定义两个突堤代表点 F_i 和 F_j 间的港口岸线的封闭性测度为[113]

$$\text{Clousure}(i,j) = \begin{cases} \dfrac{|R_{ij}|}{|L_{ij}|}, & L_{ij}\text{有效} \\ 0, & L_{ij}\text{无效} \end{cases} \quad (5-7)$$

式中：R_{ij} 为位于突堤代表点 F_i 和 F_j 间的海岸线，其长度 $|R_{ij}|$ 以 R_{ij} 上的像素个数表示；$|L_{ij}|$ 为 F_i 和 F_j 间直线段 L_{ij} 的欧几里德距离长度。假设连接 F_i 和 F_j 的线段 L_{ij} 共有 N 个像素，其中 N_1 个位于水域中，如果 $N_1/N > 0.8$[99]，则 L_{ij} 有效。

上一步基于封闭性和多向扫描的港口检测已经提取了多个小幅面的疑似港口区域，因此针对每个区域只需判定是否存在一个港口，计算更简便。计算疑似港口区域的所有突堤代表点两两间的封闭性测度，如果该区域的所有代表点间封闭性测度均小于封闭性阈值，则排除该虚假港口区域；如果有测度大于阈值，则最终判定为港口区域，封闭性测度最大的两个代表点确定为港口岸线的初始位置和结束位置，两者间岸线为该港口轮廓线，两者间水域为口门，两者代表的突堤即为防波堤。

按照上述方法对每个疑似港口进行处理，得到最终的港口检测结果。

5.3.3　算法流程

利用先验约束的 SAR 图像港口检测与鉴别的算法流程如图 5-7 所示，具体步骤如下。

（1）基于相干成像的机理，SAR 图像不可避免地存在相干斑噪声，首先对 SAR 图像滤波，在抑制相干斑噪声的同时，较好地保留水陆边缘信息。

（2）根据水域为大连通区且 RCS 弱的特征，采用基于种子点的区域生长法[212-213]实现水陆分割，或者不经过去噪处理直接采用变分水平集分割法，基于二值分割图提取海岸线。

（3）基于港内水域较强封闭性特征，利用水陆分割二值图，通过计算封闭性测度实现港内水域检测。

（4）基于防波堤和突堤式码头等突堤与水域的上下文特征，采用多向扫描法,提取结构完整的疑似突堤目标。

（5）基于几何特征,去除部分虚假突堤,基于相邻性特征,利用检测出的疑似港内水域和突堤,初步提取疑似港口区域。

（6）提取疑似港口区域最小外接矩形,基于上下文特征,确定港口口门方向与各突堤代表点。

（7）利用步骤（2）提取的海岸线,计算疑似港口区域的各突堤代表点相互间的封闭性测度,将测度最大且大于封闭性阈值的一对代表点确定为港口岸线的初始位置和结束位置,两者间岸线即为港口轮廓线。

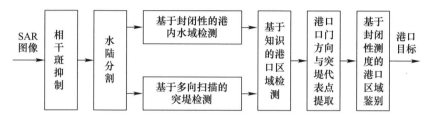

图 5 - 7　利用先验约束的 SAR 图像港口检测流程框图

5.3.4 实验及结果分析

为验证本节方法的有效性,采用 TerraSAR - X 卫星和 Cosmo - Skymed 卫星获取的高分辨率 SAR 图像进行实验。针对多港口、多突堤港口和受突出陆地干扰港口等情况,比较本节算法和文献[112]突堤检测类方法、文献[113]基于特征的粗精两级港口检测法的性能。实验环境:CPU 为 Intel(R)Core i5 2.6GHz,4GB 内存;实验软件为 Matlab R2010a。

1. 多港口检测实验

实验1:Lee 滤波条件下港口检测实验

多港口检测实验 1 采用 TerraSAR - X 卫星图像,数据为条带模式 HH 极化 GEC 级产品,方位向和距离向的成像分辨率为 3.0m × 3.0m,方位向和距离向的像素间隔为 1.25m × 1.25m,具体如图 5 - 8(a)所示。图像尺寸为 5960 像素 × 4576 像素,场景中有两个港口,港口鉴别的封闭性阈值为 3[113]。

图 5 - 8(a)为 Lee 滤波的 SAR 图像,可以看出相干斑噪声仍较严重。图 5 - 8(b)为海陆分割二值图,白色部分为分割获取的陆地,黑色部分为水体,本实验采用简单的区域生长分割方法,分割结果仅填充了水体中的空洞,未进行后续膨胀、腐蚀等处理,因此边界毛刺多。图 5 - 8(c)为港内水体检测结果,灰色部分为本节算法提取的港内水体,可以看出两个港口内的大部分水体都被检测出,图中左侧港口由于口门相对整个港口而言较大,口门附近港内水体未提取出。

受伸入水域的陆地影响,检测到的港内水体存在一定的虚警,例如图 5 – 8(c)中箭头所指位置。图 5 – 8(d)为多向扫描法检测出的突堤,受海陆分界线毛刺多以及伸入水域的陆地等的影响,存在部分虚假突堤。

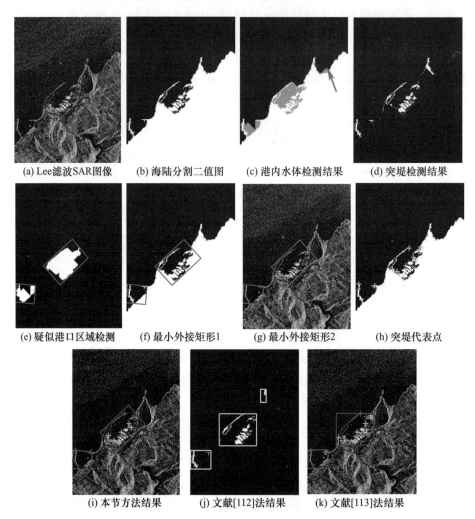

(a) Lee滤波SAR图像   (b) 海陆分割二值图   (c) 港内水体检测结果   (d) 突堤检测结果

(e) 疑似港口区域检测   (f) 最小外接矩形1   (g) 最小外接矩形2   (h) 突堤代表点

(i) 本节方法结果   (j) 文献[112]法结果   (k) 文献[113]法结果

图 5 – 8　多港口检测实验 1(见彩插)

图 5 – 8(e)为提取的疑似港口区域及其最小外接矩形,白色表示的每个港口区域包括港内水体和突堤。图 5 – 8(f)为疑似港口区域的最小外接矩形叠加于海陆分割二值图。图 5 – 8(g)为疑似港口区域的最小外接矩形叠加于原滤波图,可见港口区域提取准确。图 5 – 8(h)中绿色星点为利用疑似港口区域的最小外接矩形提取的突堤代表点。图 5 – 8(i)为本节方法最终港口区域鉴别结

果,图中红色星点为最终判定的防波堤代表点,分别代表港口岸线的初始位置和结束位置,两个港口最终都被正确检测。实验结果表明,在采用常规的 SAR 图像 Lee 滤波和普通海陆分割方法的情况下,本节算法克服了虚假突堤多、港内水体不完整、虚假港内水体等问题,正确检测并鉴别出所有港口目标。

图 5-8(j) 为文献[112]方法检测结果,其中白色表示提取的突堤,共聚类检测出 3 个港口,但其中一个是受伸入水域的陆地影响产生的虚警。究其原因是该方法在检测并鉴别去除虚假突堤后,仅采用简单的区域合并法对突堤进行分类。图 5-8(k) 为文献[113]方法最终港口区域鉴别结果,图中星点为基于疑似港口区域的矩形框提取的突堤代表点,红色星点为最终判定的防波堤代表点,两个港口也被正确检测。成功的原因是文献[113]方法在文献[112]方法突堤特征鉴别的基础上,增加了突堤投影重叠鉴别,从而排除了虚假港口。

表 5-1 为实验 1 的检测指标对比。由表可知,文献[113]方法提取的突堤代表点过多。图 5-9 为本节多向扫描法与文献[112-113]中突堤检测横纵扫描法效果对比图,图 5-9(a) 为图 5-8(d) 中多向扫描法检测出的突堤放大显示,图 5-9(b) 为同一区域横纵扫描法突堤检测结果。图中左侧框内防波堤横向布置,横纵扫描检测法将一个突堤检测为两个分裂的突堤,如图 5-8(k) 所示,后续鉴别时用两个星点表示,多向扫描法正确检测为一个突堤,图 5-8(i) 用一个星点表示,且提取出了完整的形状。右侧框内防波堤检测结果类似,横纵扫描检测法将一个突堤检测为 3 个分裂的突堤,在图 5-8(k) 中需要用 3 个星点表示。可见本节算法效果远优于横纵扫描检测法,提取的突堤结构更完整,突堤代表点更少。

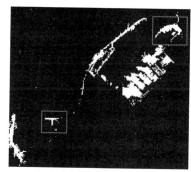
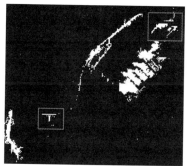

(a) 多向扫描法突堤检测结果　　　　　(b) 横纵扫描法突堤检测结果

图 5-9　突堤检测结果对比

表 5-1 给出了 3 种方法的计算时间,不包括图像滤波和海陆分割的处理时间。文献[112]方法的时间仅包括横纵扫描、突堤鉴别和区域合并等简单处

理,所以时间最短。与文献[113]方法相比,本节方法增加了港内水域检测和多向扫描等处理,在此基础上的疑似港口区域提取方法也更复杂,但本节方法计算时间略优于文献[113]方法。港口区域鉴别处理中,计算两个突堤代表点间海岸线的封闭性测度耗时较长,而文献[113]方法提取的突堤代表点较多,导致整体计算时间略大于本节方法。

表 5 - 1　　多港口检测实验指标对比

方法	真实目标数	正确检测数	虚警数	漏检数	代表点数	时间/s
文献[112]方法	2	2	1	0	—	2.14
文献[113]方法	2	2	0	0	14	15.09
本节方法	2	2	0	0	10	13.29

实验 2:SRATV 滤波条件下港口检测实验

多港口检测实验 2 采用图 5 - 8 所示实验图像,实验使用第三章的自适应全变分去噪模型 SRATV 滤波。图 5 - 10(a)所示为采用自适应全变分模型去噪的 SAR 图像,对比可以看出去噪效果好于 Lee 滤波。图 5 - 10(b)所示为区域生长法得到的海陆分割二值图,仍然存在边界毛刺现象。图 5 - 10(c)所示为港内水体检测结果,灰色部分为本节算法提取的港内水体。图 5 - 10(d)所示为多向扫描法检测出的突堤,因为采用 SRATV 滤波,虚假突堤少于图 5 - 8 所示实验。图 5 - 10(f)所示为本节方法最终港口区域鉴别结果,两个港口最终都被正确检测。由于采用不同滤波方法,海陆分割结果不同,使得突堤检测结果存在部分差异,图 5 - 10(f)与图 5 - 8(i)在突堤代表点上存在不同,但都未影响港口的检测。

实验 1 和实验 2 结果表明,本节算法对水陆分割精度要求低,无论是采用 Lee 滤波器还是自适应全变分去噪模型,再结合区域生长法实现水陆分割,本节算法都能正确检测出港口目标。

2. 多突堤港口检测实验

实验 1:Lee 滤波和区域生长分割条件下港口检测实验

多突堤港口检测实验 1 采用 Cosmo - Skymed 卫星 HH 极化 GEC 级产品,方位向和距离向的像素间隔为 2.5m × 2.5m,图像尺寸为 740 像素 × 984 像素。

图 5 - 11(a)为经 Lee 滤波的 SAR 图像,图中港口的突堤数量多且布置方向各异。图 5 - 11(b)为海陆分割结果,本实验采用区域生长分割方法。图 5 - 11(c)为港内水体检测结果,灰色部分为本节算法提取的港内水体。图 5 - 11(d)为多向扫描法检测出的突堤。图 5 - 11(e)为提取的疑似港口区域及其最小外接矩形,白色部分表示的每个港口区域包括港内水体和突堤。

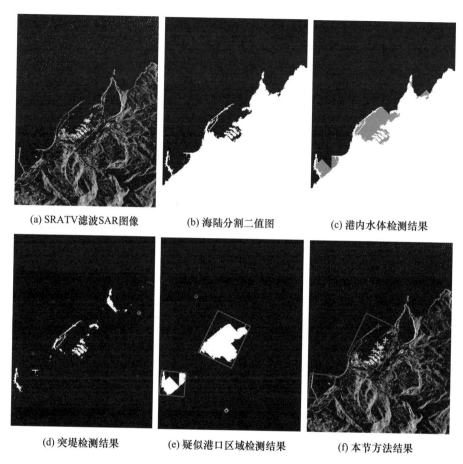

(a) SRATV滤波SAR图像　　　(b) 海陆分割二值图　　　(c) 港内水体检测结果

(d) 突堤检测结果　　　(e) 疑似港口区域检测结果　　　(f) 本节方法结果

图 5 – 10　多港口检测实验 2(见彩插)

图 5 – 11(f) 为疑似港口区域的最小外接矩形叠加于海陆分割二值图。图 5 – 11(g) 为本节方法最终港口区域鉴别结果,所有突堤代表点定位正确,即港口的突堤被全部检测。图中红色星点为最终判定的防波堤代表点,正确提取了口门防波堤位置,获得了整个港口的完整区域。

图 5 – 11(h) 为文献[112]方法的检测结果,其中白色部分表示提取的突堤。横纵扫描方法使得多个突堤被分裂,最终仅提取出港口的部分区域,且没有确定口门位置。图 5 – 11(i) 为文献[113]方法的最终港口区域鉴别结果,由于多个突堤被分裂,使得提取的突堤代表点数大于实际突堤数,并且只提取出港口的部分区域。

表 5 – 2 为检测指标对比。由表可知,文献[113]方法提取的突堤代表点过多,本节方法和文献[113]方法计算时间接近,本节方法略优。

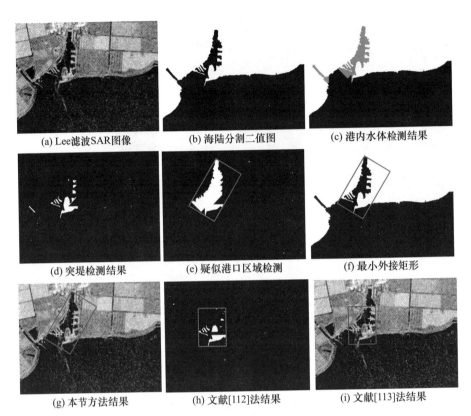

(a) Lee滤波SAR图像   (b) 海陆分割二值图   (c) 港内水体检测结果

(d) 突堤检测结果   (e) 疑似港口区域检测   (f) 最小外接矩形

(g) 本节方法结果   (h) 文献[112]法结果   (i) 文献[113]法结果

图 5 – 11   多突堤港口检测实验1(见彩插)

表 5 – 2   多突堤港口检测实验指标对比

方法	代表点数	时间/s
文献[112]方法	—	0.79
文献[113]方法	12	4.55
本节方法	8	4.23

实验2:多尺度水平集分割条件下港口检测实验

多突堤港口检测实验2采用图5-11所示实验图像,实验未做相干斑滤波处理,直接对原始SAR采用第四章的多尺度水平集分割法。

图 5 – 12(a)为原始SAR图像,可以看到相干斑噪声严重。图 5 – 12(b)为基于混合模型的多尺度水平集方法分割结果,具体为4.4节多类分割实验第一种初始轮廓曲线设置的分割结果。图 5 – 12(c)为仅填充水体中的小面积空洞以及填充陆地中小面积空洞的后续处理图,可以看出边界毛刺多。图 5 – 12(d)为

港内水体检测结果,灰色部分为本节算法提取的港内水体。图 5 – 12(e)为多向扫描法检测出的突堤,受海陆分界线毛刺多以及伸入水域的陆地等的影响,存在大量虚假突堤。图 5 – 12(f)为提取的疑似港口区域及其最小外接矩形,白色部分表示的每个港口区域包括港内水体和突堤。图 5 – 12(g)为疑似港口区域的最小外接矩形叠加于海陆分割二值图。图 5 – 12(h)为疑似港口区域的最小外接矩形叠加于原图。图 5 – 12(i)为本节方法最终港口区域鉴别结果。检测结果与图 5 – 11 所示实验结果一致,仅在突堤的具体位置上存在细微差异。

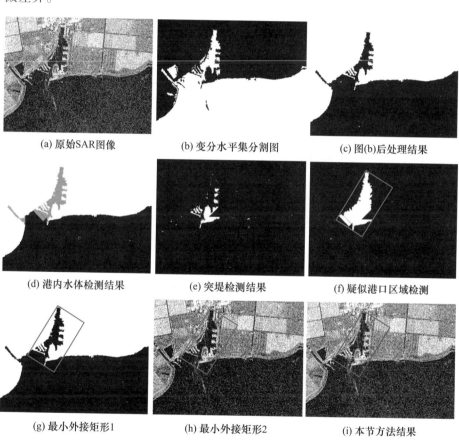

(a) 原始SAR图像　　　　(b) 变分水平集分割图　　　　(c) 图(b)后处理结果

(d) 港内水体检测结果　　　(e) 突堤检测结果　　　　(f) 疑似港口区域检测

(g) 最小外接矩形1　　　　(h) 最小外接矩形2　　　　(i) 本节方法结果

图 5 – 12　多突堤港口检测实验2(见彩插)

　　实验 2 结果表明,在直接对原始 SAR 采用多尺度水平集法实现海陆分割的情况下,本节算法克服了虚假突堤多的不利条件,正确检测并鉴别出港口目标。

　　实验 1 和实验 2 结果表明,本节算法对水陆分割精度要求低,无论是采用简单 Lee 滤波和区域生长法实现水陆分割,还是不经过去噪处理直接采用水平集分割法,本节算法都能正确检测出多突堤港口目标。

3. 受干扰港口检测实验

实验图像为 TerraSAR - X 卫星条带模式 HH 极化 GEC 级产品,方位向和距离向的成像分辨率为 3.0m × 3.0m,方位向和距离向的像素间隔为 1.25m × 1.25m,图像尺寸为 4006 像素 × 5266 像素,具体如图 5-13(a)所示。场景中只有一个港口,但其下部有一块突出陆地。

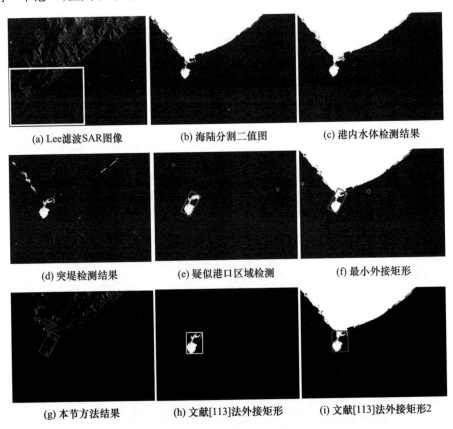

(a) Lee滤波SAR图像   (b) 海陆分割二值图   (c) 港内水体检测结果

(d) 突堤检测结果   (e) 疑似港口区域检测   (f) 最小外接矩形

(g) 本节方法结果   (h) 文献[113]法外接矩形   (i) 文献[113]法外接矩形2

图 5-13   受干扰港口检测实验(见彩插)

图 5-13(a)为经简单 Lee 滤波的 SAR 图像。图 5-13(b)对应图 5-13(a)方框内区域为海陆分割结果。图 5-13(c)为港内水体检测结果,灰色部分为本节算法提取的港内水体。图 5-13(d)为多向扫描法检测出的突堤。图 5-13(e)为本节算法提取的疑似港口区域及其最小外接矩形。图 5-13(f)为疑似港口区域的最小外接矩形叠加于海陆分割二值图,其口门方向判定为"下"。图 5-13(g)为本节方法最终港口区域鉴别结果,红色星点为防波堤代

表点,分别代表港口岸线的初始位置和结束位置,受突入海域的陆地干扰的港口目标被正确提取。

图 5 – 13(h)为文献[113]方法判定口门方向使用的疑似港口区域矩形,其中白色部分为突堤,为使得突堤结构更完整且数量少,实验采用本节提出的多向扫描法,未采用原文献[113]中的横纵扫描法。图 5 – 13(i)所示为图 5 – 13(h)中矩形叠加于海陆分割二值图,根据矩形 4 个顶点在海陆分割二值图中的位置,利用文献[113]方法将无法判定港口的口门方向。

实验结果表明,受港口附近突入海域大面积陆地干扰,文献[113]方法无法判定口门方向,导致不能进行港口区域鉴别。本节算法能够克服突入海域陆地干扰等情况,正确判定口门方向,提取出港口目标区域。

为进一步说明本节算法的有效性,对 10 幅 SAR 港口图像进行了测试,图中共有 21 个港口目标。为量化评价算法性能,选用品质因子指标进行比较。品质因子计算式为

$$\text{FoM} = \frac{N_{dt}}{N_{fa} + N_{rt}} \qquad (5-8)$$

式中:N_{dt} 为正确检测目标数;N_{fa} 为虚警目标数;N_{rt} 为实际目标数。当虚警或漏检过多时,品质因子低;当且仅当检测出全部真实目标且无虚警时,品质因子为 1。表 5 – 3 为 3 种方法检测指标对比,本节方法品质因子值最大,表明检测效果最好。

表 5 – 3　港口检测实验指标对比

方法	真实目标数	正确检测数	虚警数	漏检数	品质因子
文献[112]方法	21	17	15	4	0.47
文献[113]方法	21	16	5	5	0.62
本节方法	21	19	1	2	0.86

上述所有实验结果表明,采用横纵扫描法检测突堤会造成虚警多、品质因子低;文献[113]在横纵扫描法检测突堤的基础上,增加了后续鉴别处理,部分降低了虚警数量,但横纵扫描法固有的缺陷没有解决;本节算法由于增加了扫描方向,能够解决横纵扫描法存在的问题,实现横向和纵向布置突堤的提取,最大限度地提取到疑似突堤目标,使得突堤结构更完整,从而漏检目标少。本节算法基于封闭性测度提取港内水体,并通过充分利用港内水域和突堤相邻等特征,能够鉴别出虚假突堤和虚假港内水体,高效检测出港口区域。利用港口区域最小外接矩形和港口大致走向的一致性,可以正确判定口门方向,最终实现港口目标区域鉴别,有效降低了虚警。

总的来说,本节算法对水陆分割精度要求低,无论是采用 Lee 滤波和区域

生长法实现水陆分割,还是采用自适应全变分模型去噪和区域生长法实现水陆分割,抑或是不经过去噪处理直接采用变分水平集分割法实现水陆分割,本节算法针对多港口、多突堤港口和受突出陆地干扰港口等情况都能取得好的结果。

5.4 基于口门边界线的复杂场景 SAR 图像港口检测与鉴别

上节提出的利用先验约束的 SAR 图像港口检测与鉴别方法,在基于封闭性和多向扫描的检测完成后,获得了多个小幅面的疑似港口区域,然后对各疑似区域确定突堤代表点,最后利用封闭性测度实现鉴别。在利用代表点进行口门封闭性测度计算时,需要用到两个量。一个是两个突堤代表点间直线段的欧几里德距离长度,利用两个突堤代表点在二维图像域的行列坐标可以直接计算得到。另一个是两个突堤代表点间的海岸线长度,即两点在图像分割得到的水陆交界轮廓曲线上的长度。当港口仅有一个口门时,形成口门的两个防波堤的代表点必然在海岸线上,即使由于图像分割或突堤检测带入了部分定位误差,代表点也仍然紧贴海岸线。上节方法在单口门条件下能得到很好的港口检测结果,但港口布置存在下面两种复杂且常见情况。

(1)多口门港口。港口设置多个口门有利于港口的管理和运行,比如不同类型船舶规定各自进出口门,不同的海洋环境(如风浪条件)下选择合适的口门进出,另外多个口门有利于港内水体流动。当一个港口设置两个口门时,至少需要一个两端都在水体中且与陆地不相连的岛堤式防波堤,岛堤与从陆地突出的突堤式防波堤形成口门区域,或岛堤与陆地岸线形成口门区域,即口门区域的一端与陆地相连,另一端位于水体中的岛堤上。此时口门的两个端点间没有相连的海岸线,封闭性测度无法计算,且需要鉴别确定多个口门。当港口设置两个以上口门时,情况更复杂,部分口门区域的两个端点都在岛堤上。在多口门港口情况下,基于海岸线的封闭性检验类方法、文献[113]方法以及上节方法都已经不再适用。

(2)密集分布港口。当多个港口在空间位置上紧凑分布,或者说一个大型港口存在多个密集布置的港区时,突堤检测类方法可能将它们判定为多个错误的港口,如果增大突堤合并的距离阈值,可以判定为一个疑似港口区域,上节提出的基于封闭性和多向扫描的检测法也可能将它们判定为一个疑似港口区域。判定为一个疑似港口区域后,下一步利用上下文特征确定的口门方向只有一个,而这个港口区域内各个港区的口门方向可能各异,由此会导致确定的部分突堤代表点不合理,影响最后封闭性测度鉴别。另外,由于疑似港口区域内有多个港区的口门,将增加基于封闭性测度的港口鉴别的难度和效率。最直接的影响是需要遍历求得所有封闭性测度大于封闭性阈值的突堤代表点对,以确定各个港区。在密集分布港口情况下,突堤检测类方法、文献[113]方法以及上节方法都已经不再适用。

本章上节算法的核心之一是充分利用了港内水域,即提出了基于封闭性测度的港内水域检测法。借鉴利用海陆分割二值图提取海岸线的思路,基于港内水域检测二值图可以提取港内水体边界线。根据港口目标知识,港内水域边界线大部分就位于海岸线上,少部分与海岸线不重叠的就是口门处港内水域边界线(以下简称口门边界线)。利用上述思路,本节提出了适合于复杂场景 SAR 图像的港口检测与鉴别方法,以实现多口门港口、密集分布港口检测。本节算法第一步采用上节的疑似港口区域检测方法,即基于封闭性和多向扫描的港口检测方法,不同之处在后续疑似港口区域鉴别处理。

5.4.1　口门边界线检测与鉴别

基于封闭性测度的检测法提取了较为完整的港内水体,由此可以得到港内水体的外边界线。同样利用水陆分割图,可以得到海岸线。从港内水体边界线中排除同时为海岸线的点,剩下的便是疑似口门处港内水域边界线。

为了更直观地表述方法原理,实验采用一个结构简单的单口门港口图像,如图 5-14 所示。图 5-14(a)所示为 Lee 滤波 SAR 图像,图中只有一个港口。图 5-14(b)所示为区域生长法得到的水陆分割二值图,白色部分为分割获取的陆地,黑色部分为水体,图 5-14(c)所示为相应的海岸线。图 5-14(d)所示为四向扫描法检测出的突堤。图 5-14(e)所示为港内水体检测结果,白色部分为港内水体,口门处部分港内水体由于在图 5-6 所示第 2 和第 3 邻域方向都搜索不到陆地,所以存在漏检。图 5-14(f)所示为相应的港内水体边界线,每个港内水体连通区得到一个闭合边界轮廓线。图 5-14(g)所示为口门边界线检测结果,属于海岸线但不属于港内水体边界线的像素点用白色表示,属于港内水体边界线但不属于海岸线的像素点用红色表示(圆圈内线段),可以看出共检测出两个疑似口门边界线,减去红色线段的港内水体边界线用蓝色表示。图 5-14(h)所示为检测的疑似港口区域及其外接矩形,白色部分表示的每个港口区域包括港内水体和突堤。

受图像分割精度的影响,海岸线存在毛刺多的现象。同时基于该分割图检测港内水体存在一定的虚警,则港内水体边界线也存在虚警。由海岸线和港内水体边界线两者得到的口门边界线自然存在虚警,需要进一步鉴别保留正确的口门边界线,以判断该疑似区域是否为港口。

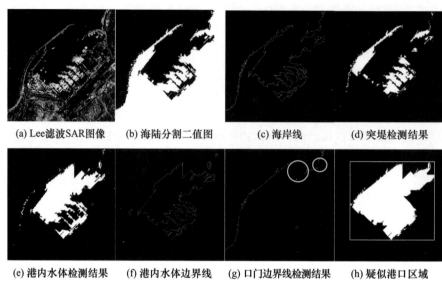

(a) Lee滤波SAR图像　　(b) 海陆分割二值图　　(c) 海岸线　　(d) 突堤检测结果

(e) 港内水体检测结果　(f) 港内水体边界线　(g) 口门边界线检测结果　(h) 疑似港口区域

图 5 - 14　口门边界线检测实验(见彩插)

由上面分析可知,一个港内水体连通区对应一个闭合边界线,闭合边界线上不属于海岸线的每条线段代表一个疑似口门。多口门港口条件下,一条闭合边界线上可能存在多条疑似口门边界线。将一条口门边界线的两个端点作为口门代表点,该线段所属闭合港内水体边界线的其他部分作为代表点间的伪"海岸线"。基于港口目标知识,港口具有较强的封闭性,但口门的存在使其未完全封闭。由此可知,口门两代表点间直线距离近,同时通过较长的伪"海岸线"相连,具有较大的封闭性测度,从而可以利用 5.3 节的方法计算封闭性测度实现港口区域鉴别。一个疑似港口区域内,所有满足封闭性测度大于封闭性阈值的口门边界线得到最终确认,口门边界线两个端点为形成口门的防波堤的代表点。当疑似港口区域内没有满足封闭性阈值要求的口门边界线时,排除该虚假港口区域。

最后,按照上述方法对基于封闭性和多向扫描检测方法提取的疑似港口区域遍历处理,得到最终的港口检测结果。

本节方法在计算口门的封闭性测度时采用港内水体边界线,而不是海陆分割所得海岸线,从而避免了多口门港口条件下封闭性检验法存在的问题,即口门区域的两个端点不全在或都不在海岸线上,端点间无相连的海岸线,无法计算封闭性测度。

图 5 - 15(a)所示为基于口门边界线的本节方法最终港口区域鉴别结果,图中红色星点为最终判定的形成口门的防波堤代表点,两点间连线为最终确定

的口门位置,港口被正确检测且口门定位准确,图 5 – 14(g)中右侧的虚假口门
边界线由于不符合封闭性测度被排除。图 5 – 15(b)所示为上节利用先验约束
的方法最终检测结果,圆圈内星点为最终判定的防波堤代表点,其突堤代表点
数量过多。图 5 – 15(c)所示为文献[113]方法检测结果,受横纵扫描检测突堤
方法性能的影响,其突堤代表点数量更多。

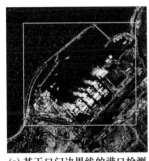 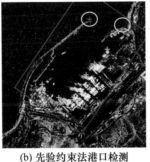 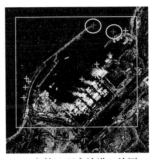

(a) 基于口门边界线的港口检测　　(b) 先验约束法港口检测　　(c) 文献[113]方法港口检测

图 5 – 15　港口检测实验对比(见彩插)

5.4.2　算法流程

复杂场景 SAR 图像港口检测与鉴别的算法流程如图 5 – 16 所示,具体步骤
如下。

(1) 相干斑抑制。首先对 SAR 图像滤波,在抑制相干斑噪声的同时,较好
地保留水陆边缘信息。

(2) 水陆分割。采用基于种子点的区域生长法[212 – 213]实现水陆分割,或者
跳过步骤 1 直接采用变分水平集分割法提取水体和陆地,基于二值分割图提取
海岸线。

(3) 港内水域检测。利用水陆分割二值图,通过计算封闭性测度检测港内
水域,并提取港内水体的外边界线。

(4) 突堤检测。利用水陆分割二值图,采用多向扫描法提取结构完整的疑
似突堤目标。

(5) 港口区域检测。利用港内水域和突堤的相邻性特征,初步提取疑似港
口区域。

(6) 口门边界线检测。对每个疑似港口区域,从港内水体边界线中排除
海岸线,剩下的便是疑似口门边界线。设疑似口门边界线的两个端点为口门
突堤代表点,排除该边界线,定义连接两端点的港内水体边界线为伪"海
岸线"。

（7）封闭性检验。利用两个口门突堤代表点间欧几里德直线距离,以及两代表点间伪"海岸线"像素个数,计算封闭性测度,保留大于封闭性阈值的口门,两个端点为形成口门的防波堤的代表点。

（8）重复步骤(7),对一个疑似港口区域内所有口门边界线做封闭性检验,实现港口区域鉴别。

（9）对步骤(5)得到的各疑似港口区域遍历处理(重复步骤(6)~(8)),得到最终全图港口检测与鉴别结果。

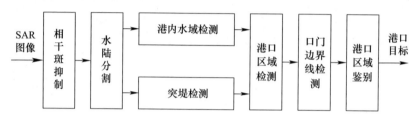

图 5-16　复杂场景 SAR 图像港口检测流程图

5.4.3　实验及结果分析

为验证本节算法的有效性,针对密集分布港口、多口门港口等情况,采用高分辨率 SAR 图像进行实验,比较本节算法和文献[113]基于特征的粗、精两级港口检测法的性能。实验环境:CPU 为 Intel(R) Core i5 2.6GHz,4GB 内存;实验软件为 Matlab R2010a。

1. 密集分布港口检测实验

实验图像为 TerraSAR-X 卫星条带模式 HH 极化 GEC 级产品,方位向和距离向的成像分辨率为 3.0m×3.0m,方位向和距离向的像素间隔为 1.25m×1.25m,图像尺寸为 3333 像素×2284 像素。

图 5-17(a)为 Lee 滤波的 SAR 图像,场景中有一个港口的 4 个港区、3 个口门,在空间位置上紧凑分布。图 5-17(b)为海陆分割与港内水体检测结果,白色部分为分割获取的陆地,灰色部分为本节方法提取的港内水体,本实验采用简单的区域生长分割方法。图 5-17(c)为相应的海岸线,图 5-17(d)为相应的港内水体边界线。图 5-17(e)为多向扫描法检测出的突堤,图 5-17(f)为本节方法提取的疑似港口区域及其最小外接矩形,白色部分表示的港口区域包括港内水体和突堤,本节算法将 4 个紧密相邻的港区判定为一个疑似港口区域。

为清晰地显示口门边界线检测结果,分别用局部放大图 5-17(g)~(i)表示港区的 3 类边界线,图中白色线段表示属于海岸线但不属于港内水体边

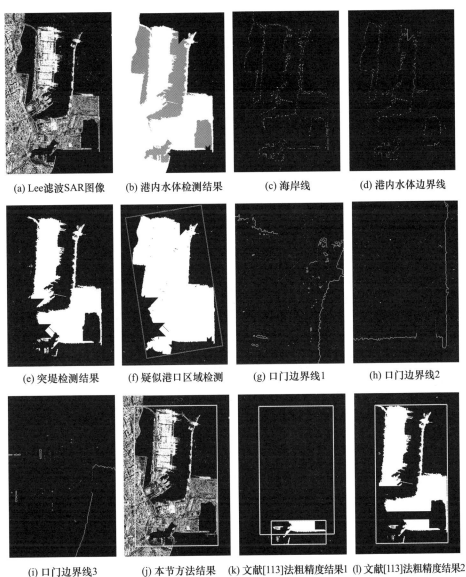

(a) Lee 滤波 SAR 图像　(b) 港内水体检测结果　(c) 海岸线　(d) 港内水体边界线

(e) 突堤检测结果　(f) 疑似港口区域检测　(g) 口门边界线1　(h) 口门边界线2

(i) 口门边界线3　(j) 本节方法结果　(k) 文献[113]法粗精度结果1 (l) 文献[113]法粗精度结果2

图 5 – 17　密集分布港口检测实验(见彩插)

界线的像素点,红色线段是疑似口门边界线,减去红色线段的港内水体边界线用蓝色表示。图 5 – 17(j)所示为在口门边界线检测基础上,利用封闭性检验得到的最终港口鉴别结果,图中星点为最终判定的形成口门的防波堤代表点,两点间连线为最终确定的口门位置,可见港口被正确检测且口门定位准确。在采用常规 Lee 滤波和普通分割方法的情况下,本节算法克服虚假突堤多、口门处港内水体不完整、虚假港内水体等问题,正确检测并鉴别出所有港口目标。

图 5 – 17(k)为文献[113]方法第 1 步粗精度港口检测结果,各连通区块是横纵扫描法得到的突堤。由于采用横纵扫描方法获得的突堤结构不完整,在经过突堤聚类后得到了两个港区,但定位严重错误,后续高精度港口检测处理已经失去意义。增大文献[113]方法中突堤合并的距离阈值,使得粗精度检测结果为一个疑似港口区域,具体如图 5 – 17(l)所示。利用一个港口区域的上下文特征只能确定一个口门方向,而该疑似港口区域内 3 个口门方向各异。另外,基于口门方向,每个突堤确定一个特征点用于口门的封闭性校验,而图中检测出的最大突堤其上、下部分实际各对应一个口门。总的来说,在港口密集分布情况下,利用口门方向确定突堤特征点再封闭性检验实现港口鉴别的方法已经不适应。

2. 多口门港口检测实验

实验图像为 TerraSAR – X 卫星条带模式 HH 极化 GEC 级产品,方位向和距离向的成像分辨率为 3.0m × 3.0m,方位向和距离向的像素间隔为 1.25m × 1.25m,图像尺寸为 2658 像素 × 2061 像素。

图 5 – 18(a)为 Lee 滤波的 SAR 图像,场景中有一大一小两个港口,大港口有两个口门。图 5 – 18(b)为图 5 – 18(a)分割结果滤除船舶后得到的海陆分割二值图,图 5 – 18(c)为相应的海岸线。图 5 – 18(d)为港内水体检测结果,灰色部分为本节算法提取的港内水体,图 5 – 18(e)为相应的港内水体边界线。图 5 – 18(f)为多向扫描法检测出的突堤,图 5 – 18(g)为提取的疑似港口区域及其最小外接矩形,白色表示的港口区域包括港内水体和突堤,本节算法将紧密相邻的大小两个港口判定为一个疑似港口区域。

图 5 – 18(h)为口门边界线检测结果,为清晰显示进行了局部放大,各类线段含义同密集分布港口检测实验。图 5 – 18(i)为在口门边界线检测基础上,利用封闭性检验得到的最终港口鉴别结果,图中星点为最终判定的形成口门的防波堤代表点,两点间连线为最终确定的口门位置,可见大港口的两个口门被正确检测且定位准确,小港口也检测正确。

由于实验图像中的大港口布置有两个口门,文献[113]方法基于海岸线的封闭性检验已经无法完成对疑似港口区域的鉴别。

上述实验结果表明,通过充分利用海岸线和港内水体边界线,简单而高效地实现了口门边界线的检测,最终实现了密集分布港口、多口门港口的检测和鉴别,新方法适合复杂场景 SAR 图像的港口检测与鉴别。本节方法直接检测口门防波堤的特征点,特征点数量少,封闭性检验更简单。

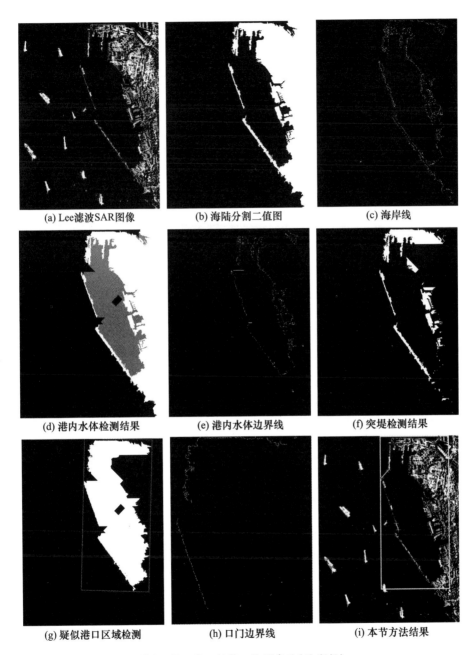

(a) Lee滤波SAR图像　　　(b) 海陆分割二值图　　　(c) 海岸线

(d) 港内水体检测结果　　　(e) 港内水体边界线　　　(f) 突堤检测结果

(g) 疑似港口区域检测　　　(h) 口门边界线　　　(i) 本节方法结果

图 5 - 18　多口门港口检测实验(见彩插)

第六章

高分辨率SAR图像船舶目标检测

　　SAR 图像船舶目标检测,即在含有海杂波噪声情况下确定船舶目标存在还是只有噪声。由于通常是按照两种可能的假设来做出判定,因此船舶目标检测属于一个二元假设检测问题。

　　由于雷达波的散射机理不同,船舶目标与海水的散射特征存在差异。在 SAR 图像上船舶目标一般呈现为明亮像素点,海域部分则较暗。除了灰度差别外,多分辨率特性、极化特性和相位信息都可能不同。

　　在众多船舶检测算法中,常采用 CFAR 算法进行 SAR 图像目标检测。然而海杂波散射强度较大时,传统 CFAR 算法检测效果并不理想,甚至失效。究其原因是船舶与海杂波之间对比度较小,易产生漏检。因此,有必要在船舶检测前进行 SAR 图像增强预处理。同时高分辨率条件下,SAR 采集数据能力快速增强,数据呈现海量特点。而已有 CFAR 算法均采用局部滑窗逐像素检测,图像中任意一个像素均多次参与运算,导致算法检测效率低下。相比单极化数据,多极化 SAR 数据为目标检测提供了丰富的极化信息,如何挖掘新的极化散射特征来实现高效船舶检测需要进一步研究。

　　本章首先介绍了 CFAR 算法原理及海杂波统计分布。然后为增强单极化 SAR 图像船舶与海杂波之间的对比度,引入瑞利熵优化算法,并利用积分图设计了快速迭代 CFAR 算法,得到一种新的单极化 SAR 图像船舶目标检测方法。多极化 SAR 船舶检测方面,Notch 滤波器算子充分利用了极化信息,能对选定的特定散射特性进行抑制,突出感兴趣目标。利用 Freeman 分解成分组成矢量,代替原 Notch 滤波器中相干散射矢量来构造船舶与海杂波的极化空间矢量,提出改进的 Notch 极化 SAR 船舶目标检测算法。

6.1　CFAR 检测及海杂波统计建模

6.1.1　基于统计模型的 CFAR 检测

借用雷达目标检测理论,根据 SAR 图像杂波统计特性和虚警率,采用 CFAR 方法来确定检测阈值并进行目标判定。假设观测数据量为 x,$P(\omega_t)$、$P(\omega_b)$ 分别为目标和背景分布的先验概率,则贝叶斯判决准则为

$$\begin{cases} P(\omega_t \mid x) \geqslant P(\omega_b \mid x),目标 \\ P(\omega_t \mid x) < P(\omega_b \mid x),背景 \end{cases} \tag{6-1}$$

按照全概率公式

$$P(\omega_t \mid x) = \frac{P(x \mid \omega_t) P(\omega_t)}{P(x)} \tag{6-2}$$

同样对于背景有

$$P(\omega_b \mid x) = \frac{P(x \mid \omega_b) P(\omega_b)}{P(x)} \tag{6-3}$$

式中:$P(\omega_t \mid x)$ 和 $P(\omega_b \mid x)$ 为后验概率;$P(x \mid \omega_t)$ 和 $P(x \mid \omega_b)$ 为似然函数;$P(x)$ 为观测数据 x 出现的概率。根据最大后验概率准则,当满足条件 $P(\omega_t \mid x) > P(\omega_b \mid x)$ 时,判定目标存在,等价于

$$\frac{P(x \mid \omega_t)}{P(x \mid \omega_b)} > \frac{P(\omega_b)}{P(\omega_t)} \tag{6-4}$$

由于得不到先验概率,通常假设两者等概率,则进一步简化为

$$\frac{P(x \mid \omega_t)}{P(x \mid \omega_b)} > 1 \tag{6-5}$$

通常对于实际 SAR 图像来说,像素属于目标的概率远小于属于背景杂波的概率,因此上述假设是不合理的。为解决这一问题,需要采用更为合理的 Neyman - Pearson 准则。给定虚警率,在检测概率最大的准则下,满足下列条件时目标存在

$$\frac{P(x \mid \omega_t)}{P(x \mid \omega_b)} > t \tag{6-6}$$

式(6-6)要求同时知道背景和目标的概率密度函数,但实际只能获得背景的概率密度函数,则需要采用一种次优的检测算法,即若 $P(x \mid \omega_b) > P(t \mid \omega_b)$,则判

定像素为背景;否则判定为目标。其中,t 由给定虚警率 $P_{fa} = \int_t^\infty P(x \mid \omega_b) \mathrm{d}x$ 求得。

对于 SAR 图像而言,背景杂波主要分布在较低强度值区域,目标主要分布在高强度值区域,高于阈值部分被判定是目标像素。设海背景杂波概率密度分布函数为 $p(x)$,目标的概率密度分布函数为 $p_t(x)$,当 $x \geqslant t$ 时为目标,当 $x < t$ 时为背景,则虚警概率和检测概率分别为

$$P_{fa} = \int_t^\infty p(x) \mathrm{d}x \tag{6-7}$$

$$P_d = \int_t^\infty p_t(x) \mathrm{d}x \tag{6-8}$$

实际 SAR 图像目标检测中,利用杂波的概率密度函数 $p(x)$,将式(6-7)变换得到

$$P_{fa} = 1 - \int_0^t p(x) \mathrm{d}x \tag{6-9}$$

来计算阈值。

显然,不同杂波分布模型对应不同的检测阈值表达形式。对于简单分布,如高斯、瑞利和对数正态等表达式,检测阈值可由式(6-9)直接求出。对于复杂的 K 分布、G^0 分布等,则需通过极大似然等方法估计后由数值求解来实现。下面以高斯分布为例,给出基于统计模型的 CFAR 检测器。高斯分布概率密度函数为

$$p(x) = \frac{1}{\sqrt{2\pi}\sigma} \exp\left(-\frac{(x-\mu)^2}{2\sigma^2}\right) \tag{6-10}$$

式中:μ 为杂波均值;σ 为杂波标准差。其累积积分函数为

$$F(x) = \int_{-\infty}^x \frac{1}{\sqrt{2\pi}\sigma} \exp\left(-\frac{(t-\mu)^2}{2\sigma^2}\right) \mathrm{d}t \tag{6-11}$$

作变量代换 $z = (t-\mu)/\sigma$,则

$$F(x) = \int_{-\infty}^{\frac{x-\mu}{\sigma}} \frac{1}{\sqrt{2\pi}} \exp\left(-\frac{z^2}{2}\right) \mathrm{d}z = \Phi\left(\frac{x-\mu}{\sigma}\right) \tag{6-12}$$

即 $F(x)$ 是标准正态分布函数。

在给定虚警率 P_{fa} 后,检测阈值为

$$T_{cfar} = \sigma \cdot \Phi^{-1}(1 - P_{fa}) + \mu \tag{6-13}$$

对于判定哪些像素点进入滑窗内的杂波像素序列,已证明在均匀杂波区域内,单元平均恒虚警率(CA-CFAR)检测器的参数估计结果是最优的。

实际中常用检测算法是双参数 CFAR(2P-CFAR)。该算法检测目标时,

需要设置 3 个滑动窗口,参考滑窗如图 6 - 1 所示。具体包括目标区、保护区、杂波区,其中目标窗口(中心点)为待检测像素点,位于保护区中心;设置保护区是为防止分布式目标泄露进入用于统计杂波分布的杂波区。

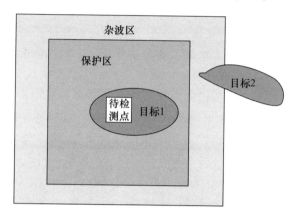

图 6 - 1　恒虚警检测示意

为检测不同尺寸的船舶目标,双参数 CFAR 滑窗大小需要根据目标尺寸来设置。如果窗口尺寸过小,那么部分大型船舶的船体像素就可能泄露到杂波窗中,从而增加背景的方差,使得检测概率减小[214]。一般情况下,目标保护窗口尺寸设置为最大船舶目标长度的两倍。杂波区越窄,目标泄露就越少,但同时参与杂波统计像素也越少。高分辨率条件下,以 3m 分辨率为例,长度 240m 的船对应到图中像素为 80 个,若杂波区宽度取 1,则保护区相邻像素数量可达 640个,完全满足中心极限定理,用于杂波统计建模,所以高分辨率条件下杂波区宽度设置为 1。综上所述,双参数 CFAR 检测算法特点如下:

(1)采用局部滑动窗口进行滑窗处理来自适应局部背景的变化。

(2)背景窗口尺寸的大小取决于图像分辨率及感兴趣目标的尺寸。

(3)由于检测过程中需要反复统计背景窗口内的每个像素,所以处理过程非常耗时。显然,计算量大小不仅与图像自身尺寸有关,也与窗口大小有关。

由于不同杂波分布模型对应不同的检测阈值表达形式,所以杂波分布模型直接影响检测效果。因此,在利用 CFAR 算法进行 SAR 图像船舶检测时,需要对实际海杂波进行统计建模,来估计海杂波所服从的分布模型,以便达到最佳检测效果。

6.1.2　海杂波统计分布建模与参数估计

杂波建模及参数估计是 CFAR 检测中至关重要的环节。参数化模型得到了广泛深入的研究,研究人员已经提出了许多统计分布模型。根据原理不同大致分为 4 类[215]:①经验分布,如 Weibull 分布、Lognorm 分布和 Fisher 分布等;②基于乘积模型的分布,如高斯分布、瑞利分布、负指数分布、伽马分布、K 分布和 G^0 分布等;③基于广义中心极限的分布,包括 SαS 分布、SαSGR 分布;④其他分布,如 Rician 分布、Jointly 分布和混合高斯分布等。

　　SAR 图像杂波分布具有长拖尾特征,高斯分布虽然形式简单、计算量小,但并不适合 SAR 图像杂波统计建模。实际应用中,需要选用可以精确描述 SAR 图像局部区域杂波特征的统计分布模型来提高检测效率。从大量文献来看,乘积模型使用最为广泛,由乘积模型推导出多种杂波统计模型。其中,K 分布、G^0 分布等能够较精确地拟合 SAR 图像的海杂波分布。在脉冲干扰环境下高斯分布不再适用描述噪声分布,由广义中心极限定理可知,噪声分布将收敛为 α 稳态分布。然而 K 分布和 α 稳态分布的累积积分函数没有闭合表达式,参数估计困难,一般需要通过数值计算方法来估计其参数。文献[216]围绕高分辨率 TerraSAR – X 图像 CFAR 目标检测,通过对比瑞利、Weibull、K、伽马、G^0 和 α 稳态等 6 类分布拟合效果,得出 Lognorm 分布拟合效果最佳。

　　几种常用分布模型函数及相应的 CFAR 阈值解析(或恒虚警率表达式),如表 6 – 1 所列。

表 6 – 1　常用分布函数及参数估计

分布类型	概率密度函数	CFAR 阈值解析式或恒虚警率表达式
高斯分布	$p(x) = \dfrac{1}{\sqrt{2\pi}\,\sigma}\exp\left(-\dfrac{(x-\mu)^2}{2\sigma^2}\right)$	$T = \sigma \cdot \Phi^{-1}(1 - P_{\mathrm{fa}}) + \mu$
瑞利分布	$p(x) = \dfrac{x}{b^2}\exp\left(-\dfrac{x^2}{2b^2}\right)$	$T = b\sqrt{-2\ln P_{\mathrm{fa}}}$
Lognorm 分布	$f(x) = \dfrac{1}{\sqrt{2\pi}\,\sigma}\exp\left(-\dfrac{(\ln x - \mu)^2}{2\sigma^2}\right)$	$T = \sigma \cdot \Phi^{-1}(1 - P_{\mathrm{fa}}) + \mu$ μ 和 σ 为 $\ln x$ 的均值和方差
Weibull 分布	$p(x) = \dfrac{c}{b}\left(\dfrac{x}{b}\right)^{c-1}\exp\left(-\left(\dfrac{x}{b}\right)^2\right)$	$T = \dfrac{\sqrt{6}}{\pi}\left[\ln(-\ln P_{\mathrm{fa}}) + \gamma\right]$
伽马分布	$p(x) = \dfrac{1}{x}\left(\dfrac{\nu x}{\mu}\right)^{\nu}\dfrac{1}{\Gamma(\nu)}\exp\left(-\dfrac{\nu x}{\mu}\right)$	$P_{\mathrm{fa}} = 1 - \displaystyle\int_0^T \dfrac{1}{\Gamma(\nu)}\left(\dfrac{\nu}{\mu}\right)^{\nu}t^{\nu-1}\exp\left(-\dfrac{\nu t}{\mu}\right)\mathrm{d}t$
K 分布	$p(x) = \dfrac{2}{\Gamma(L)\Gamma(\nu)x}\left(\dfrac{L\nu x}{\mu}\right)^{\frac{L+\nu}{2}}$ $\times k_{\nu-L}\left(2\sqrt{\dfrac{L\nu x}{\mu}}\right)$	$P_{\mathrm{fa}} = \dfrac{2}{\Gamma(\nu)}\left(\dfrac{\nu}{\mu}\right)^{\frac{\nu}{2}}T^{\nu}K_{\nu}\left(2\sqrt{\dfrac{\nu}{\mu}}T\right)$
G^0 分布 (单视强度)	$p(x) = \dfrac{-\alpha\gamma^{-\alpha}}{(\gamma+x)^{1-\alpha}}$	$T = \gamma\left(P_{\mathrm{fa}}^{1/\alpha} - 1\right)$

6.2　基于图像增强与快速迭代 CFAR 的 SAR 图像船舶目标检测

为利用 CFAR 实现 SAR 图像船舶目标检测,除 6.1 节所述的分布模型外,还需解决两个问题:一是增强船舶与海洋之间的对比度,二是加快检测运算速度。为此,本节提出了基于图像增强与快速迭代 CFAR 的单极化 SAR 图像船舶目标检测方法,其处理流程如图 6 - 2 所示。

图 6 - 2　单极化 SAR 图像船舶目标检测流程

6.2.1　基于瑞利熵优化的 SAR 图像增强

高信噪比特征图有利于目标检测。文献[217]推导了极化白化滤波的一种实优化形式,它属于完全非参数化的算法,无需对数据分布进行任何假设。该算法在最大等效视数准则下构造了最优变换函数,能够有效地降低斑点噪声,是一个非常理想的目标检测预处理工具。

1. 瑞利熵优化算法

假设对于任意一种类型的单通道 SAR 数据,可以根据需要构造实数据向量,即

$$\boldsymbol{y} = (y_1, y_2, \cdots, y_n)^T \tag{6-14}$$

对 $\boldsymbol{y}$ 中分量采取一种线性组合的方式,即可得到一幅融合增强图像,即

$$y = \boldsymbol{a}^T \boldsymbol{y} \tag{6-15}$$

式中:$\boldsymbol{a} = (a_1, a_2, \cdots, a_n)^T$,为待求的融合系数。

按照最大等效视数优化准则,即使得图像融合结果的相干斑降到最低,可表达为

$$\boldsymbol{a}^* = \underset{\boldsymbol{a}}{\text{argmax}} \left\{ \frac{[E(\boldsymbol{a}^T \boldsymbol{y})]^2}{\text{var}(\boldsymbol{a}^T \boldsymbol{y})} \right\} \Leftrightarrow \underset{\boldsymbol{a}}{\text{max}} \left\{ \frac{\boldsymbol{a}^T (\boldsymbol{\mu}_y \boldsymbol{\mu}_y^T) \boldsymbol{a}}{\boldsymbol{a}^T (\boldsymbol{\Sigma}_y - \boldsymbol{\mu}_y \boldsymbol{\mu}_y^T) \boldsymbol{a}} \right\} \tag{6-16}$$

这是一个瑞利熵优化问题,其解与以下的广义特征值问题同解,即

$$(\boldsymbol{\Sigma}_y - \boldsymbol{\mu}_y \boldsymbol{\mu}_y^T) \boldsymbol{a} = (\boldsymbol{\mu}_y \boldsymbol{\mu}_y^T) \boldsymbol{a} \tag{6-17}$$

简化为

$$\boldsymbol{\Sigma}_y \boldsymbol{a} = (2 \boldsymbol{\mu}_y^T \boldsymbol{a}) \boldsymbol{\mu}_y \tag{6-18}$$

由于仅关心方向 a,故忽略式(6-18)右端的标量 $2\boldsymbol{\mu}_y^{\mathrm{T}}a$,因此最终问题式(6-16)的解为

$$a^* = \Sigma_y^{-1}\boldsymbol{\mu}_y \qquad\qquad (6-19)$$

根据式(6-19)可知,问题转化一个实线性方程求解,利用高斯消元法即可快速、准确地获得最优系数。

该方法不依赖于对数据的任何分布假设,对于实向量 y 的构造方法没有任何限制条件,根据需要可以构造任意高维的多通道数据。文献[218]中通过构造多项式的方式来得到多通道数据,构造了 3 阶向量

$$y = (A, A^2, A^3)^{\mathrm{T}} \qquad\qquad (6-20)$$

式中:A 为像素点的幅度值。该向量中既包含图像幅度,又有其高阶矩特征。

2. 实验及结果分析

为分析瑞利熵优化算法的增强效果,采用 Radarsat-2 卫星单极化 SAR 图像进行了图像增强实验。该图像极化方式为 HH,图像采样率为 $6.25\mathrm{m} \times 6.25\mathrm{m}$,成像区域在加拿大温哥华。图 6-3(a)为成像区域 SAR 幅度图像切片。其中,海面上的两艘船已用矩形框标出。

利用文献[217,219]算法进行滤波增强,结果如图 6-3(b)所示,有效降低了斑点噪声,有效提高了船舶目标与海洋杂波之间的对比度。

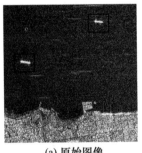　

(a) 原始图像　　　　　　　　(b) 文献[219]算法

图 6-3　单极化 SAR 图像增强

6.2.2 基于积分图的快速迭代 CFAR 检测

1. 迭代 CFAR 检测算法

任何一种 CFAR 检测算法,都离不开使用局部杂波样本来估计杂波所服从的分布。当存在多目标时,杂波区可能泄露进入其他目标,如图 6-1 所示。CFAR 检测器在给定一个阈值后,由于没有目标的先验信息,通常采用杂波区内所有像素点来进行杂波分布参数估计。当杂波区内存在其他目标像素时,破坏

了杂波区域的统计特性,使得淹没了部分弱目标,检测效果并不理想。

为解决上述问题,研究人员提出了顺序统计量恒虚警(OS – CFAR)及其改进算法[118,220],其核心思想是剔除杂波样本中少量高强度样本。尽管这些算法改善了检测结果,但其阈值的设置与滑动窗结构、大小及目标尺寸密切相关,尚未建立统一准则,而且处理样本的顺序统计量会对后续处理带来很大的计算负担。为此,文献[119]提出了迭代 CFAR 检测方法,其基本思想是将前一次检测结果 $T_{i-1}(x,y)$ 当作下一次检测结果 $T_i(x,y)$ 的目标先验来修正杂波分布,从而使迭代检测结果能够检测出初始检测丢失的弱目标。这个过程周而复始就形成迭代 CFAR 算法。关于迭代的终止条件,定义相邻两次迭代结果之间差异为

$$\delta(i) = \sum_{x=1}^{m} \sum_{y=1}^{n} T_{i-1}(x,y) \oplus T_i(x,y) \qquad (6-21)$$

式中:m 和 n 为图像的行数和列数;$\oplus$ 代表二值异或操作。当 $\delta(i)$ 为零,即检测结果不再发生改变时,终止迭代。

具体迭代检测步骤如下。

(1)定义一个初始目标像素点集合 T_0。如果有关于图像目标初始分布的信息,则可加快迭代收敛速度;如果没有目标初始信息,则设置 $T_0 = 0$。

(2)在第 i 次迭代检测过程中,剔除待检测像素滑窗杂波区中被 $T_{i-1}(x,y)$ 置为目标的像素后,估计杂波分布;接着通过该估计结果计算待检测像素的检测量 D;比较检测量 D 和给定虚警概率 P_{fa} 对应判决阈值 K,来判决该像素是否为目标像素,从而获得本次迭代检测结果 $T_i(x,y)$。

(3)判断 $\delta(i)$ 是否为 0,若是则迭代结束;否则令 $T_{i+1}(x,y) = T_i(x,y)$,重复步骤(2)进行第 $i+1$ 次迭代。

(4)输出 $T_{i-1}(x,y)$ 作为最终检测结果。

尽管迭代 CFAR 解决了杂波区内目标泄露问题,但迭代 CFAR 算法计算复杂度过高,不仅每次检测存在多次滑窗运算,而且要进行迭代处理,导致算法执行过程非常耗时。

2. 快速迭代 CA – CFAR 算法

针对 CFAR 算法计算量大的难题,文献[221]进行了系统分析。从基本原理上看,已有算法主要从 3 个方面来提高 CFAR 算法执行效率:①在精细检测前增加快速预筛选[221],避免在每个像素上进行复杂的参数估计和阈值运算;②设计高效率的迭代计算方法[222],利用相邻像素背景杂波数据的重合特性来减少重复运算,文献[223]提出了一种类似两步迭代算法,其思路是先采用基于简单模型的 CFAR 初步检测,然后采用基于精确模型的 CFAR 在初步检测结果

中进行局部自适应检测来确定潜在目标点；③降低高分辨率 SAR 图像分辨率，在低分辨率图像上进行精细检测[224]。然而，快速预筛选方法采用全局阈值设定候选目标过程中，可能造成真实目标丢失；迭代计算方法虽然对最终的检测结果没有影响，但计算量减少有限；降分辨率方法显然可以提高速度，但鉴于目标在不同分辨率条件下表现出不同的特征，该方法有效性尚需斟酌。另外，文献[225]将积分图应用于 G^0 分布统计参数估计实现了快速检测，但检测效果不够理想。

确定检测器和杂波模型后，CFAR 算法的计算复杂度主要体现在基于滑窗像素的参数估计计算中。将 SAR 图像取对数处理后，可采用高斯统计分布模型来描述其统计分布。由表 6-1 可知，高斯统计分布参数估计的运算量主要在于计算杂波区内参考单元均值和方差样本的"求和"运算，其余统计模型的参数估计也与此类似。因此，如果能对该部分进行加速，即可提高检测运算效能。

在双参数 CFAR 算法中，海杂波所在的背景窗口为空心正方形，而空心部分对应为正方形保护窗。考虑到积分图可用于矩形区域积分的快速计算，从而利用两个正方形的积分差即可快速获得杂波的统计特征。据此，利用积分图设计了迭代 CFAR 算法的快速实现。具体实现流程如图 6-4 所示。

详细处理步骤如下：

（1）初始化。在增强后 SAR 图像上，分别设置虚警概率、船舶最大尺寸及杂波区宽度；初始检测特征图为上述检测结果，目标像素矩阵 A 置 0。

（2）按照迭代 CFAR 检测算法对特征图进行船舶检测，得到筛选目标结果 B，具体如下。

① 设检测窗杂波区内的像素集合记为 Θ。首先根据船舶最大尺寸与杂波区大小设置扩展宽度 W。对原始图像 Img 进行扩展，扩展图像记为 Img_pad。

② 根据式（2-15）和式（2-16）计算获得原始图像的积分图 SSI_1；假设保护区宽度为 $2(W-R)$，对原图像扩展后计算相应积分图 SSI_2。

③ 上述两个积分图之差即为 Θ 的和，除以杂波区像素点数量 Ic_num 得到 Θ 的均值。

④ 采用原图像的二阶矩代替原图像，按照上述①~③流程获得 Θ 二阶矩的均值 Ic_mean2。结合 Θ 的均值，得到 Θ 的方差 Ic_var。

⑤ 按照预设虚警概率，结合 Θ 的均值与方差，利用式（6-13）计算检测阈值 T_{cfar}。最后，对原图像逐点检测，输出最终检测结果。

（3）判断目标像素矩阵 A 是否发生变化，若是则更新矩阵 A 及检测特征图后转入步骤（2）；否则迭代检测结束。

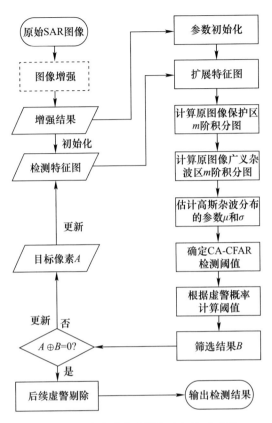

图 6 - 4   快速迭代 CFAR 目标检测流程

（4）检测目标连通区域，通过后续形态学处理及计数滤波器剔除虚警，得到最终船舶目标检测结果。

假设原始 SAR 图像尺寸为 M^2，杂波区的宽度为 R，检测窗内保护区的尺寸为 $2(W - R) + 1$，则杂波区域中所有 $4R(2W - R + 1)$ 个像素均为杂波像素时的计算时间复杂度，如表 6 - 2 所列。

表 6 - 2   快速检测方法的计算时间复杂度分析

本节快速方法	求原图像积分图像	求 2 阶矩分图像	计算每个检测窗 Θ_μ	计算每个检测窗 $\Theta_{\mu 2}$	计算每个检测窗 Θ_σ	计算检测结果输出	总运算量
加法	$2M(M-1)$	$2M(M-1)$	M^2	M^2	M^2	M^2	$8M(M-1)$ $+4M^2$
乘法	0	M^2	M^2	M^2	M^2	$2M^2$	$6M^2$

由表 6 - 2 可知，本节快速参数估计方法的计算时间复杂度为 $8M(M-1) + 10M^2$。同样条件下，经典双参数 CFAR 算法的计算时间复杂度为 $M^2(8R(2W -$

$R+1$）+2）。由此可知,本节方法的运算效率约为传统双参数 CFAR 的 $4R(2W-R+1)/9$ 倍。

显然,传统双参数 CFAR 算法的计算复杂度中包含窗口尺寸参数 W 和 R, 因此随着窗口尺寸的增大,算法耗时会显著增大。为保证参数估计的稳定性和 精确性,滑动窗口的尺寸又必须足够大。所以,传统 CFAR 算法只能在检测效 果与计算量之间折中。而本节方法的计算时间复杂度仅与图像尺寸大小有关, 可以根据目标尺寸设置滑窗大小,而不影响检测效率。

6.2.3 实验及结果分析

实验图像为 TerraSAR - X 卫星 HH 单极化 SAR 图像,大小为 37600 像素 × 55600 像素,方位向和距离向分辨率均为 3m,方位向和距离向采样率均为 1.25m,成像区域为直布罗陀海峡,图中存在大量船舶目标,如图 6 - 5(a)所示。 测试实验切片数据为临港区域大小 2000 像素 × 2000 像素的子图像,如图 6 - 5 (b)所示。在该区域中共有 10 艘船,用矩形框出。

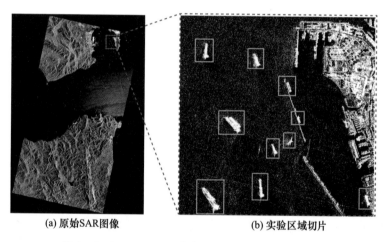

(a) 原始 SAR 图像   (b) 实验区域切片

图 6 - 5　TerraSAR - X 直布罗陀 SAR 图像(见彩插)

分别利用文献[119]算法与本节所提算法对该 SAR 图像切片进行船舶目 标检测。检测过程中恒虚警率设置为 10^{-4},最大船舶尺寸为 400m × 200m,最小 船舶尺寸为 20m × 10m,两种算法的检测结果分别如图 6 - 6(a)和图 6 - 6(c)所 示;通过后续形态学处理及计数滤波器剔除虚警,对应得到船舶目标初鉴别结 果如图 6 - 6(b)和图 6 - 6(d)所示。

为量化评价各算法性能,选用正确检测率、虚警率和品质因子等指标进行 衡量。为进一步分析所提算法性能,分别在不同恒虚警率 P_{fa} 下进行实验,检测 结果如图 6 - 7 所示。

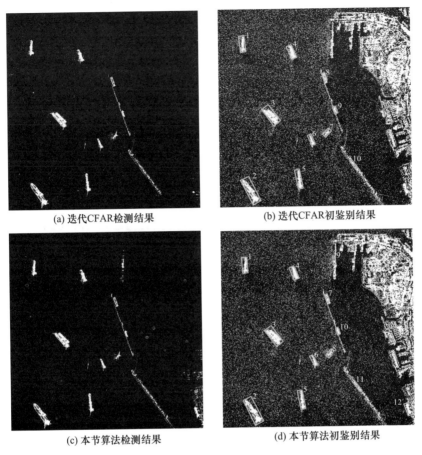

(a) 迭代CFAR检测结果　　　　　　　(b) 迭代CFAR初鉴别结果

(c) 本节算法检测结果　　　　　　　(d) 本节算法初鉴别结果

图 6-6　单极化 SAR 图像船舶目标检测结果（见彩插）

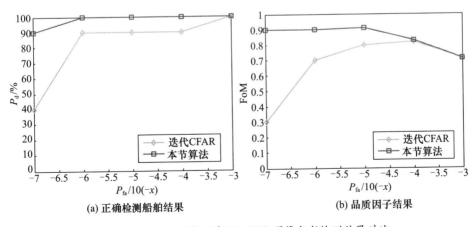

(a) 正确检测船舶结果　　　　　　　(b) 品质因子结果

图 6-7　不同恒虚警下单极化 SAR 图像船舶检测效果对比

从图 6 - 7 中可以看出,随着恒虚警概率 P_{fa} 的减小,迭代 CFAR 算法检测概率 P_d 从 P_{fa} 为 10^{-7} 开始迅速下降,检测到的船舶目标仅为 40% ;品质因子从 P_{fa} 为 10^{-5} 时开始衰减,达到 10^{-7} 时严重衰减,表明检测性能迅速下降;相比之下,本节算法的正确检测概率与品质因子均稳定保持在较高水平,反映出本节算法检测性能稳健。同时,当 P_{fa} 为 10^{-4} 时,从图 6 - 6(c) 中可以看出,本节算法检测结果中不仅覆盖了海面上船舶目标,而且完整检测出了图 6 - 6(d) 右下角的靠岸船舶。在检测流程上,本节算法与原迭代 CFAR 算法的区别在于增加了图像增强步骤,从而使得船舶与海杂波背景之间的对比度大幅增大,为后续检测处理提供了良好基础。

运算效率方面,该图像在迭代 CFAR 检测过程中,共计迭代 13 次。文献 [119] 算法耗时为 2560.76s,本节提出的检测算法耗时总计 32.48s,其中图像增强消耗 19.07s,快速迭代检测仅耗费 13.41s。

6.3　多极化 SAR 图像船舶目标检测

极化 Notch 滤波器(Polarimetric Notch Filter,PNF)将目标检测转换到目标极化空间,已成功应用于 Radarsat - 2[125]、TerraSAR - X[126-127] 和 ALOS - PAL-SAR[128] 全极化 SAR 图像海上人造目标(船舶、风力涡轮机)检测。极化 Notch 滤波器方法的关键是寻找更为合理的目标极化空间,增强目标与背景间的极化散射特征差异。极化 Notch 滤波器将极化相干矩阵的第一元素 T_{11} 看作表面散射成分,其他部分当作目标散射成分,假设简单但不够合理。改进 Notch 滤波器在相干系数中增加能量因子,以区分强弱表面散射,但仍未合理考虑船舶目标与海杂波在散射机制之间的差异。针对该问题,将基于模型的极化分解方法引入极化 Notch 滤波器,利用极化分解结果中表面散射、二次散射和体散射等散射机制的能量构造新散射矢量代替极化相干散射矢量,并加入功率能量因子,构造新的极化 SAR 图像 Notch 滤波器,有效增强了船舶目标与海杂波背景间的对比度,提高了船舶目标检测性能。

6.3.1　极化 Notch 滤波原理

设极化散射矩阵 S 表示一个确定目标,其等价的散射矢量为 k。在介质均匀和单站互易条件下,k 为三维矢量 $[k_1,k_2,k_3]^T$。采用两种散射机制 ω_1 与 ω_2 投影,散射矢量 k 在两种极化子空间下投影的相干性系数为[124,226]

$$\gamma = \frac{\langle \omega_1^{*T} \cdot k \cdot (\omega_2^{*T} \cdot k)^* \rangle}{\sqrt{\langle \omega_1^{*T} \cdot k \cdot (\omega_1^{*T} \cdot k)^* \rangle \langle \omega_2^{*T} \cdot k \cdot (\omega_2^{*T} \cdot k)^* \rangle}} \quad (6-22)$$

式中：* 为求共轭算子;〈·〉表示空间统计平均处理。

如果散射机制 $\boldsymbol{\omega}_1$ 与待检测目标成比例,$\boldsymbol{\omega}_2$ 在目标空间接近于 $\boldsymbol{\omega}_1$,则当地物散射集中在目标空间中时,相干系数大;否则,相干系数小。如果以极化相干系数作为特征图,则实现了对目标散射的增强以及对非目标散射的抑制,增大了目标和背景的对比度,有利于目标检测。

在实际 SAR 微波成像中,单个分辨像元内地物不是一个确定性目标,而是由多个目标复合而成的部分相干散射体,其中的每个目标都可以用一个散射矩阵 $\boldsymbol{S}$ 来表示。为了表征部分相干散射体,引入极化协方差矩阵或极化相干矩阵等二阶统计量。极化相干矩阵定义为 $[\boldsymbol{T}] = \langle \boldsymbol{k} \cdot \boldsymbol{k}^{*\mathrm{T}} \rangle$。与确定目标极化散射矩阵的矢量化相似,部分散射体的极化相干矩阵对应的散射矢量为[125-126]

$$\boldsymbol{t} = \mathrm{Trace}([\boldsymbol{T}]\psi) = [t_1, t_2, t_3, t_4, t_5, t_6]^{\mathrm{T}}$$
$$= [\langle |k_1|^2 \rangle, \langle |k_2|^2 \rangle, \langle |k_3|^2 \rangle, k_1^* k_2, k_1^* k_3, k_2^* k_3]^{\mathrm{T}} \qquad (6-23)$$

式中:ψ 为 3×3 大小 Hermitian 空间内积下的完备基。

针对 SAR 图像而言,海杂波通常表现为表面散射。假设极化相干矩阵对应的散射矢量其第一维空间表示布拉格表面散射,即海杂波集中于六维空间的第一成分,设 $\boldsymbol{t}_{\mathrm{sea}} = [1, 0, 0, 0, 0, 0]^{\mathrm{T}}$。感兴趣船舶目标分布在其他 5 个成分,可设 $\boldsymbol{t}_{\mathrm{tar}} = [0, 1, 1, 1, 1, 1]^{\mathrm{T}}$,其对应摄动目标为 $\boldsymbol{t}_{\mathrm{P}} = [a, b, c, d, e, f]^{\mathrm{T}}$,其中 $a \ll b, c, d,$ e, f,不失一般性,设定 $b = c = d = e = f$。

为计算 $\boldsymbol{t}_{\mathrm{tar}}$ 与 $\boldsymbol{t}_{\mathrm{P}}$ 之间的内积,基于施密特正交化方法,可利用 $\boldsymbol{t}_{\mathrm{sea}}$ 构造 6×6 权重矩阵 $\boldsymbol{U}$。假设 $\boldsymbol{u}_1 = \boldsymbol{t}_{\mathrm{sea}}$,$\boldsymbol{u}_2$、$\boldsymbol{u}_3$、$\boldsymbol{u}_4$、$\boldsymbol{u}_5$、$\boldsymbol{u}_6$ 用于表示标准正交基,则 $\boldsymbol{U} = [\boldsymbol{u}_1, \boldsymbol{u}_2,$ $\boldsymbol{u}_3, \boldsymbol{u}_4, \boldsymbol{u}_5, \boldsymbol{u}_6]$。通过极化相干矩阵的散射矢量与权重矩阵共轭相乘,将极化相干散射矢量 $\boldsymbol{t}$ 分配到各子空间,构造包含目标所有散射机制的对角矩阵 $\boldsymbol{A}$,$[\boldsymbol{A}] = \mathrm{diag}(\boldsymbol{u}_1^{*\mathrm{T}}\boldsymbol{t}, \boldsymbol{u}_2^{*\mathrm{T}}\boldsymbol{t}, \boldsymbol{u}_3^{*\mathrm{T}}\boldsymbol{t}, \boldsymbol{u}_4^{*\mathrm{T}}\boldsymbol{t}, \boldsymbol{u}_5^{*\mathrm{T}}\boldsymbol{t}, \boldsymbol{u}_6^{*\mathrm{T}}\boldsymbol{t})$。部分散射体检测器构造为

$$\langle ([\boldsymbol{A}]\boldsymbol{t}_{\mathrm{tar}})^{*\mathrm{T}}([\boldsymbol{A}]\boldsymbol{t}_{\mathrm{P}}) \rangle = \boldsymbol{t}_{\mathrm{tar}}^{*\mathrm{T}} \langle ([\boldsymbol{A}])^{*\mathrm{T}}([\boldsymbol{A}]) \rangle \boldsymbol{t}_{\mathrm{P}} = \boldsymbol{t}_{\mathrm{tar}}^{*\mathrm{T}}[\boldsymbol{P}]\boldsymbol{t}_{\mathrm{P}} \qquad (6-24)$$

$$\gamma = \frac{\boldsymbol{t}_{\mathrm{tar}}^{*\mathrm{T}}[\boldsymbol{P}]\boldsymbol{t}_{\mathrm{P}}}{\sqrt{\boldsymbol{t}_{\mathrm{tar}}^{*\mathrm{T}}[\boldsymbol{P}]\boldsymbol{t}_{\mathrm{tar}} \cdot \boldsymbol{t}_{\mathrm{P}}^{*\mathrm{T}}[\boldsymbol{P}]\boldsymbol{t}_{\mathrm{P}}}} = \frac{1}{\sqrt{1 + \dfrac{|a^2|}{|b^2|} \dfrac{P_1}{P_2 + P_3 + P_4 + P_5 + P_6}}} \qquad (6-25)$$

式中:$[\boldsymbol{P}] = \mathrm{diag}(P_1, P_2, P_3, P_4, P_5, P_6)$。如果将目标能量定义为 $P_{\mathrm{tar}} = P_2 + P_3 + P_4 + P_5 + P_6$,海杂波能量定义为 $P_{\mathrm{C}} = P_1$,则检测器简化为

$$\gamma = \frac{1}{\sqrt{1 + \dfrac{a^2}{b^2} \dfrac{P_{\mathrm{C}}}{P_{\mathrm{tar}}}}} \qquad (6-26)$$

6.3.2　基于模型分解的 Notch 滤波全极化船舶检测

Marino 的极化 Notch 滤波器应用于海上船舶目标检测时,简单地将极化相

十矩阵的 T_{11} 元素,即式(6-23)散射矢量的第一分量,看作表面散射成分,对应于海杂波背景,其他 5 个分量对应船舶等目标,这种假定显然过于简单。仔细分析 Notch 检测器可知,该方法的关键在于挖掘目标与背景的极化散射特征差异,寻求更为精确的极化空间矢量来表述。

基于模型的极化分解将极化协方差矩阵或极化相干矩阵分解为各种不同类型标准散射体的二阶描述子的组合,其核心思想是对典型的物理散射过程进行物理化简与数学建模,导出具有代表性与适用性的散射模型,在假定散射模型前提下对目标进行分解,因而分解的物理意义非常明确。本节将基于模型的极化分解方法引入 Notch 滤波器,利用极化分解结果中表面散射、二次散射和体散射等散射机制所占的能量构造散射矢量,代替极化相干散射矢量,构造新的极化 Notch 滤波器。

1. 基于模型的极化目标分解

1998 年,Freeman 和 Durden 提出了适用于反射对称情况的三分量散射模型[227],将极化 SAR 数据分解为表面散射、二次散射和体散射,如图 6-8 所示。

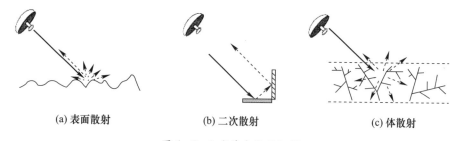

(a) 表面散射　　　　　　　(b) 二次散射　　　　　　　(c) 体散射

图 6-8　3 类基本散射机制

其中,一阶布拉格散射用于模拟来自适度粗糙表面的散射;偶次散射模拟由一堆不同介电常数的正交平面构成的二次散射;体散射对来自随机取向偶极子组成云状冠层的散射建模。不需要任何地面辅助测量数据,可以描述自然散射体的极化后向散射。

Freeman-Durden 分解在反射对称性假设的前提下,成功应用于 SAR 数据的目标分解。然而在实际 SAR 图像中可能存在某些区域不满足反射对称性假设条件,为此 2005 年 Yamaguchi 等引入了螺旋体散射成分,用于描述具有复杂几何结构的散射情况[228]。

表面或单次散射的模型是一阶布拉格表面散射体,其相干散射矩阵为

$$T_S = \begin{bmatrix} 1 & \beta^* & 0 \\ \beta & |\beta|^2 & 0 \\ 0 & 0 & 0 \end{bmatrix} \qquad (6-27)$$

式中:β 为水平向后向散射系数与垂直向后向散射系数之比。

二次散射的模型是一个二面角反射器,其相干散射矩阵为

$$T_{\mathrm{D}} = \begin{bmatrix} |\alpha|^2 & \alpha & 0 \\ \alpha^* & 1 & 0 \\ 0 & 0 & 0 \end{bmatrix} \qquad (6-28)$$

式中:α 为反映水平接收分量和垂直接收分量的相位差。

体散射的模型是一组方位随机的细长偶极子,其相干散射矩阵为

$$T_{\mathrm{V}} = \begin{bmatrix} 0 & 0 & 0 \\ 0 & 0 & 0 \\ 0 & 0 & 1 \end{bmatrix} \qquad (6-29)$$

进一步假定体散射、表面散射和偶次散射 3 种机理成分是不相关的,则地物的极化相干矩阵可由上述 3 种散射机理成分相干矩阵的加权和来表示,即

$$\langle [T] \rangle = f_{\mathrm{s}} \langle [T] \rangle_{\mathrm{surface}} + f_{\mathrm{d}} \langle [T] \rangle_{\mathrm{double}} + f_{\mathrm{v}} \langle [T] \rangle_{\mathrm{vol}} \qquad (6-30)$$

式中:f_{s}、f_{d},f_{v} 分别表示 3 种散射机理成分的贡献。使用 Freeman - Durden 分解结果中相关系数,可得到地物 3 种散射机理成分的功率,其中表面散射功率记为 P_{s},二次散射功率记为 P_{d},体散射功率记为 P_{v},具体计算公式为

$$\begin{cases} p_{\mathrm{s}} = (1 + |\beta|^2) f_{\mathrm{s}} \\ p_{\mathrm{d}} = (1 + |\alpha|^2) f_{\mathrm{s}} \\ p_{\mathrm{v}} = f_{\mathrm{v}} \end{cases} \qquad (6-31)$$

通过比较这 3 个功率的大小,即可确定地物中主导散射机理成分。

2. 基于模型分解的改进 Notch 滤波器

基于模型的极化分解将全极化 SAR 数据中任意一个像元看作表面散射、二次散射和体散射等不同类型散射体按照一定比例关系的混合体,物理意义明确。极化分解后,表面散射功率强的像元对应于布拉格表面散射的海杂波,二次散射或体散射功率占优的像元对应于船舶或油井等其他目标。以 Freeman - Durden 三分量极化分解为例,利用表面散射、二次散射和体散射 3 种散射机制所占的能量构造新的极化散射矢量,即

$$t_{3\mathrm{F}} = [P_{\mathrm{s}}, P_{\mathrm{d}}, P_{\mathrm{v}}]^{\mathrm{T}} \qquad (6-32)$$

表示非相干目标所有散射机制的空间。

假设海杂波集于新三维空间的第一成分,即表面散射,设 $t_{\mathrm{sea}} = [1, 0, 0]^{\mathrm{T}}$。则船舶目标在与 t_{sea} 正交的其他三维空间,设 $t_{\mathrm{tar}} = [0, 1, 1]^{\mathrm{T}}$,其对应摄动目标为

$t_P = [a, b, c]^T$，其中 $a \ll b$、c，不失一般性，设定 $b = c$。为计算 t_{tar} 与 t_P 之间的内积，构造权重矩阵 U。假设 $u_1 = t_{sea}$，其余通过施密特正交化方法构造，得到 $U = [u_1, u_2, u_3]$。极化散射矢量与权重矩阵共轭相乘，将极化散射矢量 t_{3F} 分配到各子空间，构造新的对角矩阵 A，$[A] = \text{diag}(t_{sea}^{*T} t_{3F}, u_2^{*T} t_{3F}, u_3^{*T} t_{3F})$。新的检测器构造为

$$\gamma_{3F} = \frac{t_{tar}^{*T}[P]t_P}{\sqrt{t_{tar}^{*T}[P]t_{tar} \cdot t_P^{*T}[P]t_P}} = \frac{1}{\sqrt{1 + \dfrac{|a^2|}{|b^2|} \dfrac{P_1}{P_2 + P_3}}} \qquad (6-33)$$

式中：$[P] = \text{diag}(P_1, P_2, P_3)$，$P_1 = |P_s|^2$，$P_2 = |P_d|^2$，$P_3 = |P_v|^2$。

将 $P_{sea} = P_1$ 和 $P_{tar} = P_2 + P_3$ 代入，检测器简化为

$$\gamma_{3F} = \frac{1}{\sqrt{1 + \dfrac{|a^2|}{|b^2|} \dfrac{P_{sea}}{P_{tar}}}} \qquad (6-34)$$

进一步，引入能量因子 span[130]，检测器变为

$$\gamma_{s3F} = \frac{1}{\sqrt{1 + \dfrac{1}{\text{span}^2} \dfrac{|a^2|}{|b^2|} \dfrac{P_{sea}}{P_{tar}}}} = \frac{1}{\sqrt{1 + \dfrac{1}{\text{span}^2} \dfrac{|a^2|}{|b^2|} \dfrac{|t_{3F}^{*T} \cdot t_{sea}|^2}{t_{3F}^{*T} \cdot t_{3F} - |t_{3F}^{*T} \cdot t_{sea}|^2}}} \qquad (6-35)$$

最后，根据阈值 T_h 来判定有无目标。当 $\gamma_{s3F} > T_h$ 时，存在目标；否则不存在目标[126]。

6.3.3 实验及结果分析

1. 船舶检测性能分析

实验选取经典的极化总功率图 SPAN 检测器、极化白化滤波 PWF 检测器[39]、PCE 熵检测器[136]、广义最优极化 GOPCE 检测器[123]、文献[130] 基于功率的改进极化 Notch 滤波器（SPAN_PNF）进行比较。除 SPAN_PNF 算法外，利用上述其他方法得到极化特征图后采用恒虚警率 CFAR 检测。实验中，虚警概率设置为 10^{-6}，鉴别船舶的最大尺寸为 $400\text{m} \times 200\text{m}$，最小尺寸为 $15\text{m} \times 10\text{m}$。本节新算法和 SPAN_PNF 算法在获得极化特征图后，直接进行阈值判决，设定阈值 T_h 为 0.9[128]，a/b 为 0.1[130]。

实验图像为加拿大 Radarsat - 2 卫星 SLC 全极化 SAR 图像，成像分辨率为 8m，图像大小为 6153 像素 ×6710 像素，方位向和距离向采样率分别为 4.85m 和 4.73m。成像时间为 2012 年 12 月 28 日，成像区域为日本东京湾，图中存在大量船舶目标。

　　图 6 – 9(a)所示为成像区域对应光学遥感图,Pauli 基分解 RGB 合成伪彩色结果如图 6 – 9(b)所示。为验证算法性能,选择图 6 – 9(b)中红色矩形框所标识子区域进行测试。图 6 – 9(c)所示为对应子区域 Pauli 基分解 RGB 合成图,图幅大小为 270 像素 × 270 像素,图 6 – 9(d)所示为对应子区域本节算法极化特征图,图中所示为港口附近海区,目视判读子区域 Pauli 图,可知在该区域内共有 12 艘船,目视结果用圆圈框出。

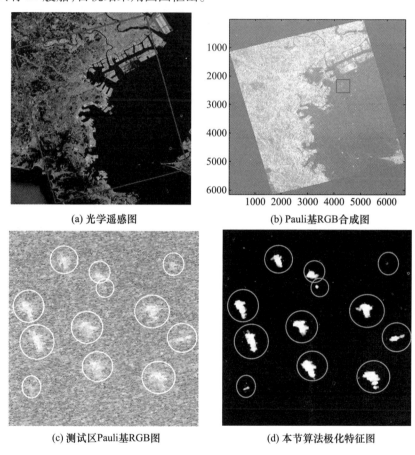

(a) 光学遥感图　　　　　　　　　　　(b) Pauli基RGB合成图

(c) 测试区Pauli基RGB图　　　　　　　(d) 本节算法极化特征图

图 6 – 9　Radarsat – 2 卫星全极化数(见彩插)

　　6 种算法获取的极化特征图及相应船舶检测结果如图 6 – 10 所示。从图 6 – 10(a)中可以看出,SPAN 图上船舶与海杂波混为一体,无法检测目标。如图 6 – 10(c)和图 6 – 10(d)所示,PCE 算法和 GOPCE 算法使得目标分裂,从而产生较多虚警。图 6 – 10(e)为 SPAN_PNF 算法结果,SPAN_PNF 算法和原极化 Notch 滤波算法一样,直接简单地将极化相干矩阵中的 T_{11} 元素看作表面散射成分,剩余部分当作目标成分,采取这种简单散射机制模型难以反映海杂波与船舶目标真实的极化散射特性,从而出现了较高漏检率。图 6 - 10(f)为本节新算法结果,基于模型的极化分解可有效分析、表征全极化数据的散射成分,其极化分解结果可更准确地表征海杂波和船舶的散射特性,使得基于模型分解的极化 Notch 滤波较好地增强了海杂波与船舶目标间对比度,从而成功检测出更多船舶目标(图 6 - 10(f)中弱目标 2 和目标 8)。

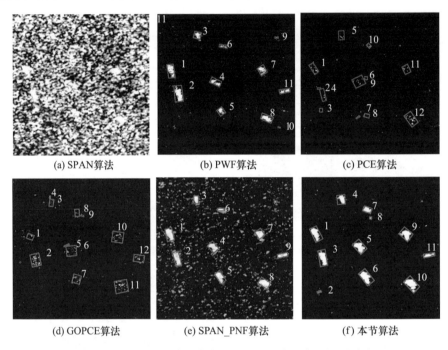

(a) SPAN算法　　　　　　(b) PWF算法　　　　　　(c) PCE算法

(d) GOPCE算法　　　　(e) SPAN_PNF算法　　　　(f) 本节算法

图 6 - 10　极化 SAR 图像船舶目标检测结果对比(见彩插)

为量化评价各算法性能,选用正确检测率、虚警率、漏检率和品质因子等指标进行比较。除 SPAN 检测器外,表 6 - 3 给出了其余 5 种算法的检测结果对比。从表 6 - 3 中可以看出,PCE 和 GOPCE 算法虚警率偏高。本节算法的品质因子最大,从品质因子所体现的目标检测综合性能来看,本节算法检测性能最好。

表 6 - 3　极化 SAR 图像船舶检测结果指标对比

算法	共检测船舶	正确检测船舶	虚警船舶	漏检船舶	品质因子
PWF	11	10(83.3%)	1(8.3%)	2(16.7%)	0.77
PCE	12	8(66.7%)	4(33.3%)	4(33.3%)	0.50
GOPCE	12	10(83.3%)	2(16.7%)	2(16.7%)	0.71
SPAN_PNF	9	9(75.0%)	0(0%)	3(25.0%)	0.75
本节算法	11	11(91.7%)	0(0%)	1(8.3%)	0.92

进一步说明算法检测性能,选取图 6 - 10(f)中目标 4、目标 7 和目标 8 的能量图进行分析,如图 6 - 11 所示。图 6 - 11(a)为 SPAN_PNF 算法结果,图 6 - 11(b)为本节算法结果。可以看出,SPAN_PNF 算法结果整体上信噪比动态范围小,位于 0 ~ 120dB 之间,船舶与海杂波之间相差约 30dB,而且弱目标 8 丢失。相比之下,本节算法有效增强了船舶目标,信噪比动态扩大到 - 100 ~ 150dB 之间,船舶与海杂波之间相差约 60dB,弱目标 8 被有效增强后凸显出来。

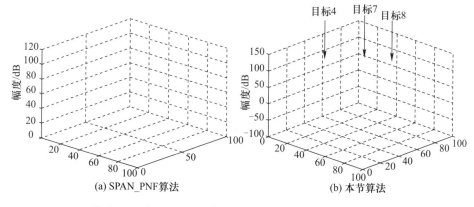

图 6 - 11 极化 SAR 图像弱小目标检测性能对比(见彩插)

2. 存在天然小岛屿海洋环境下的船舶检测

船舶自动检测方法要求剔除小岛,以避免出现船舶与岛屿混淆的情况。自然岛屿被认为是没有人造物体,可以覆盖一些植被的无人居住岛屿。本节通过 Radarsat - 2 精细全极化模式(FQ9)美国旧金山地区的数据来进行实验。分辨率为 8m,实验图像大小为 6000 像素 × 4500 像素,方位向和距离向采样率分别为 4.85m 和 4.73m。图 6 - 12(a)和图 6 - 12(b)分别为成像区域光学遥感图像和 Pauli 伪彩图,船舶用红色矩形标注,岛屿标注为白色矩形。

其中,i1 - Alcatraz Island(阿尔卡特拉斯岛),俗称恶魔岛,位于美国加州旧金山湾内,面积 0.0763km²,有监狱等人造目标;i2 - Red Rock Island(红岩岛),是在加利福尼亚州旧金山湾,旧金山以西,里士满圣拉斐尔桥南部,有明亮的红土山,占地面积 5.8 英亩(1 英亩 = 4047 平方米),无人居住。鬼影(G_1,G_2)标注为白色椭圆形。SAR 图像获取时间与光学图像不完全一致。最终增强结果显示在图 6 - 12(c)中,可以在海域观察到船舶目标和其他人造结构,所有标记为红色矩形的船舶目标一般可以被检测,大部分鬼影已经剔除,剩余部分也比较弱小,可以用面积特征来剔除。

图 6 - 13 包含了恶魔岛地域图像,从图 6 - 13(c)中可以看出复杂的人造目

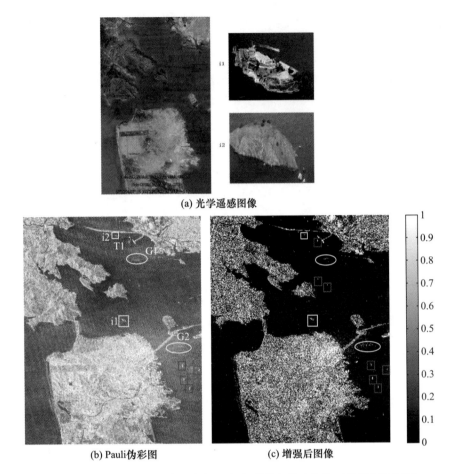

(a) 光学遥感图像

(b) Pauli伪彩图   (c) 增强后图像

图 6 - 12   Radarsat - 2 旧金山全极化 SAR 图像船舶目标检测结果(见彩插)

标表现为相干连续的散射体,可以被检测到。图 6 - 14 包含了红岩岛地区,其中也包括里士满圣拉斐尔桥梁。对比恶魔岛,可以发现红岩岛经本节所提算法处理后呈现为分散的散射体,斑点完全占主导地位。总的来说,本节新算法不能用来区分船舶与其他相干对象,如有建筑物的岛屿和其他人造目标等,但该极化检测器可有助于区分非相干虚警目标,如无人居住岛屿等。

3. AIS 数据验证的船舶检测

实验图像为 UTC 2013 - 02 - 15 18:13:40 时刻 Radarsat - 2 卫星 SLC 全极化 SAR 图像,成像区域为唐山曹妃甸地域,成像分辨率为 8m。对实验数据进行辐射校正、地斜校正和正射投影等预处理,经 Pauli 分解后合成的伪彩图如图 6 - 15(a)所示,图像大小为 6125 像素 ×7575 像素,方位向和距离向采样率分别为 4. 71m 和 4. 73m。为验证算法性能,选择图 6 - 15(a)中矩形框所标识

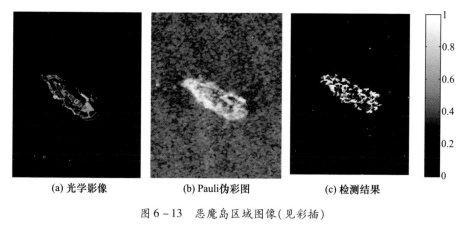

(a) 光学影像　　　　　(b) Pauli伪彩图　　　　　(c) 检测结果

图 6 - 13　恶魔岛区域图像(见彩插)

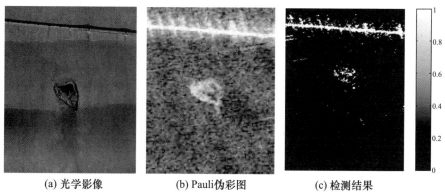

(a) 光学影像　　　　　(b) Pauli伪彩图　　　　　(c) 检测结果

图 6 - 14　红岩岛区域图像(见彩插)

子区域进行测试,对比算法为文献[130]SPAN_PNF 算法,另用相同时刻获取的 AIS 数据对船舶检测结果进行验证,算法参数同本节实验 1。图 6 - 15(b) 所示为对应子区域 Pauli 伪彩图,图幅大小为 1300 像素 × 1200 像素。利用 AIS 数据确定测试区域内有 8 艘船,具体信息如表 6 - 4 所列,同时利用 AIS 数据中的船舶经纬度信息在图 6 - 15(b) 中用圆圈标出所有船舶,图中船舶序号同表 6 - 4。

图 6 - 15(c) 为 SPAN_PNF 算法极化特征图及相应船舶检测结果,在该区域内共检测出 14 艘船,与 AIS 数据比较可知,其中 5 艘为虚警,另有一艘船分裂为 2 艘。图 6 - 15(d) 为本节算法极化特征图及相应船舶检测结果,与图 6 - 15(c)比较可知,本节算法对海杂波的抑制效果更好。本节算法在该区域内共检测出 10 艘船,其中图 6 - 15(b) 中 8 号船被检测为紧邻的 2 艘,另有 1 艘为虚警。在复杂海杂波条件下,本节算法有效增强了海杂波与船舶目标间的对比度,有效降低了船舶检测的虚警率。

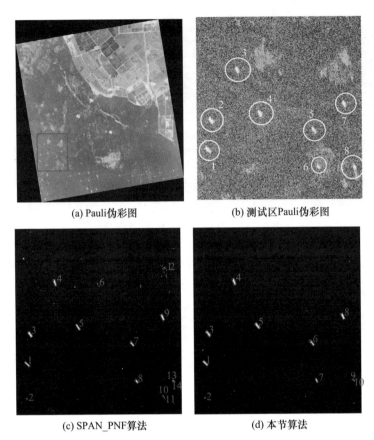

(a) Pauli伪彩图　　　　　　　　(b) 测试区Pauli伪彩图

(c) SPAN_PNF算法　　　　　　　(d) 本节算法

图 6 – 15　AIS 验证的极化 SAR 图像船舶目标检测(见彩插)

表 6 – 4　测试区船舶的 AIS 数据

序号	MMSI 编号	船名	经度/(°)	纬度/(°)	船舶类型	呼号
1	636015850	KAVALA SEAS	118. 111333	38. 93744	70	D5DD8
2	477899300	DA QING XIA	118. 112582	38. 94744	70	VRIU5
3	236391000	AALBORG	118. 121775	38. 96457	70	ZDHX7
4	477493400	MAPLE RUBY	118. 129448	38. 94982	70	VRIJ3
5	354797000	DA FU	118. 148548	38. 94389	70	3FUL8
6	567268000	M. V. SANGTHAI IRIS	118. 150238	38. 93119	70	HSII
7	477533000	GREAT HAPPY	118. 159438	38. 95295	79	VRVF7
8	412446910	ANSHENG16	118. 164574	38. 92717	70	BVFI 2

第七章

高分辨率SAR图像船舶目标分类

SAR 图像船舶分类属于图像模式识别研究领域,主要用于减少后续识别过程中备选船舶数量,提高运算精度与速度。依靠计算机智能实现船舶目标自动分类,关键在于选择合适的特征来精确描述目标。船舶分类特征具体包含船舶几何结构、散射特征和极化特征。几何结构直观简洁,易于使用,但包含特征参数较多,需要进一步精炼鉴别。电磁散射特征反映了目标与雷达波之间的作用效果,包括强散射点与区域散射两种特征。受相干斑影响,区域散射统计特征比强散射点特征表现更为稳健,但其缺陷是难以精确刻画不同类型船舶之间的差异。目标的极化特征与其形状结构紧密关联,有望用于船舶分类。然而目前极化 SAR 数据分辨率尚未达到反演出船舶目标精细结构的要求。

本章首先分析船舶目标的几何结构特征与电磁散射特征,归纳总结船舶分类特征。然后利用线性回归确定船舶主轴及方位角,获得多次迭代最小外接矩形后实现了高精度的船舶目标几何参数估计。深入挖掘区域散射特征分区模型,介绍最优纵向自相关特征和归一化强散射脊线偏心距。在此基础上,介绍 SAR 图像船舶分类方法,并利用 TerraSAR – X 卫星 SAR 图像船舶切片进行了分类验证。

7.1 船舶特征分析

7.1.1 几何尺寸特征

几何特征参数主要指目标的尺寸、方位和形状等。船舶几何特征是确定目标类型和判明目标性质的重要依据,对目标自动分类具有重要意义。SAR 侧视工作模式下,船舶目标呈现俯视图,成像结果与船舶几何特征息息相关。通过分析船舶目标的尺寸,能够大致判定船舶目标的性质。不同功能的船舶,不论是尺寸还是航速要求及承载的任务设备均可能不同,相应在形状上也存在一定差异。

在 SAR 图像上判定船舶目标的尺寸,一般是根据图像分辨率和船舶目标的图像尺寸相乘来获得。除了大斜视角观察时,SAR 成像入射角一般较小,经过地斜与几何校正后,高分辨率船舶目标在 SAR 图像中近似呈现俯视状态。此时,船舶的长宽对应于甲板的尺寸。高分辨率条件下,SAR 图像中船舶呈现为面目标。受船舶上层建筑影响,SAR 图像船舶目标区域可能出现畸变凸起,但低入射角条件下,目标轮廓变形不大;经过适当的处理,SAR 船舶目标区域与光学遥感成像结果在形状上较为相似。以油船为例,如图 7-1 所示,左图为油船的光学遥感图,右图为油船的 TerraSAR - X 图像切片。

图 7-1　油船光学遥感与 SAR 遥感图

从图 7-1 可看出,光学遥感图像非常直观,目标轮廓完整,油船上各个部件清晰显现出来,而 SAR 图像中主要显示了油船驾驶舱、吊塔以及船体边缘与海水交界处形成的强散射部分。相比光学图像,SAR 图像目视效果不够直观,但船舶目标的几何尺寸与整体形状特征却相差无几。特别是长、宽尺寸,在高分辨率条件下,大、中型船舶目标的光学遥感图像与 SAR 图像具有一定比拟性,在此采用船舶的光学遥感图来分析其几何尺寸特征。

反映目标几何尺寸特征的参数主要有长 L、宽 W 和长宽比 R_{lw}。其中,长宽比为船舶目标最小外接矩形的长宽之比

$$R_{lw} = \frac{L}{W} \qquad (7-1)$$

图 7-2 显示了根据公开资料统计的两类船舶目标长宽比的分布,这里的

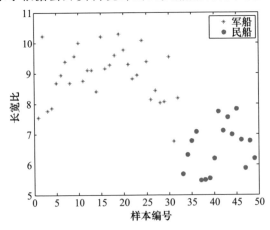

图 7-2　船舶长宽比统计分布

横坐标轴为样本标号,纵坐标轴则为特征值。所取样本集中军船主要是作战型船舶,民船则按照油船、集装箱船、散货船 3 类不同型号取样。从统计结果可以看出,军用船舶在设计过程中为满足高速行驶的要求往往设计为细长形,相对以载货、运输为主的民船来说,有较大的长宽比,一般均大于 8。民船长宽比落入了 5 ~ 8 之间,所以准确提取船舶目标长宽比对于区分军民船有重要的指导作用。

7.1.2　几何形状特征

几何形状特征主要包括矩形度(又叫占空比)、形状复杂度特征和轮廓特征等。受 SAR 侧视工作方式影响,目标轮廓特征极具易变性。因此,暂不考虑轮廓特征,下面仅分析矩形度与形状复杂度。反映一个目标对其最小外接矩形充满程度的参数是矩形拟合因子,即

$$R = \frac{S_0}{S_{MER}} \qquad\qquad (7-2)$$

式中:S_{MER} 为目标最小外接矩形面积;S_0 为最小外接矩形(Minimum enclosing rectangle,MER)中目标的面积。

形状复杂度 C 是目标区域边缘长度的平方与区域面积的比值的 $1/(4\pi)$,即

$$C = \frac{L^2}{4\pi S_0} \qquad\qquad (7-3)$$

根据公开资料统计了航空母舰、作战型船舶和民用船舶这 3 类目标的矩形度和形状复杂度,如图 7-3 所示。这里的横坐标轴为样本标号,其中 1 ~ 5 号为航母,6 ~ 13 号为作战型船舶,14 ~ 16 号为民用船舶,纵坐标轴表示特征的大小。

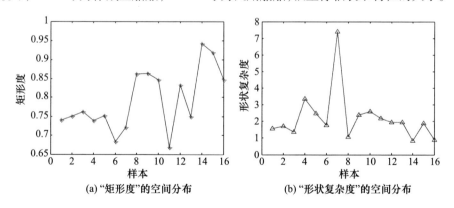

(a)"矩形度"的空间分布　　　　　(b)"形状复杂度"的空间分布

图 7-3　船舶形状特征的空间分布

从矩形度特征来看,船舶的船体形状各异,相应矩形度也不同。航空母舰形状不规则,通常呈斜多边形,矩形度较小,为 0.75 左右。作战型船舶形状类似,均为细长形状,舰艏较尖,矩形度在 0.7 ~ 0.85 之间。相比之下,油船、集装

箱船和散货船等民用船舶的形状更接近矩形,相应矩形度均较大,矩形度在
0.85~0.95 之间。

从图 7-3(b)来看,各类船舶形状复杂度差异并不明显,在 SAR 图像中船舶目标的轮廓存在大量毛刺与断裂,边缘长度随机起伏比较大。因此,SAR 图像中不适宜直接采用船舶形状复杂度来进行船舶分类。

7.1.3 电磁散射特征

常规入射角下,船舶甲板与上层建筑之间会形成二面角或多面角反射,在图像上形成强散射区域,该强散射分布反映了船舶上层建筑的结构及分布。因此,船舶强散射分布特征可以用于船舶分类与识别。下面对民用船舶中的典型类别如散货船、油船和集装箱船进行分析。

1. 散货船

高分辨率 SAR 图像中,闭合散货船的电磁散射特征多表现为闭合的"目"字形或"日"字形。图 7-4 所示为闭合货船的光学照片和 TerraSAR-X 图像切片。

 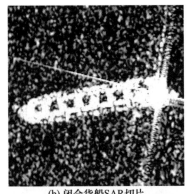

(a) 闭合货船实例照   (b) 闭合货船SAR切片

(c) 不闭合货船实例照   (d) 不闭合货船SAR切片

图 7-4　散货船实例照片和 SAR 切片

图 7-4(b)中船体上的黑色孔洞区域是由于雷达波无法入射到货舱相邻区域而形成的;在船尾可以看到存在明显的"十字叉"强散射,这是由于金属材质的上层建筑与船体之间形成类二面角结构,雷达截面积极大,根据 SAR 成像的机理,信号经过匹配滤波后产生类似 sinc 函数形式的波形,从而产生散射点距离分辨单元跨越问题,在图像上表现为十字叉现象。如图 7-4 所示,具有起重设备货船的散射结构在 SAR 图像上多表现为船舷一侧开口的货船,呈现为不闭合的"目""日"字形。图 7-4(d)船体中黑色缺口由起重设备遮蔽而形成。散货船在 SAR 图像中的特点为强散射线与暗矩形区域沿纵向交替分布,最长直线一般位于船边。

2. 油船

图 7-5 为油船的实例照片和 SAR 图像切片。油船主要用来运输液态石油类货物,其上层建筑一般位于船尾,甲板较平,散射强度较低,在甲板上有纵向贯穿船体的输油管线,具有较强的散射强度,形成沿纵轴中心分布的强散射线。因此,在高分辨率 SAR 中,峰值点主要位于主轴附近,如图 7-5(b)所示。最长直线一般位于主轴,这是外露油管油船的主要特征。

(a) 外露油管的油船实例照

(b) 外露油管油船SAR切片

(c) 不外露油管的油船实例照

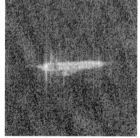

(d) 不外露油管油船SAR切片

图 7-5　油船实例照片和 SAR 切片示意

油管不外露的油船,需要利用油船中部的吊车将码头上的管道吊到油船上与油船管道对接,因此其上层建筑除了船尾驾驶舱外,还有一个吊车。对应于 SAR 图像上形成强反射的部分是驾驶舱和吊车部分。同时油管被镶嵌在甲板上,相应在 SAR 图像船体主轴上形成了一条弱散射直线。

3. 集装箱船

集装箱船是装载统一规格集装箱的货船,其上层建筑一般位于尾部或中部靠后,甲板上有规则排列金属托架用于安放集装箱,集装箱主要由金属制成,具有较强的后向散射。图 7-6 给出了部分典型集装箱船的光学照和 SAR 图像。在高分辨率 SAR 图像中,当集装箱船载有集装箱时,集装箱的排列变化多端,会形成大量零散无规律的强散射点,如图 7-6(b)所示;当集装箱船空载时,金属托架形成密集规律的强散射线[229],如图 7-6(d)所示。

(a) 满载的集装箱船实例照　　　　　(b) 满载的集装箱船SAR切片

(c) 空载的集装箱船实例照　　　　　(d) 空载的集装箱船SAR切片

图 7-6　集装箱船实例照片和 SAR 切片

经上述分析可知,油船、散货船和集装箱船多为尾机型,即驾驶舱位于船体尾部,并有前桅杆位于船首,在 SAR 图像中民用船舶的强散射区出现在船舶首尾;三类船舶强散射点分布具有规律性,散货船散射结果表现为多个强反射带与暗矩形区域交替出现的形式,油船纵贯全船的输油管表现为纵轴方向的连续强散射点,空载或排列整齐的集装箱船形成密集规律强散射线。

7.2　基于迭代线性回归 MER 的几何参数估计

SAR 图像船舶目标几何参数估计研究已逐步展开。按照算法原理的不同,大致可分为 3 种。第 1 种是采用最小外接矩形法[230]，计算面积最小时包含船舶目标像素的矩形，矩形旋转角度即为主轴方位，相应 MER 长宽即为船舶的尺寸。该方法前提是精确获得目标区域，SAR 特殊的成像机理使得目标形状没有光学图像那么清晰、完整，受舰桥、桅杆和烟囱等高层建筑影响，成像结果中存在拖尾、旁瓣等不规则形变，造成主轴方向和位置估计出现偏差。第 2 种是利用线性回归或最小转动惯量矩来估计方位角。线性回归方位角估计是在目标二值图像呈对称分布前提下，一元线性回归模型的拟合结果[231]。最小转动惯量矩方位角估计是不同方位角下目标二值图像所有点到直线距离和最小时所对应的方位角[232]。根据其原理可知，目标对称性对估计结果有显著影响。第 3 种是 Hough 变换法或 Radon 变换法及其改进[233-236]，该类变换将主轴估计转化为 $\rho-\theta$ 域中峰值检测问题，而船舶宽度转化为 $\rho-\theta$ 域中主轴峰值区域的范围。该类方法取得了较好效果，但隐含一个提取最大峰值区域的问题，同时返回原空间后续分割处理的效果也影响最终结果。

　　SAR 图像中大中型船舶目标的整体外形均呈现为长条形，船舶尺寸相对保持稳定。鉴于此，提出一种基于迭代线性回归的高分辨率 SAR 图像船舶几何参数估计方法。首先利用 MER 提取船舶目标初始切片。进而以船舶切片形心与矩形度为阈值进行迭代处理。迭代中采用形心与线性回归获得船舶的新主轴，剔除偏离主轴较远的像素后重新利用 MER 提取船舶切片，直至形心位置不发生变化或矩形度达到阈值后停止迭代。最终保留的船舶切片经 MER 计算后即获得船舶分类需要的主轴及长宽。

7.2.1　最小外接矩形计算

　　最小外接矩形是指二维形状面积最小的外接矩形。当 MER 计算完毕，可确定目标主轴方向，即目标方位角；同时获得目标在主轴方向上的长度及其垂直方向上的宽度。计算流程如下[237]：

　　（1）目标以每次 1°的增量在 90°范围内旋转。

　　（2）每旋转一次记录一次其坐标系方向上外接矩形 4 个边界点坐标值。

　　（3）计算不同角度的外接矩形面积，面积最小的外接矩形为最小外接矩形。

　　（4）取 MER 主轴直线，计算主轴直线与切片 X 轴的夹角。

7.2.2　船舶方位角及主轴的提取

　　形心是指二维图形的几何中心。对于只有一个对称轴的截面图形，其形心一定在其对称轴上，具体落在对称轴上什么位置，则需进一步计算才能确定。为此,对于近似轴对称分布的船舶 SAR 切片而言,首先要确定形心坐标($\bar{x}$, $\bar{y}$)。根据形心定义,可知 $\bar{x}$、$\bar{y}$ 分别为船体像素坐标的均值,具体计算公式为

$$\bar{x} = \frac{1}{n}\sum_{i=1}^{n} x_i, \bar{y} = \frac{1}{n}\sum_{i=1}^{n} y_i \qquad (7-4)$$

式中:x 和 y 分别为船体像素的横、纵坐标。

取得形心后,只需方位角即可估计获得主轴。由于 SAR 图像船舶轮廓近似为长轴对称,故船舶方位角可以利用回归分析法得到。线性回归方程为

$$y = kx + b \qquad (7-5)$$

式中:b 为截距;k 为回归系数,即主轴直线斜率为

$$k = \tan\theta \qquad (7-6)$$

式中:θ 为主轴方位角,表示主轴直线与行进方向之间的夹角。

经推导线性回归方程[238],可得回归系数为

$$k = \frac{\sum_{i=1}^{n}(x_i - \bar{x})(y_i - \bar{y})}{\sum_{i=1}^{n}(x_i - \bar{x})^2} \qquad (7-7)$$

将式(7-4)与式(7-7)代入式(7-5),即可得 b。

在主轴提取过程中出现不良现象,如图 7-7 所示,直线为提取的集装箱船主轴。接近垂直方向时,按照上述线性回归方法提取的主轴(图 7-7(b))误差较大,影响了初始 MER 的参数提取精度。

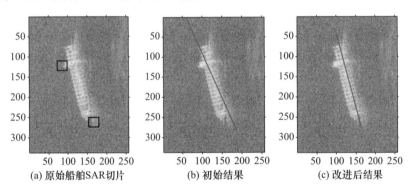

图 7-7　船舶主轴提取结果对比

究其原因是检测结果中包含了上层建筑造成的强散射点和旁瓣形成的亮线区域,如图 7-7(a)中方框内所示。这些虚假目标点参与了回归系数 k 的拟合计算,使得 k 存在一定误差 Δk。利用微分,可求得方位角误差为

$$\Delta\theta = \frac{1}{1 + k^2}\Delta k \qquad\qquad (7-8)$$

从中可知,Δk 一定时,$\Delta\theta$ 是关于 k 的函数。随着 k 不断增大,主轴越接近于水平轴,$\Delta\theta$ 趋于 0,表明 θ 越大拟合后其误差越小;反之,则误差越大。假定 $\Delta k = 5$,当 $\theta = 80°$ 时,$k = \sqrt{3}$,$\Delta\theta = 0.1508°$;当 $\theta = 10°$ 时,$k = 0.1763$,$\Delta\theta = 4.8492°$。显然,θ 过小时,方位角误差超出了容忍范围。为此,设定一个阈值,当 θ 低于该阈值时,进行横纵坐标轴交换,按照下式拟合回归系数,即

$$k = \frac{\sum_{i=1}^{n}(y_i - \bar{y})(x_i - \bar{x})}{\sum_{i=1}^{n}(y_i - \bar{y})^2} \qquad\qquad (7-9)$$

$$\theta = \frac{\pi}{2} - \arctan k \qquad\qquad (7-10)$$

按照式(7-10)重新计算集装箱船主轴,获得图 7-7(c)所示结果。经大量实验测试,一般将 θ 阈值设为 75°。此外,由于线性回归提取结果为无方向直线,船舶朝向无法确定,船舶方位角估计结果可能存在 180°偏差,为此需要判定船舶朝向来进一步减少目标方位的不确定性。对于民船,由尾机型特征出发,可判定其朝向。

7.2.3　船舶几何参数估计算法原理及流程

整个算法流程如图 7-8 所示。

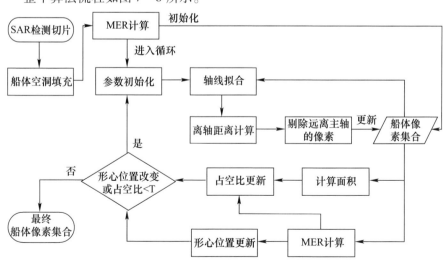

图 7-8　船舶几何参数估计流程示意图

具体步骤如下。

（1）船舶空洞填充。通过检测与鉴别获得的二值船舶切片中可能存在大量的空洞,如闭合货船。为精确计算船舶的形心,在此进行了空洞填充。

（2）MER 计算。计算填充后船舶的最小外接矩形,初始化船体像素集合。

（3）进入循环,计算船体最终的像素坐标,具体如下。

① 初始化。根据 MER 结果,分别对形心位置、船体像素集合和矩形度初始化。

② 利用船体像素集合,求取形心与拟合船舶主轴。

③ 离轴距离计算。在拖尾、旁瓣等影响下,船舶的轮廓发生了畸变,其中最为显著的是船舶宽度显著增大,使得在实验过程中由 MER 获得的长宽比明显低于正常范围。为此,提出通过逐步迭代缩减船舶宽度来逼近真实值,以准确提取船舶的几何参数。在取得船舶的形心与长轴基础上,利用下式来计算船舶切片所有像素点到主轴的距离,即

$$d = \frac{\left| y - kx - b \right|}{\sqrt{1 + k^2}} \tag{7-11}$$

④ 剔除远离主轴像素,更新船体像素集合。在实验过程中,将阈值设置为 $0.9\max(d)$,剔除超过该阈值的像素,剩余像素即为新的船舶目标像素。

⑤ MER 计算。获得更新后船体像素集合的最小外接矩形。

⑥ 矩形度与形心更新。

⑦ 检测形心位置是否发生变化、矩形度是否达到极小值。从上节船舶特征分析可知,SAR 成像过程中,船舶在雷达入射方向上,高出海面的船舶边缘与海水之间一般形成强散射,这样部分海水也变成强散射体而单向增大了船舶的尺寸,从而导致船舶的矩形度可能进一步下降,但减少的数量级有限。因此,本节将船舶矩形度极小值设定为 0.75。如果两个条件均满足,则返回①继续循环,否则退出结束。

（4）根据输出的船体最终像素集合,用 MER 方法提取船舶几何参数。

7.2.4 实验及结果分析

为验证提出算法参数估计效果,使用实测 SAR 图像船舶切片进行了实验。实验图像为 TerraSAR - X 卫星 SAR 图像,分辨率为 3m,图像采样率为 1.25m,成像区域为地中海直布罗陀海峡,该海域有大量的船舶。

选取的比较方法是原始 MER 算法。采用两组大小为 250 像素 ×250 像素,一组大小为 330 像素 ×330 像素的船舶切片进行实验,结果如图 7 -9 所示。其中,图 7 -9(a)为原始 SAR 切片;图 7 -9(b)为检测初鉴别后空洞填充结果;

图 7-9(c)为迭代过程中 MER 提取结果,图中红色框表示初始 MER,绿色框表示迭代后的 MER 结果,相应迭代次数在矩形框右上角标出;图 7-9(d)为仅保留迭代开始与终止得到的 MER 结果,矩形框右上角分别显示 3 个切片的迭代次数为 6 次、10 次与 11 次。显然,算法处理后剔除了拖影与十字叉造成的虚假目标像素,较为精准地保留了船舶目标像素。由目视效果可以看出,不论是船舶主轴,还是船舶长和宽,相应参数估计精度均大幅提升。实验结果表明,提出算法是有效的,在工程实践中效果显著。

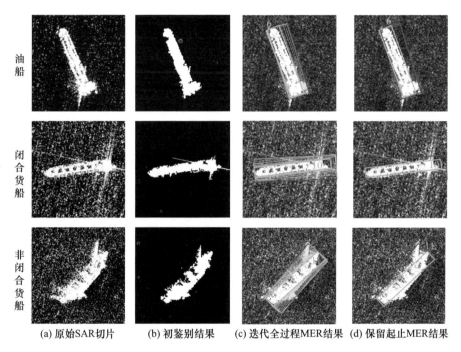

　　(a)原始SAR切片　　(b)初鉴别结果　　(c)迭代全过程MER结果　(d)保留起止MER结果

图 7-9　船舶 MER 提取效果对比(见彩插)

7.3　区域统计电磁散射特征提取

　　由于电磁散射分布反映了船舶上层建筑结构特点,蕴含了目标的本质信息,在 SAR 图像船舶目标识别中潜力很大,近年来得到广泛研究,然而难以提取其有效特征。根据要素不同,电磁散射特征主要有:①单像素散射特征,如主轴像素 RCS 值、峰值特征和散射中心特征、孤立强散射点等;②区域散射统计特征,如局部 RCS 密度、区域散射结构分布和紧密度等。由于单像素散射特征对相干斑点噪声非常敏感,并不适合目标分类。相比而言,区域散射统计特征从统计理论出发,提取了目标区域的散射结构分布信息,更为稳定地反映了目标的结构特征。

7.3.1 局部 RCS 密度特征

局部 RCS 密度特征是一种区域电磁散射特征,它反映了目标沿主轴方向的后向散射强度分布。该特征将 MER 沿主轴方向等分为 N 块,第 i 块船舶目标区域内像素灰度值之和记为质量 M_i,面积记为 A_i,根据下式统计每一分块 RCS 密度,其反映的散射强度分布与船舶结构有一定对应关系,可用于区分不同船舶目标。

$$C_i = \frac{M_i}{A_i} \tag{7-12}$$

$$C = [C_1, C_2, \cdots, C_N] / \max_{1 \leq i \leq N} (C_i) \tag{7-13}$$

局部 RCS 密度特征根据分块区域计算散射特征而非单像素散射特征,对噪声、目标成像、目标分割等有较好的稳定性。随着分块大小变化,该特征反映了目标不同的 RCS 特性。当子块长度趋于极限 1 时,子块变为一条平行于短轴的切线,子块的局部 RCS 密度退化为该切线上所有像素的 RCS 值和;当子块的宽度亦趋于极限 1 时,子块缩小为中心像素点,局部 RCS 密度简化为主轴像素 RCS 值。根据上节船舶特征分析,在高分辨率 SAR 图像中,民用船舶目标船首或船尾的 RCS 密度较高,分块的大小应近似于船舶目标船首或船尾的尺寸。对于大部分船舶目标,首尾部分约占目标长度的 1/8 ~ 1/3,所以提取局部 RCS 密度特征时的分块数目范围一般设 $3 \leq N \leq 8$。RCS 密度分区模型 ($N=4$)如图 7-10 所示。研究表明,$N=3$ 时局部 RCS 密度特征分类效果最佳吻合。

图 7-11 为实测 TerraSAR-X 船舶目标切片,其中 Img-1 为油船,Img-2 为散货船,Img-3 为空载集装箱船。首先获取切片内船舶目标的最小外接矩形,然后计算目标的局部 RCS 密度特征。图 7-12 给出了在不同分块数目下提取的船舶目标局部 RCS 密度特征。从图 7-12 中可以看出,3 个切片的 RCS 密度最大值均出现在船体中后部,即驾驶舱所在地,Img-1 RCS 密度沿主轴方向呈下降分布,Img-2 的 RCS 密度沿主轴方向呈起伏交错状分布,Img-3 的 RCS 密度呈凹状分布并随着分块数目增加中段出现起伏,3 种不同类型的船舶目标的 RCS 密度曲线具有不同的特点。随着分块数量的增加,目标的 RCS 密度曲线更能突出目标的结构特点,但总体规律保持不变。

图 7-10 局部 RCS 密度
分区模型($N=4$)

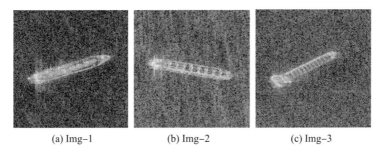

(a) Img-1　　　　　　(b) Img-2　　　　　　(c) Img-3

图 7 - 11　实测 TerraSAR - X 船舶目标切片

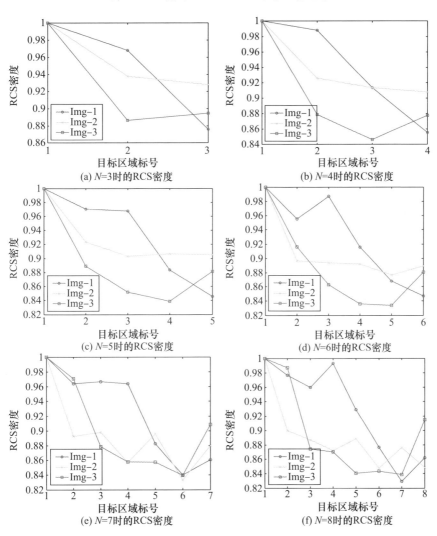

图 7 - 12　不同分块数目的局部 RCS 密度特征提取结果

7.3.2 纵向自相关性特征

大部分民船强散射点分布具有规律性,具体对于货船与集装箱船而言,就是它们内部区域有大量重复结构,该特点可采用纵向自相关性来描述[8]。

设有一组样本 $x(i),0 \leqslant i \leqslant M-1$,延迟为 k 的自相关函数为

$$R(k) = \frac{\sum_{i=0}^{M-k-1}(x_i - \bar{x})(x_{i+k} - \bar{x})}{\sum_{i=0}^{M-1}(x_i - \bar{x})} \tag{7-14}$$

对于图像 $s(i,j),0 \leqslant i \leqslant \mathrm{FM}-1,0 \leqslant j \leqslant \mathrm{FN}-1$,沿横轴方向积分生成沿纵轴方向的一维向量,有

$$v(i) = \sum_{j=0}^{\mathrm{FN}-1} s(i,j) \tag{7-15}$$

计算 $v(i)$ 的自相关函数 $R(k)$,k 从 1 开始循环增加,如果 $R(k)$ 为极值点且 $|R(k)|$ 大于给定阈值(一般设为 0.35),则判定 $v(i)$ 具有显著重复特征。船体纵向自相关周期为 $T = \mathrm{FM}/(2k)$,一般为散货船与集装箱船舱口的横向间隔数量。

实际处理过程中,发现统计区域的选择对自相关性结果影响很大。一艘具有明显重复结构的集装箱船 SAR 图像,如图 7-13(a)所示,其整体纵向积分和自相关函数如图 7-13(b)和(c)所示。从中可以看出,在 $k=11$ 时出现第 1 自相关极值点 $R_{\max}^1$,仅为 -0.09(图 7-13(c)中 * 处)。这反映出集装箱船纵向积分并没有表现出较高的相关性,无法体现集装箱船的重复结构。

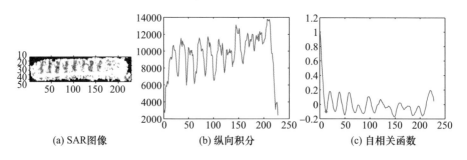

(a) SAR图像　　　　(b) 纵向积分　　　　(c) 自相关函数

图 7-13　集装箱船整体自相关特征

文献[239]中提到,为避免上层建筑影响,可以裁剪掉一定的船体边缘,这样可以消除边界提取误差,但并未给出合理的裁剪方案。从图 7-13(a)中可以看出,上层建筑在右侧船尾,相应 RCS 积分周期性并不好。考虑到只有民船

具有较好的重复结构,且一般为尾机型,因此尝试 $N=3$ 时 RCS 密度分区模型,截取中段区域进行统计,其结果如图 7 - 14 所示,可以看出去除上层建筑后,第 1 自相关极值点 $R^1_{\max}$ 从原来的 -0.09 提升到 -0.38,相关性得到了改善,但仍不够理想。

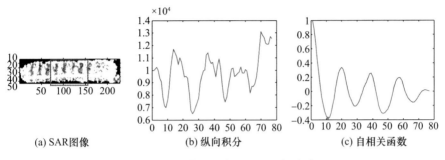

(a) SAR图像　　　　　(b) 纵向积分　　　　　(c) 自相关函数

图 7 - 14　集装箱船中段区域自相关特征

　　郁文贤等对 SAR 图像目标解译技术进行了梳理,提出一种新的区域散射结构分布[153],采用了图 7 - 15 所示的分区方法,根据 5 个区域内的散射均值大小分布情况和区域内空洞分布情况,来进行船舶目标识别。对比观察图 7 - 10 与图 7 - 15,可知该区域散射结构分布特征比 RCS 密度特征更为精细地反映了船舶上层建筑结构统计分布特性。

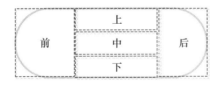

图 7 - 15　区域散射特征分区模型

　　区域散射特征将船舶目标中间等分为上、中、下三部分,提取的统计特征可用于判定船舶的对称性。由于船舶靠近雷达一侧与海水之间形成强反射,使得船舶两侧并不对称,因此划分散射区域时,有必要将目标中间分为上、中、下三部分。

　　纵观各类船舶 SAR 图像,可发现其中部区域散射特征非常丰富,并各具特点。对于油船而言,中部包含了油船最显著的油管及上下相邻区域;对于货船与集装箱船而言,中部区域包含了货舱或者集装箱之间的间隔形成的周期性孔洞,相比尾部驾驶舱形成的强散射或者船体边缘与海水形成的强散射区域,更适合用于区分各类船舶。为此提取上述船舶中部的纵向自相关特征,称为最优纵向自相关特征,来计算船舶的自相关特征,如图 7 - 16 所示。

　　从图中可以看出,第 1 自相关极值点 $R^1_{\max}$ 从 -0.38 提升到 -0.65 有余,相

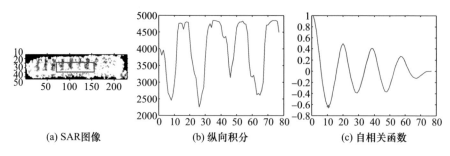

| (a) SAR图像 | (b) 纵向积分 | (c) 自相关函数 |

图 7 – 16　集装箱船中部区域自相关特征

比中段区域,中部区域的相关性大幅提升。

7.3.3 归一化强散射脊线偏心距特征

　　油船的输油管纵贯全船,表现为纵轴方向的连续强散射点,记为强散射脊线[155]。一般来讲,强散射脊线表现为油船区域内最长直线,且纵向居中。据此,油船凸显中部油管的特征可用船舶目标区域的形心偏离最长直线的距离来描述,记为强散射脊线偏心距。其最大值为船舶宽度,为计算方便,将其归一化处理。

　　理想情况下,凸显油管油船的强散射脊线偏心距为 0,而散货船和集装箱船接近 0.5。实际上,船舶 MER 提取存在误差,同时 SAR 特有的成像机理,使得强散射脊线位置存在一定偏差。所以,归一化偏心距只要在阈值范围内,即认为是油船的可能性较大。

　　如图 7 – 17 所示,分别提取散货船、集装箱船和油船的强散射脊线和形心,其中直线表示强散射脊线,∗ 表示船体形心,相应偏心距分别为 0.2195、0.2222 和 0.0526。可以看出,散货船和集装箱船的强散射脊线更靠近朝向雷达入射方向的一侧,远离形心;而油船强散射脊线为中间油管,几乎与形心重合。

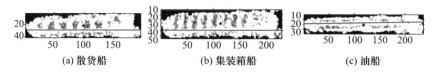

| (a) 散货船 | (b) 集装箱船 | (c) 油船 |

图 7 – 17　归一化强散射脊线偏心距(见彩插)

7.4　基于几何特征与电磁散射特征的SAR图像船舶目标分类

7.4.1 船舶目标分类算法原理与流程

　　根据船舶特征分析,长宽比和矩形度可以作为区分 3 类民船(油船、集装箱船和散货船)和其他船舶的重要特征。同时,民用船舶的驾驶舱多在目标尾部,局部 RCS 密度强峰值分布在船舶的一端;上层建筑位于船体中部的中机型船舶,局部 RCS 密度强峰值分布在船舶的中部,局部 RCS 密度强峰值所在位置也是区分上述 3 类民船与其他船舶的重要因素。基于上述船舶目标特征提取方法,构建船舶分类算法如图 7 – 18 所示。

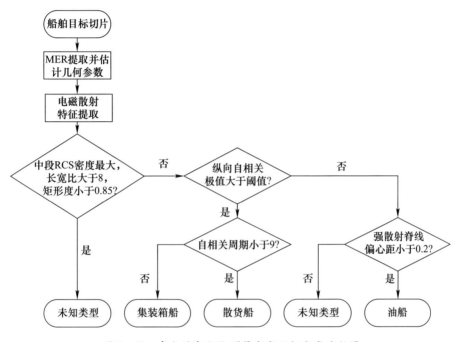

图 7 – 18　高分辨率 SAR 图像船舶目标分类流程图

具体处理步骤如下。

(1) MER 提取及几何参数估计。提取船舶船体像素所在 MER 切片,计算船舶目标的长度 L、宽度 W、目标方位角 θ、长宽比 R_{lw} 及矩形度。

(2) 电磁散射特征提取。计算 MER 切片在 $N = 3$ 时中段 RCS 密度、船体中部区域的纵向自相关周期 T、第 1 自相关极值点 R_{max}^1 和归一化强散射脊线偏心距 d_b。

(3) 3 类民船与其他船舶分类。当船舶 $N = 3$ 的中段 RCS 密度最大、长宽比大于 8 且矩形度小于 0.85 时,目标判定为未知类型船舶;否则为油船、集装箱船和散货船等 3 类民船。

(4) 3 类民船分类。首先根据目标的最优纵向自相关特征判断目标是否具有重复结构,对于包含重复结构的船舶目标,自相关周期小于 9 的判定为散货船,自相关周期不小于 9 的判定为集装箱船(空载);对于不包含重复结构的船舶目标,利用归一化强散射脊线偏心距进行分类。当归一化强散射脊线偏心距小于0.2时,可认为船舶切片中间存在一条强散射脊线,目标判定为油船;否则目标类型未知。

7.4.2 实验及结果分析

船舶分类实验选取 TerraSAR – X 实测船舶目标切片图像进行。具体包括3类船舶目标的55幅切片,其中集装箱船切片、散货船切片各20幅,油船切片15幅,部分实例图片如图7 – 19 所示。

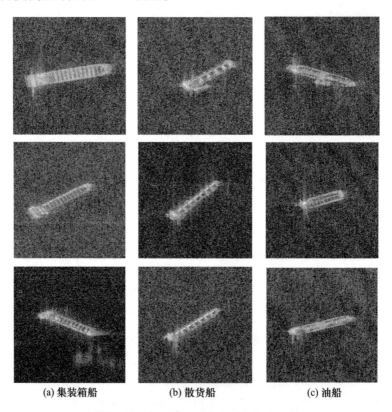

(a) 集装箱船　　　　　　(b) 散货船　　　　　　(c) 油船

图 7 – 19　部分待识别船舶目标切片示例

根据上述船舶分类流程,对55幅 SAR 图像船舶切片进行特征提取后分类,分类混淆矩阵如表7 – 1 所列。观察分类结果可知,集装箱船的错分和漏分现象比较严重,散货船漏分结果最低,但误分结果同样较多。究其原因,主要如下:

（1）集装箱船空载时,SAR 图像中呈现规律的重复结构,而满载或未满载时甲板上货物放置并没有独特的规律。部分装载的集装箱会影响到最优纵向自相关分析,可能会将目标误判为散货船;满载的集装箱船的最优纵向自相关性特征值过低,误判为油船或未知类型。

（2）部分油船的油管外露不够明显。在纵轴中间区域没有形成描述油船特征的强散射脊线。油船也类似货船,在甲板上安装了一些起重设备,形成了强散射,破坏了强散射脊线特征。

（3）散货船具有较好的特征独特性,识别率较高,但当散货船甲板上设备较多或载有其他货物时,会影响最优纵向自相关特征提取,导致误判。

表 7 - 1　船舶分类结果混淆矩阵与正确分类率

实际类别	分类结果				总数	正确分类率
	集装箱船	油船	散货船	未知类型		
集装箱船	15	2	1	2	20	75%
油船	—	13	—	2	15	86.7%
散货船	3	—	17	—	20	85%
总数	18	15	18	4	55	总精度为81.8%

第八章

高分辨率SAR图像船舶目标匹配识别

SAR 图像船舶识别属于计算机视觉和目标识别的重要应用领域,基于模型的目标识别方法可以按照目标的不同姿态实时生成所需模板来完成识别,广泛地受到研究人员青睐。然而,SAR 图像仿真结果不仅与感兴趣目标的三维模型有关,还与成像传感器、成像环境及区域密不可分。为此,在前述两章船舶检测与分类的基础上,提出基于数据与模型驱动仿真的 SAR 图像船舶目标识别框架,如图 8 – 1 所示。

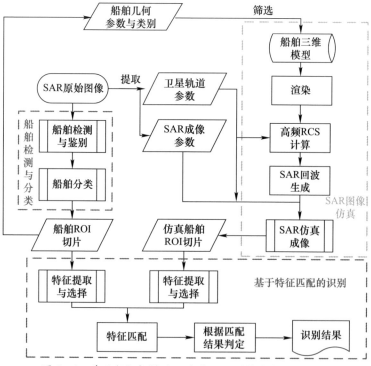

图 8–1 基于数据与模型驱动的 SAR 图像船舶目标识别

整个识别流程分为 3 个处理模块,其中船舶检测与分类模块在上述两章已做过详解。该模块提取的船舶几何参数及类别数据,用来筛选候选船舶目标的三维模型,从而有效减少候选目标过多而引发的过度耗时。第 2 个模块是 SAR 图像仿真,图中给出了利用电磁学计算仿真的基本仿真流程,输出结果为仿真船舶 ROI 切片。第 3 个模块为基于特征匹配的识别,利用计算机从图像中智能获取某一目标,关键是选择合适的表达特征,利用该特征精确描述感兴趣目标,然后在实际与仿真图像中提取此类特征,经匹配达到识别出该类目标的目的。

基于上述数据与模型仿真驱动的 SAR 图像船舶目标识别框架,本章重点研究了 SAR 图像仿真和 SAR 图像船舶目标识别相关技术。其中,SAR 图像仿真采用图形电磁计算方法(Graphical Electromagnetic Computing,GRECO),具体研究了一次散射计算方法,并提出了改进的棱边判别算法;然后为解决多次散射像素对搜索效率低的问题,提出了一种自适应步长的最小夹角搜索算法;最后研究了基于回波的 SAR 图像仿真方法,分别从信号模型、成像原理和成像算法等方面进行了推导,并进行了不同入射角、不同分辨率的船舶目标 SAR 图像仿真。SAR 图像船舶目标识别方法主要涉及特征点提取与匹配测度的选择两项关键技术,着重阐述了多尺度 SAR – Harris 算子并进行了特征点检测实验;对比分析了适用于异源 SAR 图像块的匹配测度;采用 4 种点特征提取算法,结合归一化相关系数法,构建了基于点特征匹配的 SAR 图像船舶识别算法。

8.1　基于 GRECO 的船舶目标 SAR 图像仿真

计算机仿真模拟 SAR 图像的方法是根据目标的三维几何模型,通过电磁散射计算的方法获取目标的电磁散射特性,并在此基础上进行 SAR 图像仿真。该方法有 3 个关键步骤:一是目标几何模型的构建,近年来,计算机图像图形技术发展日趋成熟,目标几何模型构建可完全交予三维图形软件来完成;二是目标电磁散射特性的计算,计算的准确与否直接影响图像的准确性,是 SAR 图像仿真最为关键,也是最为困难的一步;三是模拟雷达成像过程,得到一幅具有较高真实性的 SAR 图像。该方法与实际测量方法相比具有开销小、速度快、缩比模型测量方便等优点,为 SAR 目标自动识别提供了数据支撑,日益成为 SAR 目标特性研究中的重要方法,得到了国内外学者普遍的关注。

8.1.1　图形电磁计算基本理论

1. 高频近似计算方法

目标电磁散射特性的精确计算是 SAR 图像仿真的前提。电磁散射计算方法是以麦克斯韦方程组和边界条件为基础的,可以归纳总结为解析方法、数值方法及高频近似方法 3 类[240,241]。

解析方法是从麦克斯韦方程组以及边界条件出发,严格计算得到目标散射特性。解析方法计算结果真实、可靠,但其限制条件过于苛刻,只有少数简单物体的散射特性能用该方法求解。

数值方法是对麦克斯韦方程组进行数值离散来获取目标的散射特性。与解析方法相比,数值方法的优点是能够计算结构较为复杂目标的电磁散射特性,且计算精度很高。但受到计算机计算速度的限制,数值计算方法往往只能计算几何尺寸为几个电磁波波长目标的散射特性,对于计算电大尺寸目标(即目标物理尺寸远远大于入射电磁波波长)的电磁散射特性较为吃力。

大多数的实际雷达目标都是电大尺寸目标,高频散射是这类电大尺寸目标最主要的散射方式,故高频近似计算方法得到了广泛的应用。高频近似计算方法,顾名思义,是一种近似方法。高频散射最大的特点是满足场的局部性定理,即目标各个部分的散射场由各部分自身的几何外形所决定,各部分间的影响可以忽略不计,目标的总散射场等于各个散射中心散射场相干叠加之和。自 20世纪 50 年代至今,针对不同的散射机理,发展得到了多种高频近似计算方法。一般可以将高频近似计算方法分为两类:一类是基于光学射线的,主要从射线传播角度分析散射问题[242],这类方法主要有几何光学法(Geometry Optics,GO)、几何绕射理论(Geometry Theory of Diffraction,GTD)、一致性绕射理论(Unified Theory of Diffraction,UTD)等[243-245];另一类是基于波前光学的,是从感应电流积分的角度出发来分析散射问题的,主要包括物理光学法(Physics Optics,PO)、物理绕射理论(Physics Theory of Diffraction,PTD)、等效电磁流法(Method of Equivalent Current,MEC)以及增量长度系数法(Incremental Length Diffraction Coefficients,ILDC)等[246-250]。高频近似计算方法最大的优点是在计算过程中不存在矩阵求逆和循环求解的问题,使计算量大幅减小,特别适合计算电大尺寸目标的电磁散射特性[251]。

GO 是最早被提出的高频计算方法之一[245]。GO 受到光线镜面反射的启发,以射线概念阐释电磁场的散射及传播机理。入射场照射到目标表面后,由反射定理确定电磁波传播路径后向前继续传播,直到其远离目标。GO 物理意义清晰,算法简单,能够准确地计算出反射场。但 GO 也存在着一些问题。①几何光学无法计算包含平板或单曲率表面的目标,将会导致结果出现无限大的情况;②几何光学法只能计算反射方向的散射场,对于其他方向则不适用,这也是由光学的局限性所致;③GO 要求目标表面曲率半径远大于电磁波长,即表面光滑,该方法不能计算边缘、拐角等不连续处的场。故该方法不适合计算任意目标的雷达散射截面积（Radar Cross Section,RCS）。

PO 是从 Stratton - chu 积分方程出发而得到的[242]。PO 是通过对表面电流的近似积分来得到其散射场的,由于感应电流的数值是有限的,故计算得到的散射场也保持有限,这样便弥补了 GO 无法处理平板和单曲率表面的缺点。物理光学法满足局部性原理,即感应电流之间的相互影响可以忽略不计。同时,PO 认为只有在电磁波能够照射到的目标表面会形成感应电流,而在阴影区的感应电流为零。为简化积分方程,PO 还运用切平面近似和远场近似。切平面近似是指散射点表面局部光滑,散射点的感应电流等于其切平面的电流,而远场近似是假设目标到雷达距离远大于目标几何尺寸。

相对其他计算方法而言,高频近似算法具有物理含义清晰、简单易用的特点,且计算速度快,对计算机的储存要求不高,因此在处理电大尺寸目标的 RCS 计算时具有明显的优势,在工程实践中获得了广泛的应用[252 - 253]。

对于高频散射而言,不同的散射结构对应不同的散射机理,一般情况有以下几类:

（1）镜面反射。镜面反射是一种强散射机理,在高频散射场计算中占较为主要的部分。它与目标表面的曲率及反射系数有关,通常使用 GO 或 PO 来计算。

（2）边缘绕射。边缘绕射是由表面不连续所引起的,如边缘、劈角等。它是一种较强的散射机理,但低于镜面反射。在镜面反射相对较弱的情况下,边缘绕射起主要作用。通常使用 GTD 或 PTD 等来完成边缘绕射的计算。

（3）表面波。表面波是电磁波沿着目标表面传播所产生的电磁波。此时,目标表面可以等效为一根导线,引导着电磁波的传播。这种散射在一般情况下是一种较弱的散射,计算时可以忽略不计。

另外,还应注意的是这几种散射机理之间会产生相互作用,即多次散射问题。多次散射一般存在于腔体、二面角、三面角等几何结构,常见于飞机、舰船等目标以及一些复杂的面与面结构中。多次散射是一种强散射,它可以在一定的角度内产生较强的回波,因此在复杂目标的电磁散射计算中应给予足够的重视。

2. 图形电磁计算方法

仿真计算首先需要通过计算机辅助完成目标的几何外形的构建,其次读取各散射点的相关几何信息,最后根据这些几何信息结合高频近似计算方法来完成总散射场的计算。

1993 年,Rius 将计算机图形学应用到电磁散射计算领域,提出了图形电磁计算方法（Graphical Electromagnetic Computing,GRECO）[254 - 255]。自问世以来,该方法以计算精度高、计算速度快、占用资源少等优点,成为了电磁散射计算领域最为有效的方法之一。其核心思想是使用图形加速卡硬件对遮挡面进行消隐并读取目标面元法矢、深度值等信息，运用高频近似计算方法完成目标 RCS 的计算。

　　GRECO 在电磁计算领域有着很大的优越性，具体表现为：①使用图形加速卡进行消隐处理，大大降低了 CPU 的负担，提高了计算效率；②显卡像素点数量庞大，能够较好地拟合目标几何外形，同时可以消除面元法引入的人工棱边噪声的干扰，使计算更加准确；③计算所需要的时间及存储空间与目标的电尺寸、复杂度等无关，能够更好地适应复杂目标的电磁散射特性的求解。

　　算法基本处理流程如下：

　　（1）使用 AutoCAD 等图形软件模拟绘制目标几何模型。

　　（2）使用 OpenGL 设置目标几何模型的光照、显示模式等渲染参数，完成遮挡面消隐并读取目标面元的法矢及深度值。

　　（3）获取目标各散射中心的参数（法矢、深度值和屏幕坐标值）。

　　（4）运用高频计算方法计算目标电磁散射特性。

　　（5）相加合成总散射场，得到目标 RCS 值。

　　算法流程示意图如图 8 - 2 所示。

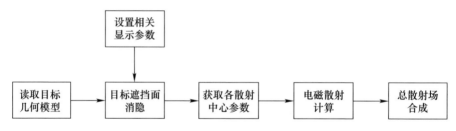

图 8 - 2　GRECO 流程图

　　在获得像素点法矢、深度值以及屏幕坐标值的信息后，每个像素代表一个散射中心，可以通过物理光学法进行积分来计算各散射中心的镜面散射贡献。同时，根据棱边夹角得到目标棱边散射系数，由物理绕射理论计算得到各散射中心的棱边绕射贡献。按照散射次数来区分，镜面散射和棱边绕射可以归结为一次散射。将目标镜面散射和棱边绕射叠加便得到目标的一次散射特性；随后使用几何光学法和物理光学法的混合算法完成多次散射的计算，得到各散射中心的多次散射特性。将目标一次散射与多次散射相干叠加，从而得到目标电磁散射特性。

8.1.2　基于 GRECO 理论的 RCS 计算

1. 一次散射计算

GRECO 以像素为基本计算单元，在获取目标几何模型各像素点的相关信息后,需要根据不同的散射机理(镜面散射、棱边绕射),使用适当的高频近似计算方法,计算得到目标的一次散射特性。根据散射机理的不同,使用物理光学法计算目标表面镜面散射,使用物理绕射理论完成目标棱边绕射的计算,并提出新的棱边判别算法,使其更具准确性和通用性。

1)计算方法

目标表面被入射电磁波照射而形成的镜面散射场,即一次镜面散射。根据物理光学法,在只考虑镜面散射的情况下,可得目标 RCS 为

$$\sigma = \frac{4\pi}{\lambda^2} \left| \int_S \cos\theta e^{2jkz} dS \right|^2 \tag{8-1}$$

式中:λ 为入射电磁波波长;$k = 2\pi/\lambda$,为入射波波数;$\cos\theta$ 为入射电磁波与面元法矢之间夹角的余弦值;z 为面元深度值;S 为雷达可照射到的区域。

GRECO 是以像素为基本的计算单元,在获取像素点的法矢、深度值等相关几何信息后,使用式(8-1)便可求得镜面散射对目标 RCS 的贡献。由于该方法使用离散方法计算而非严格意义上的积分,计算结果存在一定的偏差,这就要求在面元剖分时尽量精细。一般情况下,一个像素对应实际目标的尺寸在 0.1λ 左右。

物理光学法是高频 RCS 计算中最常用的方法之一,能够很好地解决目标表面镜面散射的计算问题,但对于棱边、拐角等表面不连续情况的绕射计算则不适用。物理光学法忽略了阴影面电流,当散射方向偏离镜面散射方向较远时,其计算精度下降较为明显,此时目标棱边的绕射对其雷达散射截面积起到了主要的贡献作用,故使用物理绕射理论单独计算目标棱边绕射的贡献[242,256]。

在水平极化下,棱边绕射表达式为

$$\sqrt{\sigma_{HH}} = \frac{e^{-2jkz}}{\sqrt{\pi}} \frac{1}{\sin\beta} \left[-g \frac{t_y^2}{t_x^2 + t_y^2} - f \frac{t_x^2}{t_x^2 + t_y^2} \right] \tag{8-2}$$

式中:β 为入射方向与棱边的夹角;g 为垂直极化绕射系数;f 为水平极化绕射系数;t 为边缘方向的单位矢量。

在垂直极化下,棱边绕射表达式为

$$\sqrt{\sigma_{VV}} = \frac{e^{-2jkz}}{\sqrt{\pi}} \frac{1}{\sin\beta} \left[-g \frac{t_x^2}{t_x^2 + t_y^2} - f \frac{t_y^2}{t_x^2 + t_y^2} \right] \tag{8-3}$$

由式(8-2)和式(8-3)可得到在不同极化方式下目标的棱边绕射。

2)棱边判别算法及其改进

在使用物理绕射理论计算目标棱边绕射场时,首先需要对目标进行棱边检测,而准确地获取棱边像素是精确计算的前提。在获得目标的几何模型后,使

用 OpenGL 对其进行消隐及光照渲染处理,随后可以得到目标像素点屏幕坐标值 (x_i, y_i)、法矢 $\boldsymbol{n}_i$ 以及深度值 z_i,从而判断出该像素 p_i 是否属于目标棱边。

对于劈角而言,目标棱边两侧相邻两像素的法矢是不连续的。这是一个必要而不充分条件,这是因为可能会出现属于不同平面但其法矢值连续的相邻像素,如图 8-3 所示,由于面 1 和面 3 平行,故上下两个像素法矢相同,但这两个像素却分属于不同的两个面。此时,就要使用像素的深度值信息来排除这种情况。具体而言,使用以下方法对目标棱边进行判断。

(1) 确定基准像素 p_i,获取该像素及其相邻 4 个像素的法矢和深度值信息。

(2) 分别计算基础像素与其相邻 4 个像素的法矢夹角 $\theta_{ii'} = \arccos(\boldsymbol{n}_i \cdot \boldsymbol{n}_{i'})$。

(3) 选定一个角度阈值 θ_m,判断 $\theta_{ii'}$ 与 θ_m 的大小。当 $\theta_{ii'} > \theta_m$ 时,表示相邻两像素存在法矢改变,即可能存在棱边;反之,该像素与其相邻像素不构成棱边。

(4) 随后选取一个深度阈值 z_m。当 $|z_i - z_{i'}| < z_m$ 时,相邻像素构成棱边;反之,这两个像素处于两个平面上,不构成棱边。

(5) 遍历图中每个像素,直至结束,完成整幅图像的棱边判别。

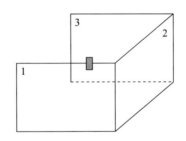

图 8-3　棱边像素法矢相同但不同面的情况示意图

使用以上棱边判别方法能够较为准确地实现目标的棱边判别,但在实际应用中却存在着 3 个缺陷:

① 由于非目标像素点处不含任何法矢及深度值信息,该方法只能对目标进行棱边判别,但对于目标的边缘则无法检测,而目标边缘可能会构成棱边,其绕射是不可忽略的。

② 当劈角处于边缘时,只有一面可见,此时无法通过法矢来获取劈角角度。

③ 针对不同的目标,其几何参数不尽相同。如果使用同样的角度和深度阈值进行检测,效果有着很大的差别。而若针对不同模型手动更改阈值又太过繁琐。

针对这些问题,一些研究人员提出了使用棱边模型单独建模的方法来解决[257-258]。相关实验表明,该方法能够较为准确地搜索得到目标的棱边像素并获取参数。但缺点是需要对目标棱边进行单独建模,增大了计算量,不利于工程实际的应用。由此在研究这些方法的基础上,给出以下解决方法:

① 目标几何模型是通过 AutoCAD 等图形绘制软件渲染生成的,生成图像具有较好的品质,使用自然图像边缘检测算法,完成目标边缘检测,再判断该像素是否构成棱边,得到较为完整的目标棱边。

② 适当的旋转模型,使得劈角隐藏面进入"视野",由法矢间的角度差可以确定劈角角度。

③ 提取目标像素点的相关参数,计算得到自适应阈值,从而更好地适应不同目标的棱边判别。

(1)隐藏像素法矢信息获取。

对一个灰度图像 $f(x,y)$ 来说,其梯度可视为一个向量

$$\nabla f(x,y) = \begin{bmatrix} G_x \\ G_y \end{bmatrix} = \begin{bmatrix} \dfrac{\partial f}{\partial y} \\ \dfrac{\partial f}{\partial x} \end{bmatrix} \qquad (8-4)$$

由该表达式可知,梯度向量方向即为 (x,y) 灰度值变化最为剧烈的方向,其大小和方向分别为

$$\mathrm{mag}(\nabla f) = (G_x^2 + G_y^2)^{1/2} \qquad (8-5)$$

$$\alpha(x,y) = \arctan\left(\frac{G_y}{G_x}\right) \qquad (8-6)$$

以上各个值的偏导数需要获取各像素点的位置,而工程应用中常常使用区域模板做卷积运算来获得。对 G_x 和 G_y 各使用一个模板,将两个方向联合便得到一个微分算子。使用这样的算子遍历整幅图像,从而完成图像的边缘检测。

完成对模型的边缘检测后,还需要判断检测得到的边缘像素是否构成棱边。有些模型边缘不构成棱边,如球体;而有些模型边缘可以构成棱边,如立方体。判断边缘像素是否能够构成棱边,需要对模型进行适当旋转,从而让隐藏像素进入"视野"。

绕着垂直于投影平面的方向旋转模型时,像素的可见与否不会发生改变。为了获取不可见像素的法矢,需要沿着平行于投影平面且相互垂直的两个方向分别旋转模型,并完成是否构成棱边的判断。OpenGL 中,模型是沿着 z 轴投影到屏幕上的,故选择绕 x 轴和 y 轴分别旋转 $\pm90°$,提取隐藏像素的法矢及深度值,再使用常规方法,完成是否构成棱边的判别。经过 4 次的模型旋转及判别后,便可完成对模型所有边缘像素的判别。

模型旋转后,坐标值发生改变,如何找到原来模型的边缘像素成了问题的关键。由于显示参数设置的不同,不能使用屏幕坐标来判断该像素是否是旋转前模型的边缘像素。在旋转角度一定的情况下,像素的法矢改变为固定的,与模型显示参数无关,因而可以使用像素的法矢来完成判别。令 (x,y,z) 为旋转前模型边缘像素的法矢坐标,则绕 x 轴和 y 轴旋转 α 和 β 后的坐标分别为

$$(x',y',z') = (x,y,z)\begin{pmatrix} 1 & 0 & 0 \\ 0 & \cos\alpha & \sin\alpha \\ 0 & -\sin\alpha & \cos\alpha \end{pmatrix} \qquad (8-7)$$

$$(x',y',z') = (x,y,z)\begin{pmatrix} \cos\beta & 0 & -\sin\beta \\ 0 & 1 & 0 \\ \sin\beta & 0 & \cos\beta \end{pmatrix} \qquad (8-8)$$

使用像素法矢完成边缘像素的识别后,提取隐藏像素法矢及深度值信息,使用棱边判别方法可以判断边缘像素是否能够构成棱边,从而完成整个模型棱边的判别。

(2) 深度阈值的自适应调整。

在棱边判别算法中,最为关键的一步便是如何选取适当的角度及深度阈值。适当阈值的选取能够确保棱边判别的正确性。其中,角度阈值可以固定为某一定值,这是因为对不同模型来说,其劈角的角度变化范围是一定的,而棱边判别需要一个很小的角度阈值来判断两像素间是否存在夹角。这样就可以固定选取一个较小的数值来完成判断,如 $\theta_m = 1°$。

但深度阈值不能使用某一固定的阈值;否则,在对不同的模型做棱边判别时,由于目标几何参数可能相差较大,棱边判别效果便不能得到保障。为了确保在不同模型输入下棱边判别效果都能保持稳定,需要针对不同的模型对深度阈值做自适应调整。

在将目标几何模型投影到屏幕上时,得到一幅大小为 $m \times n$ 的图像,使用 OpenGL,可以读取其深度值矩阵 $\boldsymbol{Z}_{m \times n} = (z_{ij})_{m \times n}$,其中,$z_{ij}$ 表示各个坐标点的深度值。对不同的目标模型而言,得到的深度值矩阵不同。不同深度值矩阵之间一个重要的区别就是取值范围不同,即 $|z_{max} - z_{min}|$ 不同,其中 $|z_{max}、z_{min}|$ 分别为深度值矩阵中深度的最大、最小值。设定深度阈值为

$$z_m = k\frac{|z_{max} - z_{min}|}{\max(m,n)} \qquad (8-9)$$

式中:k 为比例系数。使用式(8-9)作为深度阈值的物理意义为,在满足 $\theta_{ii'} > \theta_m$ 的情况下,当两像素的深度值差小于 k 个像素的理论深度值时,这两个像素构成棱边。

3) 典型物体 RCS 计算

为了验证电磁散射计算方法的正确性,实验选取了简单典型物体,使用 GRECO 计算其电磁散射特性,并与该物体的理论 RCS 值验证。

(1) 球体。

图 8-4(a)给出了不同频率电磁波入射情况下半径为 1m 球体的 RCS 计算结果。球体 RCS 的理论值可由 $\sigma = \pi r^2$ 给出,图中直线即为半径 1m 球体 RCS 的理论值。由图可知,不同电磁波频率入射计算得到的 RCS 在高频理论值附近出现摆动。电磁波频率为 1GHz 时摆动幅度最小,频率为 5GHz 时次之,10GHz 时最大,且频率为 1GHz 时计算误差较小。由此可得,当目标为电大尺寸时,图形电磁计算方法具有较高的计算准确度及稳定性,能够较好地适应工程实际需要。

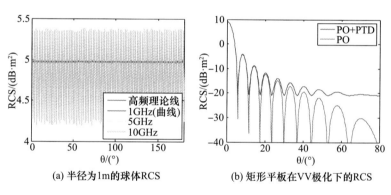

(a) 半径为1m的球体RCS　　　　(b) 矩形平板在VV极化下的RCS

图 8-4　典型物体 RCS 计算(见彩插)

(2) 矩形平板。

实验是 $5\lambda \times 5\lambda$ 的金属导体矩形平板在频率为 10GHz 电磁波入射下的 RCS 计算。图 8-4(b)给出了在 VV 极化下平板 RCS 随角度的变化计算结果,其中虚线表示使用 PO 计算得到的目标镜面散射场,实线表示使用 PO 和 PTD 结合的方法计算得到的目标总散射场(镜面散射场与棱边绕射场之和)。

由图可知,平板镜面散射随着电磁波入射角度的增大振荡性减弱,而平板的总散射场随着入射角度的增大振荡性维持在 $-20\text{dB} \cdot \text{m}^2$ 左右。当入射角度很大时,平板总散射场中棱边绕射的贡献占据主导地位,从而验证了物理光学法忽略阴影面电流,导致当散射方向偏离镜面散射方向过大时计算不准确的情况,故为了准确地计算出目标的电磁散射特性,目标的棱边绕射是不可忽略的。本书计算结果与相同实验条件下文献[257]所给出的计算结果一致。

2. 多次散射计算

为解决目标多次散射问题,采用基于 GRECO 的 GO/PO 混合算法,该方法对于前 $N-1$ 次散射使用 GO 计算,最后一次散射使用 PO 进行积分计算。另外,结合最小夹角法,提出一种改进的搜索算法,使满足多次散射条件像素对的搜索更加准确、有效。

1) 多次散射像素对的搜索

GRECO 是以像素为基本计算单元的,处理多次散射问题依然要在此基础上进行,这样既可以使用已经获取得到的各像素点相关几何信息,也使得总散射场的合成较为方便。多次散射计算的前提是确定哪些像素发生多次散射。

（1）最小夹角法。

在得到的各像素点信息后,可以使用以下法搜索多次散射像素对。算法流程如下:

① 以某一像素 P_i 为基准像素,遍历图中除该点外的其他像素,由两像素点屏幕坐标、深度值以及每个像素对应的实际尺寸确定两点之间的位置矢量 V_{ij}。

② 根据公式 $V_r = V_i - 2(V_i \cdot n_i)n_i$,由入射方向 V_i 和平板法矢 n_i 确定反射矢量 V_r（GRECO 中雷达入射方向矢量 $V_i = (0,0,-1)$）。

③ 计算反射矢量 V_r 和像素间位置矢量 V_{ij} 之间的夹角 θ_{ij},若 θ_{ij} 小于预先设定的阈值 θ_0,则判定与像素 P_i 发生多次散射的像素为 P_j。

④ 当某像素与 P_i 满足最小夹角条件时,令参数 $m_i = m_i + 1$（m_i 为可能与像素 P_i 发生多次散像素的个数,其初始值为0）。遍历全图后,若 $m_i = 0$,表示没有与 P_i 发生多次散射的像素;若 $m_i = 1$,表示有一个;若 $m_i \geq 2$,表示有多个像素满足这一条件,此时取离像素 P_i 最近的像素,即 $|V_{ij}|$ 最小的像素,在反射路径上,其余像素满足最小夹角条件的都会被这一像素遮挡。

⑤ 多次散射中,电磁波可能存在两次以上的反射。找到与基准像素 P_i 满足最小夹角条件的像素 P_j 后,要考虑 P_j 的反射电磁波是否会与其他像素再次发生多次散射。以 P_j 为基准像素进行搜索,重复该过程,直至电磁波向远场辐射。

⑥ 重复上述①~⑤步,直至将图中所有像素都作为基准像素遍历完毕。

如图 8-5 所示,对基准像素 P_i 而言,P_1、P_2 满足最小夹角的条件,P_3、P_4、P_5、P_6 点不满足,$m_i = 2$,而 $|V_{i1}| < |V_{i2}|$,P_2 被 P_1 遮挡,则判定与基准像素 P_i 发

生多次散射的像素为 P_1。该方法的判断依据是反射向量和位置向量间的夹角,故称为最小夹角法。

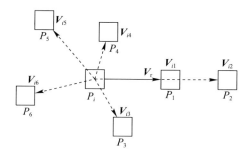

图 8-5　最小夹角法示意图

（2）自适应步长的搜索方法。

使用最小夹角法搜索满足多次散射条件的像素对时,要以某一像素为基准,遍历图中的其他所有像素,再进行下一个像素的搜索。这样的方法搜索步长始终为1,非常耗时,大大降低了 GRECO 中多次散射计算的效率。针对这一问题,本书引入反馈机制,使搜索步长可以进行自适应调整。当两像素之间的位置矢量 V_{ij} 与反射矢量 V_r 之间的夹角 θ_{ij} 较大时,自适应地增加步长,以减少搜索时间。

实际模型中,相邻像素之间是平滑的(除棱边像素外,像素坐标值的变化不会特别剧烈),也就是说,夹角 θ_{ij} 和 θ_{ij+1} 变化是平滑的。当 θ_{ij} 较大(大于某一阈值 θ_n)时,设定搜索步长为 n;当 $\theta_{n-1} < \theta_{ij} < \theta_n$ 时,设定搜索步长为 $n-1$。以此类推,当 $\theta_1 < \theta_{ij} < \theta_2$ 时,搜索步长为1。为了避免搜索步长过大导致的漏检,最大步长 n 不宜过大。搜索步长是根据 θ_{ij} 与一系列阈值 $\theta_n, \theta_{n-1}, \cdots, \theta_1$ 的大小关系而自适应调整的,阈值的选取将直接影响最终搜索的结果。

文献[259]将最小夹角判定阈值设定为1°,即当 $\theta_{ij} < 1°$ 时,判定与像素 P_i 发生多次散射的为像素 P_j。但实际应用中,由于模型的尺寸不同以及相同模型存在着不同的像素划分,可能会存在多个像素与基准像素满足最小夹角条件且不会相互遮挡的问题。此时因为阈值设定得不恰当,不能简单地通过一次判断便找出与基准像素发生多次散射的目标像素。

在 GRECO 中,每个像素点对应电磁波的一个射线管,在传播过程中射线管大小是不会发生变化的。当射线管足够密集时,经某一像素反射的电磁波射线管不可能同时照射在两个像素上。根据这一原理,为排除阈值设定带来的干扰,本书首先判断符合最小夹角条件的像素是否为相邻像素。若是,则选取与基准像素夹角最小的像素;反之,则直接根据最小距离准则来找到最终目标像素。流程图如图 8-6 所示。

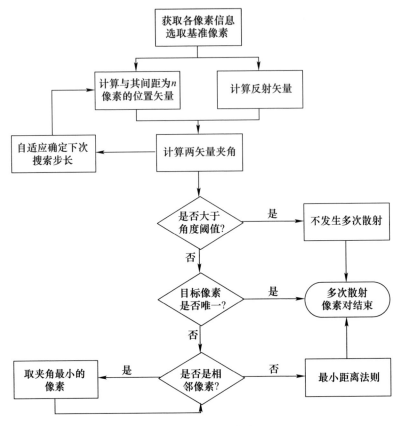

图 8-6 自适应步长最小夹角法流程图

2）GO/PO 混合算法

确定多次散射像素对后，使用 GO/PO 混合算法完成目标多次散射的计算。几何光学将电磁波等效为密集的平行射线管，当电磁波照射电大尺寸目标时，电磁波能量集中在镜面反射方向，服从 Snell 定律。GO 是电磁论理论在电磁波波长趋近于零时的特殊情况。但实际中，天线散射会形成一定的旁瓣，反射能量不完全集中在镜面反射方向，故 GO 存在一定的局限性。在电磁场的基本原理中，场是由目标表面的电磁流感应产生的，物理光学法就是通过对表面电磁流进行积分得来的。相比于几何光学法，物理光学法更加精确，并且克服了几何光学法的局限。

在考虑计算目标的多次散射时，较为精确的方法是每次反射都使用物理光学法来计算。但这种方法计算量过于庞大，理论表达式是一个 N 重积分，对于电大尺寸目标，其计算量是不可承受的。为了解决计算量的问题，使用几何光学法和物理光学法的混合方法来计算[260]。具体方法是：前 $N-1$ 次散射使用几何光学法来计算反射场,最后一次散射使用物理光学法对表面电磁流积分得到目标多次散射效应。计算前 $N-1$ 次散射使用几何光学法是由于 GO 计算反射场的表达式比 PO 简单得多,而且在 GRECO 中,以像素作为基本的计算单元,一个像素代表着矩形平板机构,利用几何光学法计算反射场时,旁瓣的干扰非常小,反射能量几乎都集中在镜面反射方向。最后一次散射不能再使用 GO 的原因是:目标 RCS 反映的是目标对接收方向电磁波的散射能力,而 GO 最终向远场辐射的方向与接收方向不一定是一致的,不能准确刻画其对目标 RCS 的贡献。故为了计算多次散射,需要使用双站物理光学方法[261-262]。

计算得到各像素点的多次散射 RCS 值后,与一次散射计算得到的值相干叠加合成总散射场。

3)实验及结果分析

为了验证本书 GO/PO 算法的有效性,计算了二面角散射器的 RCS。入射电磁波频率为 9.4GHz,垂直极化,二面角散射器是由两块长宽均为 5.6087λ 的正方形平板构成的,二面角的角平分线对应方位角为零的情况,如图 8-7 所示。

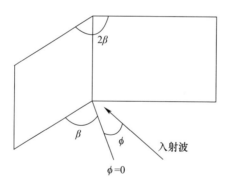

图 8-7 二面角散射器几何结构示意图

直角二面角散射器 RCS 随方位角变化曲线如图 8-8 所示,实线为本书方法计算的角散射器 RCS 结果,虚线为使用文献[263]所述方法计算得到的理论值,点线是只考虑二面角散射器一次散射时的计算结果。图中实线与虚线几乎完全拟合,说明本书方法在计算二面角散射器的远场散射时可以得到较为理想的结果。而由实线与点线的巨大差异也可看出,对于二面角散射而言,在方位角 $-40° < \phi < 40°$ 范围内,目标的多次散射对其远场 RCS 起主要贡献,计算时不可忽略。

图 8-9 所示为 $2\beta = 120°$ 二面角散射器 RCS 变化曲线。图中出现两个高峰,分别为两个平板垂直入射时的一次散射。实线和点线大体上重合。这是由

于对于 120°二面角而言,二次散射波束照射范围较小,且电磁波最终向远场辐射方向与雷达接收方向之间的夹角较大,二次散射相比于一次散射很弱,对目标 RCS 起主要作用的将会是一次散射。对比图 8-8 和图 8-9 可以看出,直角散射器对目标 RCS 有着较强的贡献,在进行飞行器或舰船设计时,为实现目标 RCS 的缩减,应尽量避免出现直角散射器的结构。

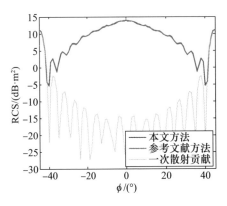 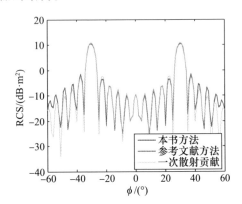

图 8-8　90°二面角散射器
RCS 计算结果(见彩插)

图 8-9　120°二面角散射器
RCS 计算结果(见彩插)

在计算机主频为 2.6GHz 的实验条件下,使用最小夹角法和本书自适应步长搜索算法对两个模型在方位角为 0°时的投影矩阵进行多次散射像素对搜索,图像大小以及两种算法的搜索时间如表 8-1 所列。本书算法在保证搜索准确性的前提下,将搜索时间分别减少 27.56%、28.79%,提高了搜索算法的效率。

表 8-1　两种搜索算法耗时比较

模型	图像大小/像素	最小夹角法搜索时间/s	自适应步长搜索时间/s
直角二面角散射器	100×141	2713.16	1965.38
120°二面角散射器	100×173	3336.70	2376.04

8.1.3 基于回波的 SAR 图像仿真

通过目标电磁散射计算方法,得到了雷达目标的后向散射特性,即目标的二维散射矩阵,本节以此为基础,完成 SAR 图像仿真。

1. 回波信号模型

SAR 在平台移动过程中,连续不断地向目标辐射电磁波。为方便起见,首先考虑距离向,即电磁波传播方向上的 SAR 信号。在距离向上,SAR 发射的调频脉冲为

$$s(\tau) = w_r(\tau)\cos(2\pi f_0 \tau + \pi K_r \tau^2) \tag{8-10}$$

该信号模型是最为常用的具有线性调频特性的脉冲形式。式中：τ 为距离向时间；f_0 为信号中心频率；K_r 为调频斜率；$w_r(\tau)$ 为脉冲包络，通常可以近似为矩形，即

$$w_r(\tau) = A_0 \mathrm{rect}\left(\frac{\tau}{T_r}\right) \qquad (8-11)$$

式中：T_r 为脉冲持续时间；A_0 为脉冲幅度。

回波信号是由电磁波与目标相互作用而产生的，具体而言，任意时刻回波信号是脉冲波形与电磁波照射区域内目标后向散射系数的卷积，有

$$s_r(\tau) = s(\tau) \otimes \left(\sigma\delta\left(\tau - \frac{2R}{c}\right)\right) \qquad (8-12)$$

式中：$\delta(\cdot)$ 为狄拉克函数。

图 8-10 所示为条带 SAR 几何关系，假设在距离雷达 R 处有一个点目标，电磁波束具有一定宽度，当平台飞到 P 点时点目标进入雷达"视野"，到 Q 点时，斜距达到最小 R_0，俯仰角为 θ。由式(8-10)和式(8-12)可知，点目标接收信号为

$$s_r(\tau) = A_0\sigma w_r\left(\tau - \frac{2R}{c}\right)\cos\left(2\pi f_0\left(\tau - \frac{2R}{c}\right)\right) + \pi K_r\left(\tau - \frac{2R}{c}\right)^2 \quad (8-13)$$

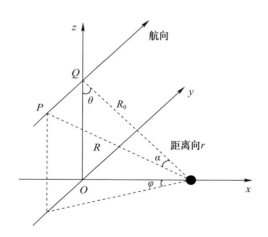

图 8-10　条带 SAR 几何关系示意图

在雷达运动过程中，斜距 R 随方位向时间 η 发生变化，可表示为 $R(\eta)$。因此，回波信号不仅与距离向时间 τ 有关，还与 η 和波束方向图相关。在正侧视成像场景下，点目标回波信号可以表示为

$$s_r(\tau, \eta) = A_0 \sigma w_r\left(\tau - \frac{2R(\eta)}{c}\right) w_a(\eta) \times$$

$$\cos\left(2\pi f_0\left(\tau - \frac{2R(\eta)}{c}\right)\right) + \pi K_r\left(\tau - \frac{2R(\eta)}{c}\right)^2\right) \quad (8-14)$$

式(8 - 14)所示的回波信号包含了雷达载频 $\cos(2\pi f_0 \tau)$，使用正交解调的方法可以将其去除，得到

$$s_r(\tau, \eta) = A_0 \sigma w_r\left(\tau - \frac{2R(\eta)}{c}\right) w_a(\eta) \times$$

$$\exp\left(\frac{-j4\pi f_0 R(\eta)}{c}\right) \exp\left(j\pi K_r\left(\tau - \frac{2R(\eta)}{c}\right)^2\right) \quad (8-15)$$

由此得到点目标 SAR 时域回波表达形式。随后，使用相应的成像算法可以完成 SAR 图像仿真。为提高算法效率，将式(8 - 15)转化到频域处理[264]。

对 SAR 时域回波信号进行距离向傅里叶变换，有

$$S_r(f_\tau, \eta) = A_0 \sigma w_r(f_\tau) w_a(\eta) \exp\left(\frac{-j4\pi f_0 R(\eta)}{c}\right) \times$$

$$\exp\left(-j2\pi f_\tau\left(\frac{2R(\eta)}{c}\right)\right) \exp\left(\frac{-j\pi f_\tau^2}{K_r}\right) \quad (8-16)$$

式中：f_τ 为对应于距离向时间 τ 的频率变量。

一般情况下，目标斜距可进行抛物线近似，有

$$R(\eta) = \sqrt{R_0^2 + v_r^2 \eta^2} \approx R_0 + \frac{v_r^2 \eta^2}{2R_0} \quad (8-17)$$

式中：v_r 为雷达平台运动速度，将式(8 - 17)代入式(8 - 16)，可得

$$S_r(f_\tau, \eta) = A_0 \sigma w_r(f_\tau) w_a(\eta) \exp(-j4\pi(f_0 + f_\tau) R_0/c) \exp(-j\pi K_a \eta^2) \times$$

$$\exp\left(-j4\pi f_\tau \frac{v_r^2 \eta^2}{2R_0 c}\right) \exp(-j\pi f_\tau^2/K_r) \quad (8-18)$$

其中方位调频率 K_a 为

$$K_a = \frac{2v_r^2}{\lambda R_0} = \frac{2v_r^2 f_0}{c R_0} \quad (8-19)$$

式中：$\lambda = c/f_0$，表示信号波长。

随后，由驻定相位原理得到时频关系 $f_\eta = -K_a \eta$，再对式(8 - 18)进行方位向傅里叶变换，得

$$S_r(f_\tau, f_\eta) = A_0 \sigma w_r(f_\tau) w_a(f_\eta) \exp\left(\frac{-j4\pi(f_0 + f_\tau)R_0}{c}\right) \exp\left(-j\pi \frac{f_\eta^2}{K_a}\right) \times$$

$$\exp\left(-j\pi f_\tau \frac{f_\eta^2 R_0 \lambda^2}{2v_r^2 c}\right) \exp\left(\frac{-j\pi f_\tau^2}{K_r}\right) \qquad (8-20)$$

式中:f_η 为对应于方位向时间 η 的频率变量。式(8-20)便是回波信号的频域表达式。

2. 距离徙动

距离徙动(Range Cell Migration,RCM)是 SAR 的固有特征,也是成像中一个必须解决的问题。RCM 产生的原因是,在 SAR 移动的过程中,斜距 $R(\eta)$ 不断变化,变化范围超过了一个距离分辨单元,使得照射同一目标的回波分布在几个不同的距离分辨单元内。

SAR 成像处理的基本思路是将二维处理分解为两个级联一维处理。在距离向上,可以通过脉冲压缩完成处理,但由于 RCM 的存在,在方位向不能直接进行脉冲压缩,这便为成像增大了难度。为得到一幅高质量的图像,成像算法都要对距离徙动进行补偿。

在波束中心时刻 $\eta = 0$ 对斜距变量 $R(\eta)$ 进行级数展开,将高阶项忽略,可得

$$R(\eta) = R_0 + R'(\eta)\Big|_{\eta=0}\eta + \frac{1}{2}R''(\eta)\Big|_{\eta=0}\eta^2 \qquad (8-21)$$

引起的相位变化为

$$\phi(\eta) = \frac{-4\pi R(\eta)}{\lambda} \qquad (8-22)$$

相位的导数为瞬时频率,有

$$f(\eta) = \frac{1}{2\pi}\frac{d\phi(\eta)}{d\eta} = f_{dc} + f_{dr}\eta \qquad (8-23)$$

则由式(8-21)~式(8-23)联立,得

$$R(\eta) = R_0 + \frac{\lambda f_{dc}}{2}\eta + \frac{\lambda f_{dr}}{4}\eta \qquad (8-24)$$

式中:f_{dc} 为多普勒中心频率;f_{dr} 为多普勒调频率。距离徙动 RCM 就是斜距 $R(\eta)$ 与最短斜距 R_0 之差。由式(8-24)可以看出,RCM 是由两部分组成的,不同情况下,这两者对 RCM 的贡献是不相同的。

3. 距离多普勒算法

距离多普勒算法(R-D 算法)是 20 世纪 70 年代为处理 SEASAT SAR 数据而提出的,由于该算法简洁、高效,至今仍在广泛使用。R-D 算法是在距离时

域 – 方位频域中进行距离徙动矫正,而方位频域又可称为多普勒频域,故称该算法为距离多普勒算法。R – D 算法主要包含以下 3 个步骤:①距离压缩;②距离徙动矫正;③方位压缩,生成图像。流程如图 8 – 11 所示。

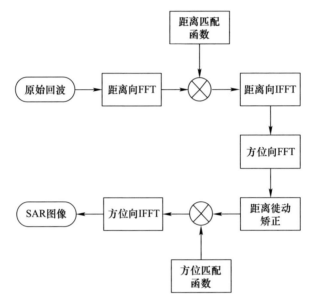

图 8 – 11　R – D 算法流程图

R – D 算法中距离向和方位向的脉冲压缩都是通过匹配滤波来完成的,而匹配滤波则通过频域相乘的形式来实现。将回波变换到距离多普勒域后,使用 sinc 插值的方法对其进行距离徙动矫正(Range Cell Migration Correction,RCMC)。由时频关系 $f_\eta = -K_a\eta$ 以及式(8 – 17)和式(8 – 19),可将需要矫正的 RCM 近似为

$$\Delta R(f_\eta) = \frac{\lambda^2 R_0 f_\eta^2}{8 v_r^2} \qquad (8-25)$$

式(8 – 25)表明,RCM 是随着方位频率 f_η 变化的,同时它也与最短斜距 R_0 有关。利用式(8 – 25),可以准确地完成距离徙动矫正。

完成 RCMC 后,再进行方位向匹配滤波和逆傅里叶变换,便可得到一幅 SAR 图像。

8.1.4　实验及结果分析

使用上述基于散射特性的方法以及基于回波模拟的方法对船舶进行成像仿真实验。

1. 不同姿态下舰船 SAR 图像仿真

实验选取伊万·休特菲尔德级 F361 护卫舰模型,光学照片如图 8 – 12(a)所示。该战舰是丹麦海军防空反导之盾,采用双可调距螺旋桨驱动,装备有 APAR 多功能有源相控阵雷达、SMART – L 远程预警雷达、CEROS200MK3 型火控雷达和 Scante2001 对海监视雷达各一部,中近防空导弹数枚,尾部停靠 EH – 101 反潜/运输直升机。几何参数为:舰长 138.70m,舷宽 19.75m,吃水 5.30m,排水量 6645t,三维模型如图 8 – 12(b)所示。

(a) 光学照片   (b) 三维模型

图 8 – 12 伊万·休特菲尔德级护卫舰

使用基于散射特性和基于回波两种方法对其进行 SAR 图像仿真,雷达航迹平行于船舶中轴线,即其夹角 $\beta = 0°$。电磁波中心频率为 5GHz,分辨率为 1m,图 8 – 13 和图 8 – 14 分别给出了俯仰角为 20° 和 45° 情况下两种仿真方法的实验结果。更改雷达航迹,使之与船舶中轴线夹角 $\beta = 45°$,其余参数保持不变,相应的实验结果如图 8 – 15 和图 8 – 16 所示。

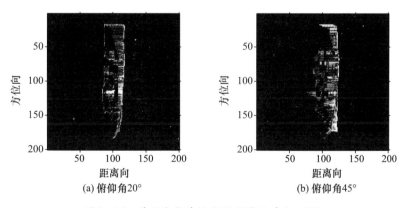

(a) 俯仰角20°   (b) 俯仰角45°

图 8 – 13 基于散射特性 SAR 图像仿真($\beta = 0°$)

从图 8 – 13 ~ 图 8 – 16 可以看出,两种 SAR 图像仿真方法所得到图像的品质是不一样的。基于散射特性的仿真结果适于研究目标部件之间的散射特性,为目标的隐身处理提供数据支撑;基于回波的 SAR 仿真图像与实际 SAR 图像

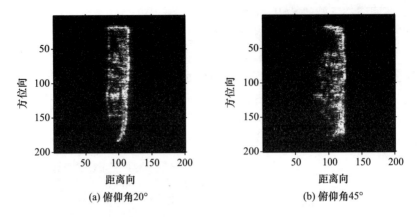

(a) 俯仰角20°   (b) 俯仰角45°

图 8 – 14　基于回波 SAR 图像仿真($\beta = 0°$)

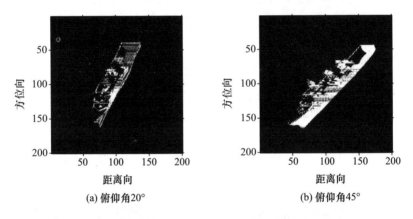

(a) 俯仰角20°   (b) 俯仰角45°

图 8 – 15　基于散射特性 SAR 图像仿真($\beta = 45°$)

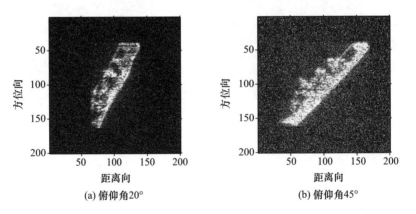

(a) 俯仰角20°   (b) 俯仰角45°

图 8 – 16　基于回波 SAR 图像仿真($\beta = 45°$)

更加接近,可为 SAR 目标自动识别提供匹配模板。由于 SAR 成像时采用 sinc 函数代替了冲击函数,从基于回波的仿真结果中可以看到图像呈现"浮肿特性",且图像中存在大量相干斑噪声,这也是 SAR 图像最为显著的特点之一。而从结果中的对比来看,同一模型在不同俯仰角下得到的图像不同。从图 8-13 和图 8-14 以及图 8-15 和图 8-16 的对比来看,在其余成像参数相同的情况下,不同的雷达航迹对应所得到的 SAR 图像差异显著,这就说明 SAR 目标自动识别过程中 SAR 传感器与目标之间的相对位置对成像结果影响很大。

2. 不同分辨率下舰船 SAR 图像仿真

对护卫舰模型在不同分辨率下进行基于回波的 SAR 图像仿真,具体参数见表 8-2,仿真图像如图 8-17 所示。

表 8-2　不同分辨率下护卫舰模型 SAR 图像仿真参数

图 8-17 序号	分辨率/m	入射电磁波频率/GHz	俯仰角/(°)	雷达航迹方向/(°)
(a)	5	5	20	0
(b)	2	5	20	0
(c)	1	5	20	0

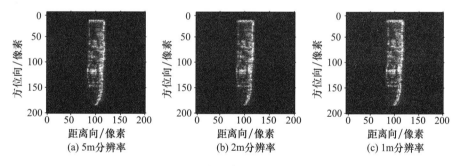

图 8-17　不同分辨率下基于回波的 SAR 图像仿真

分辨率是 SAR 图像的一个重要指数,是评价一幅 SAR 图像质量的重要参数之一。当分辨率较低时,SAR 图像不能准确刻画出目标的细节信息,比如图 8-17(a)中目标上层建筑畸变比较严重,驾驶舱所在的轮廓模糊不清;而高分辨率下的 SAR 图像基本能反映出该部分的散射特性,如图 8-17(c)所示。

8.2　SAR 图像匹配点特征提取

8.2.1　常用点特征提取算法

基于特征的匹配识别方法是在提取图像特征后采用某种相似性度量来实

现图像匹配。最直观的 SAR 图像特征有点、线及轮廓等,其中点特征简单实用,已经应用于 SAR 图像匹配。下面给出 3 种常用的点特征提取算法。

1. 二维峰值点特征提取

目标识别领域学者们常采用峰值特征来进行 SAR 图像目标识别。在峰值特征方面研究方兴未艾。文献[265]提出的图像峰值点指那些同时在距离向和方位向是局部极大值的点,即二维峰值点。研究表明,目标峰值在一定方位角和俯仰角变化范围内具有稳定性,可利用两幅图像提取的峰值特征来匹配达到分类、识别的目的。文献[266]根据 SAR 图像散射中心,分别给出了一维和二维两类峰值点的定义。其中,二维峰值点是二维 3×3 区域内极大值点,一维峰值点是行或列上局部相邻 3 像素中的极大值(行顶点或列顶点),同样得出目标方位角和俯视角差别较小时,峰值特征点的位置及大小具有一定不变性。考虑到识别率的提高以计算量为代价,建议特征点数目不宜太多,对一维峰值点,取 80 个左右较为合适;对二维峰值点,可取 60 个左右。相比一维峰值点,二维峰值点可反映目标的二维结构特征;高分辨率条件下,船舶二维峰值点数量较多,可满足识别需求。因此,本书选择船舶二维峰值特征用于后续识别。

图像中任意点(i,j)处的峰值为

$$P_{ij} = \begin{cases} 1, a_{ij} > a_{N(i,j)} \\ 0, 其他 \end{cases} \qquad (8-26)$$

式中:当点(i,j)处幅值 a_{ij} 大于其邻域 $N(i,j)$ 内其余像点幅值 $a_{N(i,j)}$ 时,$P_{ij}=1$ 表示出现峰值;其余为 0,表示未在该点出现峰值。

一般通过对图像的 3×3 邻域搜索局部极大值来提取二维峰值,该算法精度不高。文献[267]采用二维高斯函数来拟合局部峰值;在此基础上,文献[268]提出了通用高斯峰值模型,更加准确地反映了目标实际峰值。基于高斯模型的算法虽然得到较好的计算结果,但前提是假设目标成像的点扩展函数是二维高斯函数,对于光学成像系统,这种假设是合理的,但并不能拟合多数 SAR 成像结果。为此,文献[269]提出二维 sinc 模型来描述目标峰值,利用梯度法结合 sinc 模型拟合方法来提取二维峰值位置。尽管后续算法提高了峰值提取精度,但在高维条件下拟合方法运算量大幅增加。

考虑到高分辨率条件下,峰值点与目标表面结构存在显著对应关系,其相对位置比较稳定,故采用搜索邻域局部极大值来提取二维峰值。下面就利用 TerraSAR - X 图像来进行实验,船舶 ROI 切片及其 RCS 三维如图 8 - 18 所示。

该船舶 ROI 切片中不仅包含高亮度船体目标区域,同时油船四周还存在表

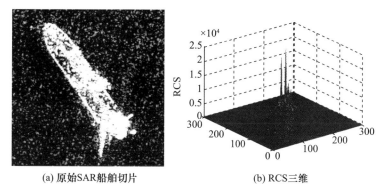

(a) 原始SAR船舶切片　　　　　　　　(b) RCS三维

图 8 – 18　TerraSAR – X 船舶切片及其 RCS 三维(见彩插)

现为噪声的海杂波,所以在提取峰值特征前,需要将船舶目标从海洋背景中分割出来,以免出现大量的虚假峰值点。按照第6章检测及鉴别方法,实现船舶目标分割提取。

观察图 8 –18(a)可知,船舶目标区域内仍然存在相干斑造成的虚假峰值点及大量弱峰值点,这些点无法用于表征船舶的结构特征。因此,需要进一步通过峰值阈值 σ_l 来剔除,即只有当峰值点散射足够强时,才判定为有效峰值点,一般 σ_l 设为 30dB,图 8 – 19(a)是按照邻域窗口 7×7 大小,搜索局部极大值获得二维峰值点;当 σ_l 设为 150dB 时,二维峰值点结果如图 8 – 19(b)所示。

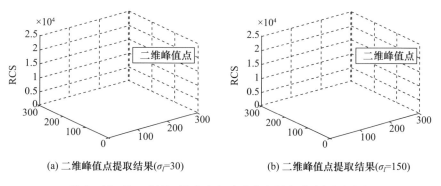

(a) 二维峰值点提取结果(σ_l=30)　　　(b) 二维峰值点提取结果(σ_l=150)

图 8 – 19　TerraSAR – X 船舶切片峰值点提取结果(见彩插)

2. Moravec 算子点特征提取

Moravec 等为解决导航问题提出了 Moravec 算子[270]。作为第一个角点检测算法,已应用于 SAR 图像定位匹配中。其基本原理是通过滑动矩形窗口寻找灰度变化的局部极大值。利用 Moravec 算子提取点特征步骤如下。

(1) 对于任意一个像素(x,y),计算其偏移量为(u,v)时的强度变化量,有

$$V_{u,v}(x,y) = \sum_{\forall a,b \text{ in the window}} (I(x+u+a,y+v+b) - I(x+a,y+b))^2$$

$$(8-27)$$

当 u、v 取值不同时,表示不同的偏移方向,一般取 4 方向或 8 方向。

(2) 根据式(8-27),取像素(x,y)对应的极小值构造角点图,即

$$C(x,y) = \min(V_{u,v}(x,y)) \qquad (8-28)$$

(3) 设定阈值,将角点图中超过阈值的像素作为候选点。

(4) 应用非极大值抑制,将局部邻域中找到的最大值作为特征点。

Moravec 算法原理简单,易于实现。然而仅能描述有限方向,对图像边缘及噪声比较敏感,不具备旋转不变性。因此,检测结果中虚假角点多,且计算代价大。

3. Harris 算子点特征提取

针对 Moravec 算法存在的不足,1988 年 Chris Harris 等提出了 Harris 角点检测算法[271]。该算法突破了 Moravec 算子中方向的制约,可以表征局部区域所有方向上的灰度变化,至今广泛应用于图像处理。

多尺度 Harris 矩阵定义为

$$C(x,y,\sigma) = \sigma^2 \cdot G_{\sqrt{2}\sigma} * \begin{bmatrix} \left(\dfrac{\partial I_\sigma}{\partial x}\right)^2 & \left(\dfrac{\partial I_\sigma}{\partial x}\right)\left(\dfrac{\partial I_\sigma}{\partial y}\right) \\ \left(\dfrac{\partial I_\sigma}{\partial x}\right)\left(\dfrac{\partial I_\sigma}{\partial y}\right) & \left(\dfrac{\partial I_\sigma}{\partial y}\right)^2 \end{bmatrix}$$

$$R(x,y,\sigma) = \det(C(x,y,\sigma)) - t \cdot \text{tr}\,(C(x,y,\sigma))^2 \qquad (8-29)$$

式中:$G_{\sqrt{2}\sigma}$ 为标准差为 $\sqrt{2}\sigma$ 的高斯核;$*$ 表示卷积操作;I_σ 为原图像与标准差为 σ 的高斯核的卷积结果;t 为自由参数。

可以看出,权系数 σ^2 需要进行全尺度正则化。在 LoG-Harris 检测算子中,通过在 $R(x,y,\sigma)$ 上设置阈值 d_H,多尺度 Harris 算子可以抑制弱散射区域及边缘点。

当直接处理原图像或 σ 取定值时,式(8-29)简化为原始 Harris 矩阵。

Harris 算法简单,利用图像的一阶倒数有效提取了边缘角点。其缺点是计算量较大,仅能提取 X、Y 和 L 型角点,而对 T 型角点效果不佳。

8.2.2　多尺度 SAR-Harris 算子

1999 年首次提出尺度不变特征变换(Scale Invariant Feature Transform, SIFT)算子[272],2004 年改进应用于自然图像局部特征的匹配[273]。该算法包括

特征检测和特征描述两步运算。特征检测包括选择关键点,然后生成描述子来表示这些关键点。由于 SIFT 算法最初设计用于检测低噪声环境下光学图像的目标结构,SIFT 类算法在 SAR 图像中出现许多虚假关键点且发生了误匹配,性能并不令人满意。特别地,相干斑导致经典的关键点检测算法,如对数 Harris 检测器,出现大量的误检测。通常光学图像噪声比较弱,多尺度 Harris 算法可以抑制大部分误检测到的关键点。然而,SAR 图像表现为乘性噪声且动态范围大,已有方法并不能抑制高反射率同质区域内的相干斑。

　　为了提取更为稳健的特征点,SAR – SIFT 方法[274] 提出了多尺度 SAR – Harris 函数的关键点检测方法。该方法具有抗乘性噪声强、适用于 SAR 图像动态范围大等特点。其基本思想是将均值比率算子对数处理后提出梯度比率(Gradient by ratio,GR)算子;然后采用该梯度替代 Harris 函数中的一阶倒数梯度,并在梯度均值计算过程中引入指数加权来代替原来的高斯核,形成了多尺度 SAR – Harris 算子。利用该算子,设置相应阈值来获得关键点,算法具体原理如下。

　　1. 基于梯度比率算子的梯度提取

　　1)SAR 图像梯度提取

　　SAR 图像许多边缘检测算法都采用了梯度差分来实现。事实上,梯度差分分布取决于基本反射率。传统的边缘检测方法使用了梯度幅度阈值。对于 SAR 图像而言,这将导致强散射同质区域产生更高的虚警率。因而,传统的梯度差分并不是一个恒虚警操作。统计研究已经表明,相比差分算子,比率算子更适用于乘性噪声。为获得稳定的边缘检测效果,1988 年 Touzi 等提出了均值比率(Ratio of Average,ROA)边缘检测算子[51]。

　　沿着方向 i 的 ROA 算子表示为目标像素一侧与其相反方向一侧的局域均值比,即

$$R_i = \frac{M_1(i)}{M_2(i)} \qquad\qquad (8-30)$$

如图 8 – 20 所示。

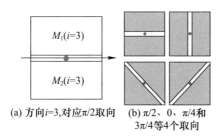

(a) 方向 $i=3$,对应 $\pi/2$ 取向　　(b) $\pi/2$、0、$\pi/4$ 和 $3\pi/4$ 等 4 个取向

图 8 – 20　ROA 算子原理

正则化比率 T_i 为

$$T_i = \max\left(R_i, \frac{1}{R_i} \right) \qquad (8-31)$$

4 个主要方向的比率按照图 8 – 20（b）所示计算获得，梯度幅值和方向定义为

$$\begin{cases} D_n^1 = \max_i (T_i) \\ D_t^1 = \left(\operatorname*{argmax}_i (T_i) - 1 \right) \times \dfrac{\pi}{4} \end{cases} \qquad (8-32)$$

最终的边缘通过设定梯度幅值 D_n^1 的阈值来完成。

多边缘背景下，1997 年 Fiortoft 等提出了指数加权均值比率（Ratio of Exponentially Weighted Averages，ROEWA）边缘检测算子[52]。如图 8 – 21 所示，该算子用于计算指数加权的均值比率。

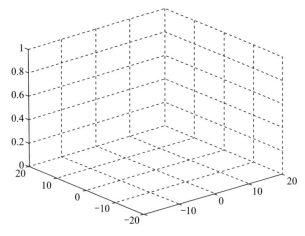

图 8 – 21　指数加权均值滤波器

例如，对于给定点 (a,b)，方向 $i = 3$ 时的均值定义为

$$\begin{cases} M_{1,\alpha}(i = 3) = \displaystyle\int\limits_{x=R} \int\limits_{y=R^+} I(a+x, b+y) \times \mathrm{e}^{-\frac{|x|+|y|}{\alpha}} \mathrm{d}x \mathrm{d}y \\ M_{2,\alpha}(i = 3) = \displaystyle\int\limits_{x=R} \int\limits_{y=R^-} I(a+x, b+y) \times \mathrm{e}^{-\frac{|x|+|y|}{\alpha}} \mathrm{d}x \mathrm{d}y \end{cases} \qquad (8-33)$$

式中：α 为指数加权系数。

同 ROA 算子一样，方向 i 上的比率算子及其正则化结果为

$$\begin{cases} R_{i,\alpha} = \dfrac{M_{1\alpha}(i)}{M_{2\alpha}(i)} \\[3mm] T_{i,\alpha} = \max\left(R_{i,\alpha}, \dfrac{1}{R_{i,\alpha}} \right) \end{cases} \qquad (8-34)$$

沿着水平($i=3$)和垂直($i=1$)方向计算比率 $T_{i,\alpha}$，类似于光学图像中基于梯度的边缘检测器，可得边缘图像为

$$D_{n,\alpha}^2 = \sqrt{(T_{1,\alpha})^2 + (T_{3,\alpha})^2} \qquad (8-35)$$

由于加权参数 α 允许自适应的平滑图像，ROEWA 算子更精确地表征了边缘尺度，比 ROA 算子抗噪性更强。

上述算子已经设计用于边缘检测，并能良好地估计梯度幅值。然而由于只考虑少数方向，未能精确测量梯度方向。虽然该问题可以通过增加方向的数量得以改善，但耗时太长。Suri 等提出将水平和垂直梯度分量分别定义为 $T_{1,\alpha}$ 和 $T_{3,\alpha}$，通过类似于光学图像中基于梯度的边缘检测器[275]，梯度幅值和方向定义为

$$\begin{cases} D_{n,\alpha}^3 = \sqrt{(T_{1,\alpha})^2 + (T_{3,\alpha})^2} \\[3mm] D_{t,\alpha}^3 = \arctan\left(\dfrac{T_{3,\alpha}}{T_{1,\alpha}} \right) \end{cases} \qquad (8-36)$$

这个方位的定义有待推敲，事实上，$T_{1,\alpha}$ 和 $T_{3,\alpha}$ 总是取值相反，因此，$D_{t,\alpha}^3$ 取值范围为 $0 \sim \pi/2$，并且在散射率为 m_a 和 m_b（$m_a < m_b$）垂直边缘的梯度为

$$\begin{cases} T_{1,\alpha} = \dfrac{m_a}{m_b} \\[3mm] T_{3,\alpha} = 1 \\[3mm] D_{t,\alpha}^3 = \arctan\left(\dfrac{m_a}{m_b} \right) \end{cases} \qquad (8-37)$$

因此，梯度方向的取值取决于区域散射强弱，尽管期望值为 0。因此，并不像 Suri 所述，正则化比率 $T_{1,\alpha}$ 和 $T_{3,\alpha}$ 不能用于梯度方向计算。

2）GR 算子构建

定义水平和垂直梯度为

$$\begin{cases} G_{x,\alpha} = \lg R_{1,\alpha} \\[3mm] G_{y,\alpha} = \lg R_{3,\alpha} \end{cases} \qquad (8-38)$$

按照下式计算梯度的方向与幅值，即

$$\begin{cases} G_{n,\alpha}^3 = \sqrt{(G_{x,\alpha})^2 + (G_{y,\alpha})^2} \\ G_{t,\alpha}^3 = \arctan\left(\dfrac{G_{y,\alpha}}{G_{x,\alpha}}\right) \end{cases} \qquad (8-39)$$

式中:α 为用于计算局部均值的指数加权系数。

利用该算法,可知

$$\begin{cases} G_{x,\alpha} = \lg m_a - \lg m_b \\ G_{y,\alpha} = 0 \\ G_{t,\alpha} = 0 \end{cases} \qquad (8-40)$$

从而前面垂直边缘的梯度方向问题得以避免。

为了避免获得正的梯度值,这里并没有对比率及其导数进行正则化。这样处理考虑了所有可能的方位值。此外,由于加权系数 α 允许在不同尺度上平滑图像,这个梯度可以像高斯差分梯度一样应用。这种新梯度计算方法称为 GR 算法。图 8 – 22 给出了两种梯度算法对含有相干斑矩形的计算结果。

(a) 仿真矩形SAR图像　　　　(b) 高斯差分结果　　　　(c) GR结果

图 8 – 22　SAR 图像梯度计算方法性能对比

可以看出,高斯差分梯度较好地抑制了相干斑,但梯度值在强散射区域显著增强。相比之下,GR 算法结果在强散射区域并不大,有效凸显了矩形的边缘特征。显然,新梯度的计算方法将有助于 SIFT 算法应用到 SAR 图像中。

2. 多尺度 SAR – Harris 算子

由于 LoG 算子和 Hessian 矩阵依托于二阶导数,难以应用于乘性噪声。相比之下,多尺度 Harris 函数基于一阶导数。通过该检测器,将上述 GR 方法计算获得的梯度代入式(8 – 29),形成一种新的多尺度 SAR – Harris 矩阵和函数,表达式为

$$\begin{cases} C_{\mathrm{SH}}(x,y,\alpha) = G_{\sqrt{2}\cdot\sigma} * \begin{bmatrix} (G_{x,\alpha})^2 & (G_{x,\alpha})(G_{y,\alpha}) \\ (G_{x,\alpha})(G_{y,\alpha}) & (G_{y,\alpha})^2 \end{bmatrix} \\ R_{\mathrm{SH}}(x,y,\alpha) = \det(C_{\mathrm{SH}}(x,y,\alpha)) - d \cdot \mathrm{tr}(C_{\mathrm{SH}}(x,y,\alpha))^2 \end{cases} \qquad (8-41)$$

式中:d 为自由参数;$G_{x,\alpha}$ 和 $G_{y,\alpha}$ 利用式(8 – 38)来计算;$G_{\sqrt{2}\sigma}$ 表示标准差为 $\sqrt{2}\,\sigma$ 的高斯核;$*$ 表示卷积操作。

　　这种关键点特征检测算法,采用原图像多尺度表示代替了 LOG 尺度空间,这种多尺度表示为不同尺度 $\alpha_m = \alpha_0 \cdot c^m, m \in [0, \cdots, m_{\max} - 1]$ 下式(8 - 29)的多尺度 SAR - Harris 函数。然后每一层上的极值被选为候选特征点,其位置利用极值点邻域的二次线性插值来精确化。多尺度 SAR - Harris 函数阈值 d_{sh} 用于滤除边缘及弱散射点。最终获得特征点的位置 (x, y) 和尺度 α。

8.2.3　实验及结果分析

　　分别利用 Moravec 算子、Harris 算子和 SAR - Harris 算子处理上述仿真矩形 SAR 图像,提取特征点结果如图 8 - 23 所示,多尺度下未剔除位置冗余的特征点。其中,Moravec 算子检测到 580 个特征点,近似均匀地分布在强散射同质区域内;Harris 算子检测到 608 个特征点,背景弱散射区域内基本集中在角点处,强散射区域同样呈近似均匀分布;而 SAR - Harris 检测到 126 个特征点,绝大部分分布在矩形的边缘上,充分表明了该检测器的有效性。

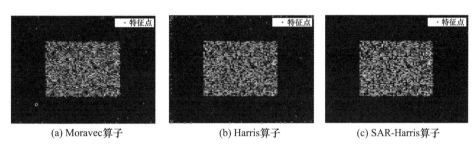

(a) Moravec算子　　　　　　(b) Harris算子　　　　　　(c) SAR-Harris算子

图 8 - 23　矩形 SAR 图像特征点检测结果(见彩插)

　　SAR - Harris 避开了 Harris 检测算子中使用的二阶导数。容易验证,该方法在图像动态范围上也具有优势。同时可注意到这种尺度空间很少取得三维极值,特征点很少出现在不同尺度的同一位置。实际上,该现象已出现在光学图像中[276]。因此,提取 SAR - Harris 函数的二维极值即可。

8.3　异源 SAR 图像匹配测度分析

　　由于实测 SAR 图像与仿真 SAR 图像之间的匹配属于异源图像匹配,其成像机理不同,且 SAR 图像仿真过程中海洋场景参数与实际有偏差,使得仿真结果与实测图像差异较大。因此,匹配测度的选择至关重要。

8.3.1　常用相似性测度

　　为利用获得的特征点进行匹配识别,需要分别提取来自真实 SAR 图像的特

征点集 x 与仿真 SAR 图像的特征点集 y 的特征描述子,然后进行匹配,筛选出相同的描述子,再根据有效匹配数量来决策识别。一般通过特征点的局部邻域特征来生成描述子,由此特征点间的匹配转化为 SAR 图块间的相似性度量。

一般而言,定义一个距离函数 $d(x,y)$,需要满足以下准则:

① $d(x,x)=0$,自反性。

② $d(x,y) \geq 0$,距离非负性。

③ $d(x,y)=d(y,x)$,对称性。

④ $d(x,k)+d(k,y) \geq d(x,y)$,三角形法则。

根据测度所用特征的不同,可以分为 3 类。其中,第 1 类测度直接利用图块本身的灰度信息作为特征进行度量;第 2 类利用图块的统计(期望、方差及其各类组合)和分布特性进行度量;第 3 类测度则利用从图块中提取的点、直方图或轮廓等作为特征。两个大小 $M \times N$ 维的图块 x 与 y 之间的测度对应如下。

1. 基于灰度的测度

常用的匹配测度包括闵可夫斯基距离、相关系数、广义似然比距离、对称 KL 距离和结构相似性指数等。

1)闵可夫斯基距离(Minkowski Distance)

$$s_{MD}(x,y) = \left(\sum_{i=1}^{M} \sum_{j=1}^{N} |x(i,j) - y(i,j)|^p \right)^{1/p} \qquad (8-42)$$

式中:p 为一个变参数。根据参数 p 的不同,闵可夫斯基距离表示一类距离。当 $p=1$ 时,表示曼哈顿距离;当 $p=2$ 时,为欧几里德距离;当 $p \to \infty$ 时,为切比雪夫距离。欧几里德距离最为常用。

2)余弦距离(Cosine Distance)

$$s_{CS}(x,y) = \frac{\langle x \cdot y \rangle}{\|x\| \cdot \|y\|} \qquad (8-43)$$

该测度取值范围为 $[-1,1]$。与距离度量相反,余弦相似度值越小,差异越大。该测度突出了两个向量在方向上的差异,对绝对数值不敏感,修正了用户间可能存在的度量标准不统一的问题,更多用于依据内容评分来区分用户感兴趣的相似度和差异。

2. 基于统计分布的测度

常用的匹配测度包括广义似然比距离、对称 KL 距离、归一化相关系数、结构相似性指数和归一化互信息等。

(1)广义似然比距离(Generalized Likelihood Ratio,GLR),即

$$s_{GLR}(x,y) = \sum_{i=1}^{M} \sum_{j=1}^{N} \lg\left(\sqrt{\frac{x(i,j)}{y(i,j)}} + \sqrt{\frac{y(i,j)}{x(i,j)}} \right) \qquad (8-44)$$

（2）卡方距离（Distance to independence, χ^2），即

$$s_{\chi^2}(x,y) = \sum_{i=1}^{M} \sum_{j=1}^{N} \frac{[x(i,j) - y(i,j)]^2}{x(i,j) + y(i,j)} \qquad (8-45)$$

（3）对称 KL 距离（Kullback - Leibler distance, KL），即

$$s_{KL}(x,y) = \sum_{i=1}^{M} \sum_{j=1}^{N} \frac{(x(i,j) - y(i,j))^2}{x(i,j) \cdot y(i,j)} \qquad (8-46)$$

（4）Jeffrey 散度（Jeffrey divergence），即

$$s_{Jeffrey}(x,y) = \sum_{i=1}^{M} \sum_{j=1}^{N} x(i,j) \lg\left(\frac{2x(i,j)}{x(i,j) + y(i,j)}\right) +$$

$$y(i,j) \lg\left(\frac{2y(i,j)}{x(i,j) + y(i,j)}\right) \qquad (8-47)$$

Jeffrey 散度是 KL 距离的修正版本，具有数值稳定性和对噪声的鲁棒性。

（5）归一化相关系数法（Normalized Correlation Coefficient, NCC）[277]

$$\begin{cases} \eta(x,y) = \dfrac{\sigma_{xy}}{\sqrt{\sigma_x \cdot \sigma_y}} \\[4mm] \eta(x,y) = \dfrac{\displaystyle\sum_{i=1}^{M} \sum_{j=1}^{N} (x(i,j) - \mu_x)(y(i,j) - \mu_y)}{\sqrt{\displaystyle\sum_{i=1}^{M} \sum_{j=1}^{N} (x(i,j) - \mu_x)^2 \cdot \sum_{i=1}^{M} \sum_{j=1}^{N} (y(i,j) - \mu_y)^2}} \end{cases}$$

$$(8-48)$$

该测度计算比较复杂，具有平移不变性和尺度不变性，不受强度线性畸变的影响，可反映两幅图像之间的线性相关程度。

（6）结构相似性指数（Structural Similarity index, SSIM）[278]，即

$$S_{SSIM}(x,y) = \frac{(2\mu_x\mu_y + C_1)(2\sigma_x\sigma_y + C_2)}{(\mu_x^2 + \mu_y^2 + C_1)(\sigma_x^2 + \sigma_y^2 + C_2)} \qquad (8-49)$$

缺点在于变换、旋转、尺度具有很高的敏感性，同时还不能有结构上的畸变。

（7）归一化互信息（Normalized Mutual Information, NMI）[279]，有

$$S_{NMI}(x,y) = \frac{H(x) + H(y)}{H(x,y)} = \frac{-\displaystyle\sum_{i=0}^{L} x_i \lg_2 x_i - \sum_{i=1}^{L} y_i \lg_2 y_i}{-\displaystyle\sum_{i=0}^{L} \sum_{j=0}^{L} p_{ij} \lg_2 p_{ij}} \qquad (8-50)$$

3. 基于二次特征的测度

该类方法通过提取各图像中具有共性的显著特征作为匹配对象进行匹配，

该类方法对图像灰度的变化不敏感,适合于辐射特征差异较大的 SAR 图像匹配[276,280]。具体测度如下。

1）直方图

图像直方图基于统计方法显示了其像素值在不同强度上出现的频率,可表示为数值变量组成的特征向量,所以前述距离和相似性度量均可用于衡量两个直方图之间的相似性。

2）梯度方向直方图

原始 SIFT 算法中特征描述子采用方形邻域内 4×4 个子区域的梯度方向直方图来表征。梯度的模值和方向计算式为

$$\begin{cases} m(x,y) = \sqrt{(L(x+1,y) - L(x-1,y))^2 + (L(x,y+1) - L(x,y-1))^2} \\ \theta(x,y) = \arctan((L(x,y+1) - L(x,y-1))/(L(x+1,y) - L(x-1,y))) \end{cases}$$

$$(8-51)$$

式中:L 为特征点所在的尺度空间值。

3）局部梯度比率直方图(LGRPH)

文献[276]提出了一种基于局部梯度比率特征的 SAR 图像相似性度量方法。该方法借鉴 LBP 算法思想,采用邻域像素的梯度比率及均值代替邻域像素及中心像素的灰度值,构建了新的局域纹理特征。然后利用对称 KL 准则定义了两幅图像之间的相似性。

8.3.2　测度性能对比

为检验上述测度性能,采用 Crown of Scandinavia 型游船的 PicoSAR 图像,如图 8 - 24(a)所示。

(a) PicoSAR图像　　　(b) 仿真SAR图像

图 8 - 24　游船 PicoSAR 图像及其仿真 SAR 图像

利用软件仿真结果如图 8 – 24(b)所示,可以直观地看出仿真结果与实测图像中的船舶相同。设置特征点所在区域为图 8 – 24(a)中矩形,对应在仿真图(图 8 – 24(b))上利用滑窗从图中最上面的实线矩形滑动直到最下面的实线矩形,步长为 2 像素,采样次数为 50。在图 8 – 24(b)中,对应于实测目标区域为滑窗行进至 22 步时的虚线矩形框区域。

利用上述所有测度计算实测目标区域与滑窗区域之间的相似程度,对于各类距离的相似度采用了高斯核函数来转换为[0,1]的取值范围,其中平滑参数设定为实测与仿真切片图差值的标准差。上述测度性能对比情况如图 8 – 25 所示。

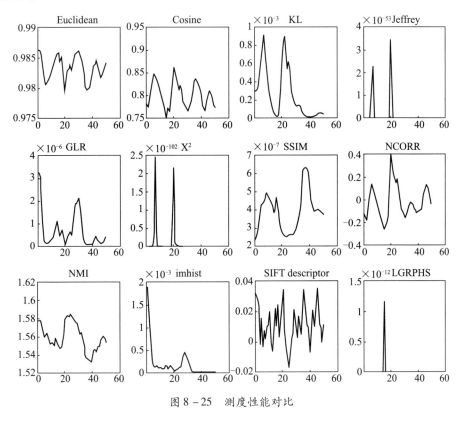

图 8 – 25　测度性能对比

从图 8 – 25 中可以看出,欧几里德距离和余弦距离在滑动匹配过程中出现了多个极值,这是由于第 1 类测度直接利用的灰度信息受到相干斑污染,无法有效反映 SAR 图像纹理结构特征。同样受相干斑影响,还有广义似然比距离、结构相似性测度和基于直方图的测度。

卡方距离、KL 距离和 Jeffrey 散度的匹配曲线中具有双峰值,除了对应匹配第 22 次采样的有效峰值外,在第 7 次采样处也出现了相似区域。对比观察后发现,相似性主要体现在区域内强散射点位置比较一致;再观察对应计算公式,可看出这 3 个测度均近似采用了像素点灰度值来加权,从而突出了强散射点在相似性度量中的权重。

SIFT 描述子的相似度量曲线出现了多个峰值,尽管包括真实的匹配对象,然而局部邻域梯度易受相干斑和成像环境影响而产生随机变化,相应梯度方向并不是稳健特征,从而无法有效度量实测 SAR 图块与仿真 SAR 图块之间的相似性。

LGRPH 特征可反映目标宏观特性。对于同源 SAR 图像,像素点灰度间的相对大小是确定的,从而利用 LBP 思想构建的算子保持了稳定性。对于异源 SAR 图像,仿真结果并未考虑真实 SAR 图像中受船舶微动、船周边海况及天气的影响,产生不均匀的噪声污染,使得目标中对应局部结构的 LGRPH 并不相似。综上所述,选择归一化相关系数作为异源 SAR 图像的相似性度量。

8.4 基于点特征匹配的 SAR 图像船舶目标识别方法

8.4.1 船舶匹配识别算法原理及流程

为得到可靠匹配结果,采用以实测 SAR 图像为基准的双向匹配[280]策略,具体流程如图 8-26 所示。

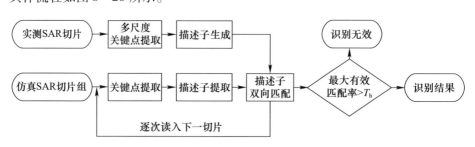

图 8-26　基于点特征的双向自动匹配流程图

算法处理步骤如下。

(1)特征点提取。以实测 SAR 图像作为底层影像,通过缩放建立影像金字塔,提取各层 SAR 图像中特征点(如二维峰值点或 Harris 算子角点)。

(2)描述子生成。考虑到 SAR 仿真图像所用位置和姿态等参数来源于实际 SAR 图像,仿真结果与实际 SAR 图像之间角度偏差较小,作为精确度与计算量的折中,本书选择了 30 像素 ×30 像素大小矩形区域作为匹配描述子。

(3)读入候选船舶目标仿真 SAR 图像,按照步骤(1)和步骤(2),生成仿真 SAR 图像的描述子。利用实测 SAR 图像与仿真 SAR 图像的描述子进行匹配。

① 双向匹配。采用归一化相关系数测度由顶层图像向底层图像逐层匹配仿真 SAR 图像中的特征点,选出特征点匹配数量最多的一层图像,将特征点范围缩小至该层提取的特征点,再由仿真 SAR 图像的特征点反向匹配实际 SAR 图像该层的特征点,通过双向匹配,初步剔除错误匹配点。

② 误匹配的精剔除。在匹配结果中,残留了部分明显错误的匹配对,本书采用了随机一致性 Ransac 算法来去除该类误匹配。

③ 匹配结果鉴别。考虑到在高精度仿真条件下,SAR 仿真图像与实测图像尺寸相当。所以,通过设定匹配对的方向阈值和长度阈值来判定匹配对的正确性。

④ 匹配度的计算。经随机一致性 Ransac 算法处理后,匹配对数量达到一定阈值 T_h(经验值为 10)时,认为匹配成功并按照式(8 - 52)计算匹配度;否则判为未匹配并将该候选目标匹配度置 0,即

$$\eta_1 = \frac{P_X}{P} \qquad\qquad (8-52)$$

式中:P_X 为同时满足随机一致性并且符合步骤③中阈值要求的匹配对数量;P 为仅满足随机一致性的匹配对数量。

⑤ 读入下一候选船舶目标仿真 SAR 图像,按照上述步骤①～④重复处理,得到其余 $n-1$ 个候选船舶目标的匹配度 $\eta_i(i=2,3,\cdots,n)$。

(4) 当匹配度不全为 0 时,将匹配度最大的候选目标判定为匹配结果;否则认为待识别目标不属于库存目标类型。

8.4.2 实验及结果分析

1. 实验数据与模型

实验数据来自 PicoSAR 对 Crown of Scandinavia 型游船的成像结果[281],如图 8 - 27(a)所示。PicoSAR 传感器安装在 Selex Galileo 公司 Eurocopter AS 350 直升机上,工作在 X 波段,最大带宽为 1500MHz,极化方式为 VV。成像方式为聚束模式,分辨率为 0.3m,斜距为 5 ～ 12km,标准海拔高度 2500 ～ 10000ft (762 ～ 3048m),最终下视角为 5°～ 22°。

目标所在区域为奥斯陆港口,主要活动目标为 4 类游船,即 Crown of Scandinavia(172m,简称Ⅰ型)、Stena Saga(长度 166m,Ⅱ型)、Pearl Seaways(177m,Ⅲ型)和 Aida Cara(193m,Ⅳ型)。根据长度,可排除Ⅳ型游船,剩余 3 型游船为目标疑似类型,相应的三维模型如图 8 - 28 所示。按照实测 SAR 图像成像条件,仿真得到这 3 类游船的 SAR 仿真图像,如图 8 - 27(b)～(d)所示。

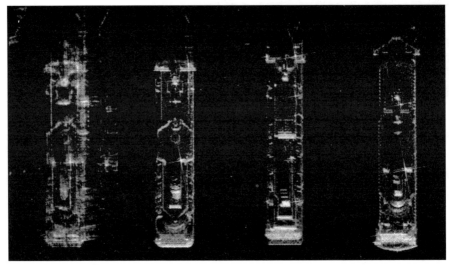

(a) 实测SAR图像　　(b) Crown of Scandinavia　　(c) Stena Saga　　(d) Pearl Seaways

图 8 – 27　船舶匹配实验数据

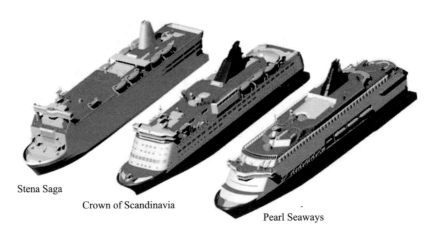

Stena Saga

Crown of Scandinavia

Pearl Seaways

图 8 – 28　疑似游船三维模型

2. 匹配实验及性能对比

利用仿真 SAR 图像船舶来匹配实测 SAR 图像游船类型。分别采用二维峰值特征、Moravec 算子、Harris 算子和多尺度 SAR – Harris 算子来提取特征点,结合归一化相关系数法(NCC),按照双向匹配策略进行匹配识别。

其中,二维峰值的阈值为 170dB, Moravec 算子和 Harris 算子的阈值为 0. 15,多尺度 SAR – Harris 函数阈值为 0. 05,特征点匹配邻域大小为 30 像素 × 30 像素,归一化相关系数阈值为 0. 45,有效匹配阈值 0. 035;Ransac 参数 $t = 0. 03$, maxtries = 20000,4 类算法匹配结果如图 8 - 29 ~ 图 8 - 32 所示。绿线表示正确的匹配对,蓝线标为残留的误匹配对。

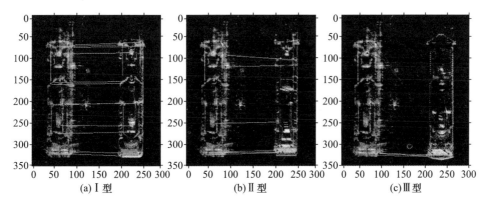

图 8 - 29　基于二维峰值点的船舶匹配结果(见彩插)

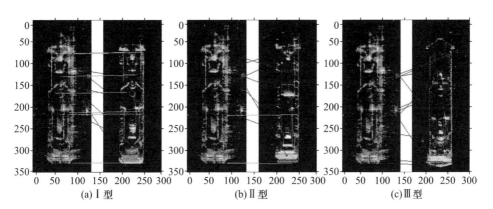

图 8 - 30　基于 Moravec 算子的船舶匹配结果(见彩插)

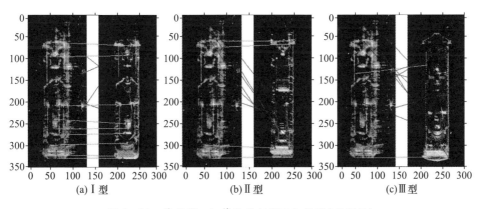

图 8 - 31　基于 Harris 算子的船舶匹配结果(见彩插)

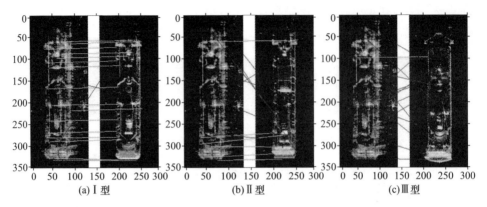

(a) I 型　　　　　　　　(b) II 型　　　　　　　　(c) III 型

图 8 - 32　基于 SAR - Harris 算子的船舶匹配结果(见彩插)

为量化分析匹配效果,对匹配结果进行了统计,如表 8 - 3 所列。

表 8 - 3　船舶匹配结果统计

匹配算法	实验数据	匹配点对总数	正确匹配点对数	匹配度/%	所用时间/s
Peak - NCC	I 型	13	11	84.6	30.671
	II 型	14	6	42.8	
	III 型	10	3	30.0	
Moravec - NCC	I 型	13	7	53.8	38.563
	II 型	9	2	22.2	
	III 型	11	1	9.0	
Harris - NCC	I 型	13	9	69.2	16.684
	II 型	10	4	40.0	
	III 型	11	2	18.2	
SAR - Harris - NCC	I 型	20	18	90.0	42.385
	II 型	14	6	42.8	
	III 型	15	1	6.7	

从图 8 - 29 ~ 图 8 - 32 及表 8 - 3 中可以看出,图 8 - 32(a)中匹配点对总数量取得最大值 20 对,其中正确匹配点对数量达 18 个,表明基于 SAR - Harris 算子的匹配效果最佳。相比之下,Moravec 算子效果最差,这主要是由于 SAR 图像中角点受相干斑污染,Moravec 算子几乎失效,其匹配度仅为 53.8%。图 8 - 31(a)中基于 Harris 算子的匹配结果得到 13 个匹配点对,存在 4 个误匹配对,匹配效果较差。究其原因,同样是由于 Harris 算子对 SAR 图像相干斑比较敏感,使得从实测 SAR 图像中内部纹理边缘或角点处检测得到的特征点较少。

　　基于二维峰值点的匹配度为 84.6%，反映了二维峰值点特征匹配的有效性，但匹配点对总数仅 13 个，相比 SAR – Harris 算子匹配点对，数量较少。而且二维峰值点提取过程中，SAR 图像 RCS 需要保持较大的动态范围，如果动态范围已经被压缩至[0,256]，则峰值特征失效。

　　对比观察图 8 – 29(a)和图 8 – 32(a)可以发现，SAR – Harris 算子不仅检测到了船舶内部的特征点，而且提取到了船舶轮廓附近的特征点，从而可以更为全面地表征船舶细节特征，匹配度高达 90%。同时，匹配点对总数最大，进一步反映出基于 SAR – Harris 算子的船舶匹配算法的有效性。此外，4 类算法计算时间保持在 16 ~ 43s 内，运行时间基本满足匹配识别时限要求。

参 考 文 献

[1] 张爱兵. 高分辨率 SAR 图像复杂目标属性散射中心特征提取[D]. 长沙:国防科学技术大学,2009.

[2] 张过. 高分辨率光学卫星标准产品分级体系研究[M]. 北京:测绘出版社,2013.

[3] 孙显,付琨,王宏琦. 高分辨率遥感图像理解[M]. 北京:科学出版社,2011.

[4] 李春升,王伟杰,王鹏波,等. 星载 SAR 技术的现状与发展趋势[J]. 电子与信息学报,2016,38(1): 229 – 240.

[5] 种劲松,欧阳越,朱慧敏. 合成孔径雷达图像海洋目标检测[M]. 北京:海洋出版社,2006.

[6] Vachon P W,Cambell J W M,Bjerkelund C A,et al. Ship detection by the Radarsat SAR:Validation of detection model predictions[J]. Canadian Journal of Remote Sensing,1997,23(1):48 – 59.

[7] 张风丽,张磊,吴炳方. 欧盟船舶遥感探测技术与系统研究的进展[J]. 遥感学报,2007,11(4): 552 – 562.

[8] 王超,张红,吴樊,等. 高分辨率 SAR 图像船舶目标检测与分类[M]. 北京:科学出版社,2014.

[9] 匡纲要,陈强,蒋咏梅,等. 极化合成孔径雷达基础理论及其应用[M]. 长沙:国防科技大学出版社,2014.

[10] Lee J. Speckle suppression and analysis for synthetic aperture radar images[J]. Optical Engineering,1985, 25(5):636 – 643.

[11] Oliver C,Quega S. 合成孔径雷达图像理解[M]. 丁赤飚,译. 北京:电子工业出版社,2009.

[12] Kuan D,Sawchuk A,Strand T,et al. Adaptive restoration of images with speckle[J]. IEEE Trans on Acoustics,Speech,and Signal Processing,1987,35(3):373 – 383.

[13] Frost V S,Stiles J A,Shanmugan K S,et al. A model for radar images and its application to adaptive digital filtering of multiplicative noise[J]. IEEE Transactions on Pattern Analysis and Machine Intelligence,1982, 4(2):157 – 166.

[14] Baraldi A,Parmiggiani F. A refined gamma MAP SAR speckle filter with improved geometrical adpativity [J]. IEEE Transactions on Geoscience and Remote Sensing,1995,33(5):1245 – 1257.

[15] Buades A. Image and film denoising by non – local means[D]. Illes Balears:Mathematics Universitat de les Illes Balears,2006.

[16] 孙斯亮. 利用上下文信息的高分辨率 SAR 图像解译技术研究[D]. 哈尔滨:哈尔滨工业大学,2013.

[17] Deledalle C A,Tupin F. Iterative weighted maximum likelihood denoising with probabilistic patch – based weights[J]. IEEE Transactions on Image Processing,2009,18(12):2661 – 2672.

[18] Mahmoudi M,Sapiro G. Fast image and video denoising via nonlocal means of similar neighborhoods[J]. IEEE Signal Processing Letters,2005,12(12):839 – 842.

[19] Wang J,Guo Y,Ying Y,et al. Fast Non – Local algorithm for image denoising[C]. IEEE International Conference on Image Processing,2006:1429 – 1432.

[20] Karnati V,Uliyar M,Dey S. Fast Non – Local algorithm for image denoising[C]. ICIP,2009:3873 – 3876.

［21］张丽果. 快速非局部均值滤波图像去噪［J］. 信号处理,2013,29(8):1043－1049.

［22］陈建宏,赵拥军,时银水,等. PolSAR 快速贝叶斯非局部均值相干斑抑制方法［J］. 西安电子科技大学学报(自然科学版),2015,42(3):148－153.

［23］焦李成,谭山. 图像的多尺度几何分析:回顾和展望［J］. 电子学报,2003,31(12):1975－1981.

［24］邓磊,李家存,朱佳文,等. 基于 Contourlet 域隐马尔可夫树模型的 SAR 图像滤波方法［J］. 同济大学学报(自然科学版),2012,40(4):629－634.

［25］刘帅奇,胡绍海,肖扬. 基于稀疏表示的 Shearlet 域 SAR 图像去噪［J］. 电子与信息学报,2012,26(9):2110－2115.

［26］Rudin L I,Osher S,Fatemi E. Nonlinear total variation based noise removal algorithms［J］. Physica D － nonlinear Phenomena,1992,60(1－4):259－268.

［27］Rudin L,Lions P L,Osher S. Multiplicative denoising and deblurring:theory and algorithms［M］Geometric Level Set Methods in Imaging,Vision,and Graphics,Springer New York,2003:103－119.

［28］Shi J,Osher S. A nonlinear inverse scale space method for a convex multiplicative noise model［J］. Siam Journal on Imaging Sciences,2008,1(3):294－321.

［29］Aubert G,Aujol J F. A variational approach to remove multiplicative noise［J］. Siam Journal on Applied Mathematics,2008,68(4):925－946.

［30］Steidl G,Teuber T. Removing multiplicative noise by douglas － rachford splitting methods［J］. Journal of Mathematical Imaging & Vision,2010,36(2):168－184.

［31］Chen D Q,Cheng L Z. Spatially adapted total variation model to remove multiplicative noise［J］. IEEE Transactions on Image Processing,2011,21(4):1650－62.

［32］Feng W,Lei H,Gao Y. Speckle reduction via higher order total variation approach［J］. IEEE Transactions on Image Processing,2014,23(4):1831－1843.

［33］Chambolle A. An algorithm for total variation minimization and applications［J］. Journal of Mathematical Imagingand Vision,2004,20(20):89－97.

［34］Goldstein T,Osher S. The split bregman method for L1 － regularized problems［J］. SIAM Journal on Imaging Sciences,2009,2(2):323－343.

［35］Huang Y M,Ng M K,Wen Y W. A new total variation method for multiplicative noise removal［J］. Siam Journal on Imaging Sciences,2009,2(1):20－40.

［36］Dong F,Zhang H,Kong D X. Nonlocal total variation models for multiplicative noise removal using split Bregman iteration［J］. Mathematical & Computer Modelling,2012,55(3－4):939－954.

［37］Kang M,Yun S,Woo H. Two － level convex relaxed variational model for multiplicative denoising［J］. Siam Journal on Imaging Sciences,2013,6(2):875－903.

［38］Woo H. Proximal linearized alternating direction method for multiplicative denoising［J］. Siam Journal on Scientific Computing,2013,35(2):B336－B358.

［39］Novak L M,Burl M C. Optimal speckle reduction in polarimetric SAR imagery［J］. IEEE Transactions on Aerospace and Electronic Systems,1988,26(2):293－305.

［40］Liu G,Huang S,Torre A,et al. The multilook polarimetric whitening filter(MPWF)for intensity speckle reduction in polarimetric SAR images［J］. IEEE Transactions on Geoscienceand Remote Sensing,1998,36(3):1016－1020.

［41］Lee J S,Grunes M R,Mango S A. Speckle reduction in multi － polarization multi － frequence SAR Imagery［J］. IEEE Trans on Geoscience and Remote Sensing,1991,29(4):535－544.

[42] Goze S,Lopes A. A MMSE speckle filter for full resolution SAR polarimetric data[J]. Journal of Electromagnetic Waves and Applications,1993,7(7):717 – 737.

[43] Lopes A,Sery F. Optimal speckle reduction for the product model in multilook polarimetric SAR imagery and the Wishart distribution[J]. IEEE Transactions on Geoscienceand Remote Sensing,1997,35(3):632 – 647.

[44] Lee J,Grunes M R,De Grandi G. Polarimetric SAR speckle filtering and its implication for classification [J]. IEEE Transactions on Geoscience and Remote Sensing,1999,37(5):2363 – 2373.

[45] Vasile G,Trouve E,Lee J S,et al. Intensity – driven adaptive – neighborhood technique for polarimetric and interferometric SAR parameters estimation[J]. IEEE Transactions on Geoscienceand Remote Sensing,2006,44(6):1609 – 1621.

[46] 李悦. 极化 SAR 相干斑噪声抑制[D]. 西安:西安电子科技大学,2011.

[47] Lee J S,Grunes M R,Schuler D L,et al. Scattering – model – based speckle filtering of polarimetric SAR data[J]. IEEE Transactions on Geoscienceand Remote Sensing,2006,44(1):176 – 187.

[48] 郭睿,刘艳阳,臧博,等. 一种保持散射特性的极化 SAR 图像滤波方法[J]. 西安电子科技大学学报,2011,38(1):90 – 95.

[49] Solbo S,Eltoft T. Homomorphic wavelet – based statistical despeckling of SAR images[J]. IEEE Transactions on Geoscience and Remote Sensing,2004,42(4):711 – 721.

[50] 章毓晋. 图像工程(中) – 图像分析(第 2 版)[M]. 北京:清华大学出版社,2010.

[51] Touzi R,Lopes A,Bousquet P. A statistical and geometrical edge detector for SAR images[J]. IEEE Transactions on Geoscience and Remote Sensing,1988,26(6):764 – 773.

[52] Fjørtoft R,Lopès A,Matthon P,et al. An optimal multi – edge detector for SAR image segmentation [J]. IEEE Trans Geoscience and Remote Sensing,1998,36(3):793 – 802.

[53] Weisenseel R A,Karl W C,Power G J. Markov random field segmentation methods for SAR target chips [J]. Proceedings of SPIE – The International Society for Optical Engineering,1999,3721:462 – 473.

[54] Smits P C,Dellepiane S G. Discontinuity – adaptive Markov random field model for the segmentation of intensity SAR images[J]. IEEE Transactions on Geoscienceand Remote Sensing,1999,37(1):627 – 631.

[55] Kass M,Witkin A,Terzopoulos D. Snakes:Active contour models[J]. International Journal of Computer Vision,1988,1(4):321 – 331.

[56] Huang Y,Huang Y. Segmenting SAR satellite images with the multilayer level set approach[J]. IEEE Journal of Selected Topics in Applied Earth Observations and Remote Sensing,2011,4(3):632 – 642.

[57] Song H,Huang B,Zhang K. A globally statistical active contour model for segmentation of oil slick in SAR imagery[J]. IEEE Journal of Selected Topics in Applied Earth Observations and Remote Sensing,2013,6(6):2402 – 2409.

[58] Yin J,Yang J. A modified level set approach for segmentation of multiband polarimetric SAR images [J]. IEEE Transaction on Geoscience and Remote Sensing,2014,52(11):7222 – 7232.

[59] Mukherjee S,Acton S T. Region based segmentation in presence of intensity inhomogeneity using legendre polynomials[J]. IEEE Signal Processing Letters,2015,22(3):298 – 302.

[60] Wang B,Gao X,Li J,et al. A level set method with shape priors by using locality preserving projections [J]. Neurocomputing,2015,170:188 – 200.

[61] 贺志国. 基于活动轮廓模型的 SAR 图像分割算法研究[D]. 长沙:国防科学技术大学,2008.

[62] Cohen L D. On active contour models and balloons[J]. Computer Vision & Image Understanding,1991,53

（2）:211 – 218.

[63] Xu C,Prince J L. Snakes,shapes,and gradient vector flow[J]. Journal of Gerontological Nursing,1998,7（3）:359 – 369.

[64] 侯志强,韩崇昭. 基于力场分析的主动轮廓模型[J]. 计算机学报,2004,27(6):743 – 749.

[65] Osher S,Sethian J A. Fronts propagating with curvature – dependent speed:algorithms based on Hamilton – Jacobi formulations[J]. Journal of Computational Physics,1988,79（1）:12 – 49.

[66] Caselles V,Catté F,Coll T,et al. A geometric model for active contours in image processing [J]. Numerische Mathematik,1993,66(1):1 – 31.

[67] Malladi R,Sethian J A,Vemuri B C. Shape modeling with front propagation:a level set approach[J]. IEEE Transactions on Pattern Analysisand Machine Intelligence,1995,17(2):158 – 175.

[68] Caselles V,Kimmel R,Sapiro G. Geodesic active contours[C]. Fifth International Conference on Computer Vision,1995:694 – 699.

[69] Yezzi A,Kichenassamy S,Kumar A,et al. A geometric snake model for segmentation of medical imagery [J]. IEEE Transactions on Medical Imaging,1997,16(2):199 – 209.

[70] Mumford D,Shah J. Optimal approximations by piecewise smooth functions and associated variational problems[J]. Communications on Pure & Applied Mathematics,1989,42(5):577 – 685.

[71] Chan T,Vese L. Active contours without edges[J]. IEEE Transaction on Image Processing,2001,10(2):266 – 277.

[72] Li C,Kao C Y,Gore J C,et al. Minimization of region – scalable fitting energy for image segmentation [J]. IEEE Transaction on Image Processing,2008,17(10):1940 – 1949.

[73] 李传龙,李颖,刘爱莲. 灰度不均匀图像分割[J]. 大连理工大学学报,2014,54(1):106 – 114.

[74] L i C,Kao C Y,Gore J C,et al. Implicit active contours driven by local binary fitting energy[C]. IEEE Conference on Computer Vision & Pattern Recognition,2007:1 – 7.

[75] Ismail B A,Amar M,Ziad B. Multiregion level – set partitioning of synthetic aperture radar images [J]. IEEE Transactions on Pattern Analysis and Machine Intelligence,2005,27(5):793 – 800.

[76] Ismail B A,Nacera H,Amar M. Unsupervised variational image segmentation/classification using a Weibull observation model[J]. IEEE Transactions on Image Processing,2006,15(11):3431 – 3439.

[77] Silveira M,Heleno S. Separation between water and land in SAR images using region – based level sets [J]. IEEE Geoscienceand Remote Sensing Letters,2009,6(3):471 – 475.

[78] 贺志国,陆军,匡纲要. 基于全局活动轮廓模型的 SAR 图像分割方法[J]. 自然科学进展,2009,19（3）:344 – 360.

[79] 黄魁华,张军. 局部统计活动轮廓模型的 SAR 图像海岸线检测[J]. 遥感学报,2011,15(4):737 – 749.

[80] Marques R C P,Medeiros F N,Juvencio S N. SAR image segmentation based on level set approach and GA model[J]. IEEE Transactions on Pattern Analysis and Machine Intelligence,2012,34(10):2046 – 57.

[81] Feng J,Cao Z,Pi Y. Multiphase SAR image segmentation with G0 – statistical – model – based active contours[J]. IEEE Transactions on Geoscience and Remote Sensing,2013,51(7):4190 – 4199.

[82] 孔丁科,汪国昭. 基于区域相似性的活动轮廓 SAR 图像分割[J]. 计算机辅助设计与图形学学报,2010,22(9):1554 – 1560.

[83] 毛万峰,张红,张波,等. 基于模糊水平集的 SAR 图像分割方法[J]. 中国科学院研究生院学报,2013,30(02):238 – 243.

[84] 徐川,华凤,眭海刚,等. 多尺度水平集 SAR 影像水体自动分割方法[J]. 武汉大学学报(信息科学版),2014,39(01):27-31.

[85] 贺志国,周晓光,陆军,等. 一种用于 SAR 图像分割的几何活动轮廓模型[J]. 遥感学报,2009,13(02):224-231.

[86] 贺志国,陆军,匡纲要. 一种基于 SAR 图像边缘检测算子的短程活动轮廓模型[J]. 宇航学报,2009,30(02):716-724.

[87] 安成锦,陈曾平. 基于 Otsu 和改进 CV 模型的 SAR 图像水域分割算法[J]. 信号处理,2011,27(02):221-225.

[88] 吴一全,郝亚冰,吴诗婳,等. 基于 KFCM 和改进 CV 模型的海面溢油 SAR 图像分割[J]. 仪器仪表学报,2012,33(12):2812-2818.

[89] Rignot E,Chellappa R. Segmentation of polarimetric synthetic aperture radar data[J]. IEEE Trans on Image Processing,1992,l(3):281-300.

[90] 吴永辉,计科峰,李禹,等. 基于 Wishart 分布和 MRF 的多视全极化 SAR 图像分割[J]. 电子学报,2007,35(12):2302-2306.

[91] Bombrun L,Vasile G,Gay M. Hierarchical segmentation of polarimetric SAR images using heterogeneous clutter models[J]. IEEE Transactions on Geoscience and Remote Sensing,2011,49(2):726-737.

[92] 邹鹏飞,李震,田帮森. 高分辨率极化 SAR 图像水平集分割[J]. 中国图象图形学报,2014,19(12):1829-1835.

[93] Lee J S,Grunes M R,Ainsworth T L,et al. Unsupervised classification using polarimetric decomposition and the complex wishart classifier[J]. IEEE Transactions on Geoscience and Remote Sensing,1999,37(5):2363-2373.

[94] 张斌,马国锐,刘国英,等. 一种结合 Freeman 分解和散射熵的 MRF 多极化 SAR 影像分割算法[J]. 武汉大学学报(信息科学版),2011,36(9):1064-1067.

[95] 冯籍澜,曹宗杰,皮亦鸣,等. 一种基于极化特征分解的水平集极化 SAR 图像分割方法:中国,CN 101699513 A[P]. 2010.

[96] Qin F C,Guo J M,Lang F K. Superpixel segmentation for polarimetric SAR imagery using local iterative clustering[J]. IEEE Geoscience and Remote Sensing Letters,2015,12(1):13-17.

[97] Ersahin K,Cumming I G,and Ward R K. Segmentation and classification of polarimetric SAR data using spectral graph partitioning[J]. IEEE Transactions on Geoscience and Remote Sensing,2010,48(1):164-174.

[98] 侯彪,刘芳,焦李成. 基于小波变换的高分辨率 SAR 港口目标自动分割[J]. 红外与毫米波学报,2002,21(5):385-389.

[99] 陈琪,陆军,赵凌君,等. 基于特征的 SAR 遥感图像港口检测方法[J]. 电子与信息学报,2010,32(12):2873-2878.

[100] 刘成皓,刘文波,张弓. SAR 图像突堤式港口检测[J]. 光电工程,2012,39(6):131-136.

[101] Liu C,Yin J J,Yang J. Small harbor detection in polarimetric SAR images based on coastline feature point merging[J]. Journal of Tsinghua University(Science and Technology),2015,55(8):849-853.

[102] Mandal D P,Murthy C A,Pal S K. Analysis of IRS imagery for detecting man-made objects with a multi-valued recognition system[J]. IEEE Trans on systems,Man and Cybernetics. Part A,(systems and humans). 1996. 26(2):241-247.

[103] Fu Y L,Xing K,Han X W,et al. A method of target recognition from remote sensing images[C]. The 2009

IEEE/RSJ International Conference on intelligent Robots and Systems,2009,10:3665 – 3670.

[104] 韩现伟. 大幅面可见光遥感图像典型目标识别关键技术研究[D]. 哈尔滨:哈尔滨工业大学,2013.

[105] 刘亚飞,潘洪军,王广伟,等. 基于 IDL 的岛屿岸线及港口码头的人工智能提取[J]. 测绘与空间地理信息,2014,37(2):96 – 98.

[106] 李艳,彭嘉雄. 港口目标特征提取与识别[J]. 华中科技大学学报,2001,29(6):10 – 12.

[107] 周拥军,朱兆达,丁全心. 遥感像中港口目标识别技术[J]. 南京航空航天大学学报,2008,40(3):350 – 353.

[108] 邢坤,付宜利. 基于内港区域的港口目标识别[J]. 电子与信息学报,2009,31(6):1275 – 1278.

[109] Zhu B,Li J Z,Cheng A J. Knowledge based recognition of harbor target[J]. Journal of Systems Engineering and Electronics,2006,17(4):755 – 759.

[110] 张志龙,张焱,沈振康. 基于特征谱的高分辨率遥感图像港口识别方法[J],电子学报,2010,38(9):2184 –2188.

[111] 樊利恒,吕俊伟,于振涛. 基于线不变矩和封闭性的遥感图像港口识别[J],光电工程,2013,40(4):92 – 100.

[112] 吴建华. 遥感图像中港口识别与毁伤分析研究[D]. 南京:南京理工大学,2005.

[113] 陈琪. SAR 图像港口目标提取方法研究[D]. 长沙:国防科学技术大学,2011.

[114] Kapur J N,Sahoo P K,Wong A K C. A new method for gray – level picture thresholding using the entropy of the histogram[J]. Comput. Vision,Graph,and Image Process,1985,29(3):273 – 285.

[115] 鲁统臻. 星载 SAR 与 AIS 舰船目标检测技术研究[D]. 青岛:中国海洋大学,2010.

[116] 吴良斌. SAR 图像处理与目标识别[M]. 北京:航空工业出版社,2013.

[117] Frery A C. A Model for extremely heterogeneous clutter[J]. IEEE Transactions on Geoscience and Remote Sensing,1997,35(3):648 – 659.

[118] Gao G,Liu L,Zhao L,et al. An adaptive and fast CFAR algorithm based on automatic censoring for target detection in high – resolution SAR images[J]. IEEE Transactions on Geoscience and Remote Sensing, 2009,47(6):1685 – 1697.

[119] Cui Y,Zhou G – Y,Yang J,et al. On the iterative censoring for target detection in SAR images[J]. IEEE Geoscience and Remote Sensing Letters,2011,8(4):641 –645.

[120] Kourti N,Shepherd I,Schwartz G,Pavlakis P. Integrating spaceborne SAR imagery into operational systems for fisheries monitoring[J]. Canadian Journal of Remote Sensing,2014,27(4):291 – 305.

[121] Iehara M,et al. Detection of ships using cros – correlation of split – look SAR images[C]. IEEE Internaional Geoscience and Remote Sensing SymPosium(IGARSS 01),2001,4:1807 – 1809.

[122] 邢相薇. SAR 图像舰船目标检测方法研究[D]. 长沙:国防科学技术大学,2009.

[123] Jian Yang,Hongji Zhang,Yoshio Yamaguchi. GOPCE – based approach to ship detection[J]. IEEE Geoscience and Remote Sensing Letters,2012,9(6):1089 – 1093.

[124] Marino A,Cloude S R,Woodhouse I H. A polarimetric target detector using the huynen fork[J]. IEEE Transactions on Geoscience and Remote Sensing,2010,48(5):2357 – 2366.

[125] Marino A,Walker N,Woodhouse I. Ship detection with radarsat – 2 quad – pol SAR data using a notch filter based on perturbation analysis [C]. IEEE International Geoscience and Remote Sensing Symposium. IEEE,2010:3704 – 3707.

[126] Marino A,Walker N. Ship detection with quad polarimetric TerraSAR – X data:an adaptive notch filter

［C］. IEEE International Geoscience and Remote Sensing Symposium. IEEE,2011:245 – 248.

［127］Marino A. A notch filter for ship detection with polarimetric SAR data［J］. IEEE Journal of selected topics in applied earth observations and remote sensing,2013,6(3):1219 – 1232.

［128］Marino A,Sugimoto M,Ouchi K,et al. Validating a notch filter for detection of targets at sea with ALOS – PALSAR data:Tokyo Bay［J］. IEEE Journal of Selected Topics in Applied Earth Observations and Remote Sensing,2014,7(12):4907 – 4918.

［129］Marino A,Hajnsek I. Ship detection with TanDEM – X data extending the polarimetric notch filter［J］. IEEE Geoscience and Remote Sensing Letters,2015,12(10):2160 – 2164.

［130］孙渊,王超,张红,等. 改进 Notch 滤波的全极化 SAR 数据船舶检测方法［J］. 中国图象图形学报,2013,18(10):1374 – 1382.

［131］王娜,时公涛,陆军,等. 一种新的极化 SAR 图像目标 CFAR 检测方法［J］. 电子与信息学报,2011,33(2):395 – 400.

［132］Na Wang,Gongtao Shi,Li Liu,et,al. Polarimetric SAR target detection using the reflection symmetry［J］. IEEE Geoscience and Remote Sensing Letters,2012,9(6):1104 – 1108.

［133］Marino A,Hajnsek I. Ship detection with TanDEM – X data:a statistical test for a polarimetric notch filter［C］. European Conference on Synthetic Aperture Radar(EUSAR). VDE,2014:1 – 4.

［134］Ringrosr R,Harris N. Ship Detection Using Polarimetric SAR Data［C］. In Proc. of the CEOS SAR workshop. ESA SP – 450,October 1999.

［135］Touzi R,Charbonneau F,Hawkins R K,et al. Ship – sea contrast optimization when using polarimetric SARs［C］. IEEE International Geoscience and Remote Sensing Symposium,2001:426 – 428.

［136］Jiong Chen,Yilun Chen,Jian Yang. Ship detection using polarization cross – entropy［J］. IEEE Geoscience and Remote Sensing Letters,2009,6(4):723 – 727.

［137］张宏稷,杨健,李延,等. 基于条件熵和 Parzen 窗的极化 SAR 舰船检测［J］. 清华大学学报,2012,52(12):1693 – 1697.

［138］邢相薇,计科峰,孙即祥. 基于目标分解和加权 SVM 分类的极化 SAR 图像舰船检测［J］. 信号处理,2011,27(9):1440 – 1445.

［139］Guo R,Zhang L,Li J,et al. A novel strategy of nonnegative – matrix – factorization – based polarimetric ship detection［J］. Geoscience & Remote Sensing Letters IEEE,2011,8(6):1085 – 1089.

［140］吴冰洁,张波,张红. 基于改进的 S – NMF 方法的全极化 SAR 船舶检测［J］. 遥感技术与应用,2013,28(2):217 – 224.

［141］Hu C,Ferro – Famil L,Kuang G. Ship discrimination using polarimetric SAR data and coherent time – frequency analysis［J］. Remote Sensing,2013,5(12):6899 – 6920.

［142］Brush S,Lehner S,Fritz T,et al. Ship surveillance with TerraSAR – X［J］. IEEE Transactions on Geoscience and Remote Sensing,2011,49(3):1092 – 1103.

［143］郁文贤,计科峰,柳彬. 星载 SAR 与 AIS 综合的海洋目标信息处理技术［M］. 北京:科学出版社,2017.

［144］张婷,张杰,张晰,等. 舰船卫星探测实验中利用 AIS 获取现场同步数据的可行性分析［J］. 海岸工程,2013,32(4):48 – 55.

［145］陈利民. 星载 SAR 舰船目标快速检测方法研究［D］. 合肥:合肥工业大学,2013.

［146］车云龙. 基于 RadarSat – 2 全极化 SAR 的船舶检测［D］. 大连:大连海事大学,2014.

［147］计科峰,赵和鹏,邢相薇,等. 小卫星载 AIS 海洋即使技术研究进展［J］. 雷达科学与技术,2013,11

(1):9-15.

[148] 赵志. 基于星载 SAR 与 AIS 综合的船舶目标监视关键技术研究[D]. 长沙:国防科学技术大学,2013.

[149] Margarit G,Milanés J B,Tabasco A. Operational ship monitoring system based on synthetic aperture radar processing[J]. Remote Sensing,2009,1(3):375-392.

[150] Pastina D,Spina C. Multi-feature based automatic recognition of ship targets in ISAR[J]. IET Radar Sonar Navigation,2009,3(4):406-423.

[151] Wang C,Zhang H,Wu F,et al. Ship features and classification in hi-resolution SAR images with object backscattering part and surf array[C]. 2011 3rd International Asia-Pacific Conference on Synthetic Aperture Radar(APSAR). IEEE,2011:1-3.

[152] 陈文婷. SAR 图像舰船目标特征提取与分类识别方法研究[D]. 长沙:国防科学技术大学,2012.

[153] 郁文贤,柳彬,孙清洋,等. 高性能 SAR 目标检测与识别技术[C]. 第一届高分对地观测会议,北京 2012.

[154] 邢相薇,计科峰,邹焕新,等. 高分辨 SAR 图像舰船宏结构特征提取技术[C]. 第二届高分会议,北京,2013.

[155] Wang C,Zhang H,Wu F,et al. A novel hierarchical ship classifier for COSMO-skymed SAR data[J]. Geoscience and Remote Sensing Letters,IEEE,2014,11(2):484-488.

[156] 李莹,任勇,山秀明. 基于目标分解的极化雷达飞机识别法[J]. 清华大学学报:自然科学版,2001,41(7):32-35.

[157] Margarit G,Mallorqui J J. Assessment of polarimetric SAR interferometry for improving ship classification based on simulated data[J]. Sensors,2008,8(12):7715-7735.

[158] Wang J,Huang W,Yang J,et al. Polarization scattering characteristics of some ships using polarimetric SAR images[J]. SAR Image Analysis,Modeling,and Techniques XI,2011,8179(4):1-7.

[159] Wu F,Wang C,Zhang H,et al. Analysis of polarimetric vessel signatures in SAR image based on polarimetric decomposition[J]. 2013 IEEE International Geoscience and Remote Sensing Symposium(IGARSS),2013:3092-3095.

[160] Dungan K E,Potter L C. Classifying sets of attributed scattering centers using a hash coded database[J]. Algorithms for Synthetic Aperture Radar Imagery XVII,2010,7699(5):223-263.

[161] 王簧,周建江,廖启新. 基于全极化 GTD 模型的雷达目标二维散射中心提取[J]. 系统工程与电子技术,2011,33(12):2643-2648.

[162] 张泽兵,胡卫东. 基于 Coherent Point Drift 方法的 SAR 图像散射中心匹配[J]. 国防科技大学学报,2012,34(4):138-142.

[163] 娄军,金添,宋千,等. 高分辨率 SAR 图像散射中心特征提取[J]. 电子与信息学报,2011,33(7):1621-1626.

[164] 唐涛,粟毅. 散射中心特征序贯匹配的 SAR 图像目标识别方法[J]. 系统工程与电子技术,2012,34(6):1131-1135.

[165] 刘明,吴艳,王凡,等. 基于稀疏描述的 SAR 目标型号识别算法[J]. 模式识别与人工智能,2014,27(7):617-622.

[166] 丁军,刘宏伟,王英华. 基于非负稀疏表示的 SAR 图像目标识别方法[J]. 电子与信息学报,2014,36(9):2194-2200.

[167] 张新征,黄培康. 基于贝叶斯压缩感知的 SAR 目标识别[J]. 系统工程与电子技术,2013,35(1):

39 – 44.

［168］Lee J,Lee J,Wen J,et al. Improved sigma filter for speckle filtering of SAR imagery［J］. IEEE Transactions on Geoscience and Remote Sensing,2009,47(1):202 – 213.

［169］Dabov K,Foi A,Katkovnik V,et al. Image denoising by sparse 3 – D transform – domain collaborative filtering［J］. IEEE Transactions on Image Processing,2007,16(8):2080 – 2095.

［170］Chaudhury K N,Singer A. Non – local Euclidean medians［J］. IEEE Signal Processing Letters,2012,19(11):745 – 748.

［171］Parrilli S,Poderico M,Angelino C V,et al. A nonlocal SAR image denoising algorithm based on LLMMSE Wavelet shrinkage［J］. IEEE Transactions onG eoscience and Remote Sensing,2012,50(2):606 – 616.

［172］Maggioni M,Katkovnik V,Egiazarian K,et al. A nonlocal transform – domain filter for volumetric data denoising and reconstruction［J］. IEEE Trans Image Process,2013. 1(22):119 – 133.

［173］钟莹,杨学志,唐益明,等. 采用结构自适应块匹配的非局部均值去噪算法［J］. 电子与信息学报,2013. 12(35):2908 – 2915.

［174］Ji Z,Chen Q,Sun Q,et al. A moment – based nonlocal – means algorithm for image denoising［J］. Information Processing Letters,2009,109(2324):1238 – 1244.

［175］Wang J,Yin C. A Zernike – moment – based non – local denoising filter for cryo – EM images［J］. Sci China Life Sci,2013,56(4):384 – 390.

［176］Pierrick C,Hellie P,Kervrann C. Bayesian nonlocal means – based speckle filtering［J］. IEEE International Symposium on Biomedical Imaging:From Macro to Nano,2008:1291 – 1294.

［177］王爽,焦李成,李悦,等. 基于贝叶斯非局部均值的极化 SAR 数据的相干斑抑制方法. 中国,10278051［P］. 2011 – 0302.

［178］赵忠明,赵拥军,牛朝阳. 改进的基于非局部均值的极化 SAR 相干斑抑制［J］. 中国图像图形学报,2013,18(8):1038 – 1044.

［179］杨学志,左美霞,郎文辉,等. 采用散射特征相似性的极化 SAR 图像相干斑抑制［J］. 遥感学报,2012,16(1):105 – 115.

［180］Chen J,Chen Y,An W,et al. Nonlocal filtering for polarimetric SAR data:a pretest approach［J］. IEEE Transactions on Geoscience and Remote Sensing,2011,49(5):1744 – 1754.

［181］Chen Si Wei,Sato Motoyuki. A novel method for polarimetric SAR image speckle fitering and edge detection［C］. Proceedings the 4th Joint PI Symposium of ALOS Data Nodes for ALOS Science Program,2010:1 – 8.

［182］Deledalle C,Tupin F,Denis L. Polarimetric sar estimation based on non – local means［J］. 2010 IEEE International Geoscience and Remote Sensing Symposium(IGARSS),2010,38(1):2515 – 2518.

［183］Khotanzad A,H. Hong Y. Invariant image recognition by zernike moments［J］. Pattern Analysis and Machine Intelligence,IEEE Transactions on,1990,12(5):489 – 497.

［184］王超,张红,陈曦,等. 全极化合成孔径雷达图像处理［M］. 北京:北京科学出版社,2007:66 – 68.

［185］Sinclair G. The Transmission and reception of elliptical polarized wave.［J］. Proc. IRE,1950,38(2):148 – 151.

［186］Zebker H A,Van Zyl J J,Held D N. Imaging radar polarimetry from wave synthesis［J］. Journal of Geophysical Research,1987,92,(B1):683 – 701.

［187］郎丰铠,杨杰. 极化 SAR 影像噪声抑制理论与方法［M］. 北京:科学出版社,2018.

［188］Kervrann C,Boulanger J,Coupé P. Bayesian non – local means filter,image redundancy and adaptive dic-

tionaries for noise removal[J]. Scale Space and Variational Methods in Computer Vision,2007,4485:
520 – 532.

[189] 张贤达. 现代信号处理[M].2 版. 北京:清华大学出版社,2002:45 – 48.

[190] 赵忠民. 基于非局部均值的极化 SAR 相干斑抑制方法研究[D]. 郑州:中国人民解放军信息工程
大学,2013.

[191] 许光宇,檀结庆,钟金琴. 自适应的有效非局部图像滤波[J]. 中国图象图形学报,2012,17(4):
471 – 479.

[192] 张权,桂志国,刘祎,等. 医学图像的自适应非局部均值去噪算法[J]. 计算机工程,2012,38(7):
182 – 184.

[193] Liu P,Huang F,Li G,et al. Remote – sensing image denoising using partial differential equations and aux-
iliary images as priors[J]. IEEE Geoscienceand Remote Sensing Letters,2012,9(3):358 – 362.

[194] Yuan Q,Zhang L,Shen H. Hyperspectral image denoising employing a spectral – spatial adaptive total var-
iation model[J]. IEEE Transactions on Geoscienceand Remote Sensing,2012,50(10):3660 – 3677.

[195] Chang Y,Yan L,Fang H,et al. Simultaneous destriping and denoising for remote sensing images with uni-
directional total variation and sparse representation[J]. IEEE Geoscienceand Remote Sensing Letters,
2014,11(11):1051 – 1055.

[196] Zhao Y,Liu J G,Zhang B,et al. Adaptive total variation regularization based SAR image despeckling and
despeckling evaluation index[J]. IEEE Transactions on Geoscienceand Remote Sensing,2015,53(5):
2765 – 2774.

[197] 张军,韦志辉. SAR 图像去噪的分数阶多尺度变分 PDE 模型及自适应算法[J]. 电子与信息学报,
2010,32(7):1654 – 1659.

[198] 田丹,薛定宇,陈大力. 去除乘性噪声的分数阶变分模型及算法[J]. 中国图象图形学报,2014,19
(12):1751 – 1758.

[199] 吴斌. 基于变分偏微分方程的图像复原技术[M]. 北京:北京大学出版社,2008.

[200] Tikhonov A N,Arsenin V Y. Solutions of Ill – posed problems[M]. Winston and Sons,Washington,
D. C. ,1997.

[201] Germain O,Réfrégier P. Edge location in SAR images:performance of the likelihood ratio filter and accu-
racy improvement with an active contour approach[J]. IEEE Transactions on Image Processing,2001,10
(1):72 – 78.

[202] Liu C,Zhu S. A convex relaxation method for computing exact global solutions for multiplicative noise re-
moval[J]. Journal of Computational & Applied Mathematics,2013,238(238):144 – 155.

[203] Siddiqi K,Lauzière Y B,Tannenbaum A,et al. Area and length minimizing flows for shape segmentation.
[J]. IEEE Transactions on Image Processing,1998,7(3):433 – 443.

[204] Li C,Xu C,Gui C,et al. Level set evolution without re – initialization:a new variational formulation[C].
IEEE Computer Society Conference on Computer Vision and Pattern Recognition,2005:430 – 436.

[205] 李弼程,邵美珍,黄洁,等. 模式识别原理与应用[M]. 西安:西安电子科技大学出版社,2008.

[206] Li C,Xu C,Gui C,et al. Distance regularized level set evolution and its application to image segmentation
[J]. IEEE Transactions on Image Processing,2010,19(12):3243 – 3254.

[207] 陈琪,熊博莅,陆军,等. 改进的二维 Otsu 图像分割方法及其快速实现[J]. 电子与信息学报,
2010,05:1100 – 1104.

[208] 洪承礼. 港口规划与布置[M].2 版. 北京:人民交通出版社,1999.

[209] 张志龙. 基于遥感图像的重要目标特征提取与识别方法研究[D]. 长沙:国防科学技术大学,2005.

[210] Freeman H,Shapira R. Determining the minimum – area encasing rectangle for an arbitrary closed curve[J]. Communications of the ACM,1975,18(7):409 – 413.

[211] 郭庆胜,冯代鹏,刘远刚,等. 一种解算空间几何对象的最小外接矩形算法[J],武汉大学学报 信息科学版,2014,39(2):177 – 180.

[212] Adams R,Bischof L. Seeded region growing[J]. IEEE Transactions on Pattern Analysis and Machine Intelligence,1994,16(6):641 – 647.

[213] 谢明鸿,张亚飞,付琨. 基于种子点增长的 SAR 图像海岸线自动提取算法[J]. 中国科学院研究生院学报,2007,24(1):93 – 98.

[214] 郭睿. 极化 SAR 处理中若干问题的研究[D]. 西安:西安电子科技大学,2012.

[215] 高贵,时公涛,匡纲要,等. SAR 图像统计建模:模型及应用[M]. 北京:国防工业出版社,2013.

[216] Ni Weiping,Yan Weidong,Wu Junzheng,et al. Statistical analysis and modeling of TerraSAR – X images for CFAR based target detection[C]. 2013 IEEE International Geoscience and Remote Sensing Symposium(IGARSS),2013:1983 – 1986.

[217] 崔一. 基于 SAR 图像的目标检测研究[D]. 北京:清华大学,2011.

[218] An W,Xie C,Yuan X,et al. An improved iterative censoring scheme for CFAR ship detection with SAR imagery[J]. IEEE Transactions onG eoscience and Remote Sensing,2014,52(8):4585 – 4595.

[219] Cui Y,Yang J,Yamaguchi Y. On the optimal speckle reduction for target detection in SAR images[C]. IEEE International Geoscience and Remote Sensing Symposium,Sendai Japan,2011.

[220] 艾加秋,齐向阳,禹卫东. 改进的 SAR 图像双参数 CFAR 舰船检测算法[J]. 电子与信息学报,2009,31(12):2881 – 2885.

[221] 赵明波,何峻,付强. SAR 图像 CFAR 检测的快速算法综述[J]. 自动化学报,2012,38(12):1887 – 1895.

[222] 贺志国,周晓光,陆军,等. 一种基于 G^0 分布的 SAR 图像快速 CFAR 检测方法[J]. 国防科技大学学报,2009,31(1):47 – 51.

[223] Gao G,Liu L,Zhao L,et al. An adaptive and fast CFAR algorithm based on automatic censoring for target detection in high – resolution SAR Images[J]. IEEE Transactions on Geoscience and Remote Sensing,2009,47(6):1685 – 1697.

[224] 邢相薇,陈振林,邹焕新,等. 一种基于两级 CFAR 的 SAR 图像舰船目标快速检测算法[C]. 第十四届全国信号处理学术年会(CCSP – 2009)论文集,2009,25(8):256 – 259.

[225] 顾丹丹,许小剑. 基于积分图像的快速 ACCA – CFAR SAR 图像目标检测算法[J]. 系统工程与电子技术,2014,36(2):248 – 253.

[226] Touzi R,Lopes A,Bousquet J,et al. Coherence estimation for SAR imagery[J]. IEEE Transactions on Geoscience and Remote Sensing,1999,37(1):135 – 149.

[227] Freeman A,Durden S L. A three – component scattering model for polarimetric SAR data[J]. IEEE Transactions on Geoscience and Remote Sensing,1998,36(3):963 – 973.

[228] Yamaguchi Y,Moriyama T,Ishido M,et al. Four – component scattering model for polarimetric SAR image decomposition[J]. IEEE Transactions on Geoscience and Remote Sensing,2005,43(8):1699 – 1706.

[229] 蒋少峰,王超,吴樊,等. 基于结构特征分析的 COSMO – SkyMed 图像商用船舶分类算法[J]. 遥感技术与应用,2014,(4).

[230] 山鹏. SAR 图像舰船目标检测及特征提取方法研究[D]. 哈尔滨:哈尔滨工程大学,2012.

[231] 高贵,何鹃,匡纲要,等. SAR 图像目标方位角估计方法综述[J]. 信号处理,2008,24(3): 438 – 443.

[232] 刘聪,李言俊,张科. 基于目标特征的 SAR 图像车辆目标的方位角联合估计[J]. 计算机应用研究,2011,28(4):1566 – 1569.

[233] Murphy L M, Murphy L M. Linear feature detection and enhancement in noisy images via the Radon transform[J]. Pattern Recognition Letters,1986,4(86):279 – 284.

[234] 徐牧,王雪松,肖顺平. 基于 Hough 变换与目标主轴提取的 SAR 图像目标方位角估计方法[J]. 电子与信息学报,2007,29(2):370 – 374.

[235] 杜琳琳,安成锦,陈曾平. 一种舰船 ISAR 图像中心线特征提取新方法[J]. 电子与信息学报,2010,32(05):1023 – 028.

[236] 陈文婷,赵和鹏,邢相薇,等. 基于 Radon 变换的 SAR 舰船目标切片精细分割[J]. 仪器仪表学报,2012,33(8):144 – 148.

[237] 殷雄,王超,张红,等. 基于结构特征的高分辨率 TerraSAR – X 图像船舶识别方法研究[J]. 中国图像图形学报,2012,17(1).:106 – 113.

[238] 孙家抦. 遥感原理与应用[M]. 3 版. 武汉:武汉大学出版社,2013.

[239] 张红,王超,张波,等. 高分辨率 SAR 图像目标识别[M]. 北京:科学出版社,2009.

[240] Knott E F. Radar cross section[M]. 2nd. Norwood:Artech House,1993.

[241] 阮颖铮. 雷达截面与隐身技术[M]. 北京:国防工业出版社,1998.

[242] Youssef N N. Radar cross section of complex targets[J]. Proceedings of the IEEE,1989,77(5):722 – 734.

[243] Pathak P H, Burnside W D, Marhefka R J. A uniform GTD analysis of the Scattering of electromagnetic waves by a smooth convex surface[J]. IEEE Transactions on Antennas and Propagation,1979,28(5): 631 – 642.

[244] Pathak P H, Nan W, Burnside W D. Uniform GTD solution for the radiation from sources on a smooth convex surface[J]. IEEE Transactions on Antennas and Propagation,1981,29(4):601 – 621.

[245] 汪茂光. 几何绕射理论[M]. 2 版. 西安:西安电子科技大学出版社,1994.

[246] Gordon W B. High frequency approximations to the physical optics scattering integral[J]. IEEE Transactions on Antennas and Propagation,1994,42(3):427 – 432.

[247] Ufimtsev P Y. Elementary edge waves and the physical theory of diffraction[J]. Electromagnetics,1991, 11(2):125 – 160.

[248] Hasnain H, Volakis J L. PTD analysis of impedance structures[J]. IEEE Transactions on Antennas and Propagation,1996,44(7):983 – 988.

[249] Michaeli A. Incremental diffraction coefficients for the extended physical theory of diffraction[J]. IEEE Transactions on Antennas and Propagation,1995,43(7):732 – 733.

[250] Knott E F. The relationship between Mitzner′s ILDC and Michaeli′s equivalent edge currents[J]. IEEE Transactions on Antennas and Propagation,1985,33(1):112 – 114.

[251] 殷晓星,王群,洪伟. 目标雷达散射截面的高频适用条件[J]. 现代雷达,2007,29(1):6 – 8.

[252] 杨正龙. 雷达目标特征建模和检测识别[D]. 南京:南京理工大学,2002.

[253] 王超. 高频电磁散射建模方法及工程应用[D]. 北京:中国传媒大学,2009.

[254] Rius J M, Ferrando M, Jofre L. GRECO:Graphical electromagnetic computing for RCS prediction in real time[J]. IEEE Transactions on Antennas and Propagation,1993,35(2):7 – 17.

[255] Rius J M,Ferrando M,Jofre L. High – frequency RCS of complex radar targets in real – time[J]. IEEE Transactions on Antennas and Propagation,1993,41(9):1308 – 1319.

[256] Ross R A. Radar cross section of rectangular flat plates as a function of aspect angle[J]. IEEE Transactions on Antennas and Propagation,1966,14(3):329 – 335.

[257] 秦德华,王宝发,刘铁军. GRECO 中棱边判别方法及其绕射场计算的改进[J]. 电子学报,2003,31(8):1160 – 1163.

[258] 张君,钟全华,鞠智芹. 图形电磁计算方法的改进[J]. 微波学报,2008,24(6):12 – 20.

[259] 刘佳,渠慎丰,王宝发. 基于 GRECO 的复杂目标多次散射 RCS 计算[J]. 北京航空航天大学学报,2010,36(5):614 – 616.

[260] Jackson J A,analytic physical optics solution for bistatic 3D scattering from a dihedral corner reflector[J]. IEEE Transactions on Antennas and Propagation,2012,60(3):1486 – 1495.

[261] 杨正龙,金林,倪晋麟,等. 复杂目标双站 RCS 的图形电磁计算[J]. 电子学报,2004,32(6):1033 – 1035.

[262] 刘立国,张国军,莫锦军,等. 基于图形电磁学的雷达散射截面计算方法改进[J]. 电波科学学报,2012,27(6):1146 – 1151.

[263] Knott E F. RCS reduction of dihedral corners[J]. IEEE Transactions on Antennas and Propagation,1977,25(3):406 – 409.

[264] 李仁杰,计科峰,邹焕新,等. 基于电磁散射特性计算的目标 SAR 图像仿真[J]. 雷达科学与技术,2010,8(5):395 – 400.

[265] 计科峰. SAR 图像目标特征提取与分类方法研究[D]. 长沙:国防科学技术大学,2003.

[266] 张翠. 高分辨率 SAR 图像自动目标识别方法研究[D]. 长沙:国防科学技术大学,2003.

[267] Wang B,Binford T O. Generic,model – based estimation and detection of peaks in image surfaces[J]. Proceedings of Image Understanding Workshop,1996:913 – 922.

[268] 高贵,计科峰,匡纲要,等. 高分辨率 SAR 图像目标峰值特征提取[J]. 信号处理,2005,21(3):232 – 235.

[269] 翟来娟,许小剑. 基于 sinc 模型的目标散射中心峰值特征提取算法[C]. 全国第十届信息与信号处理、第四届 DSP 应用技术联合学术会议论文集,2006:263 – 266.

[270] Moravec H P. Obstacle avoidance and navigation in the real world by a seeing robot rover[J]. Obstacle Avoidance & Navigation in the Real World by A Seeing Robot Rover,1980.

[271] Harris C,Stephens M. A combined corner and edge detector[J]. Proc of Fourth Alvey Vision Conference,1988:147 – 151.

[272] Lowe D G. Object recognition from local scale – invariant features[C]. Proceedings of the Seventh IEEE International Conference on Computer Vision,1999:1150 – 1157.

[273] Lowe D G. Distinctive image features from scale – invariant keypoints[J]. International Journal of Computer Vision,2004,60(2):91 – 110.

[274] Dellinger F,Delon J,Gousseau Y,et al. SAR – SIFT:a SIFT – like algorithm for SAR images[J]. IEEE Transactions on Geoscience and Remote Sensing,2015,53(1):453 – 466.

[275] Suri S,Schwind P,Reinartz J U P. Modifications in the SIFT operator for effective SAR image matching[J]. International Journal of Image & Data Fusion,2010,1(3):243 – 256.

[276] Tang T,Xiang D,Liu H,et al. A new local feature extraction in SAR image[C]. 2013 Asia – Pacific Conference on Synthetic Aperture Radar(APSAR). IEEE,2013:377 – 379.

[277] Di Stefano L,Mattoccia S,Mola M. An efficient algorithm for exhaustive template matching based on nor-malized cross correlation[C]. International Conference on Image Analysis and Processing. IEEE,2003: 322 – 327.

[278] Wang Z,Bovik A C,Sheikh H R,et al. Image quality assessment:from error visibility to structural similari-ty[J]. IEEE Transactions on Image Processing,2004,13(4):600 – 612.

[279] ZF K,JB M,MA V,et al. Normalized mutual information based registration using k – means clustering and shading correction[J]. Medical Image Analysis,2006,10(3):432 – 439.

[280] 张红敏. SAR 图像高精度定位技术研究[D]. 郑州:中国人民解放军信息工程大学,2013.

[281] Cochin C,Louvigne J,Fabbri R,et al. MOCEM V4 – radar simulation of ship at sea for SAR and ISAR applications[C]. 2014 10th European Conference on Synthetic Aperture Radar(EUSAR). VDE,2014: 1 – 4.

内 容 简 介

合成孔径雷达作为一种主动式微波成像传感器,具有全天候、全天时和穿透地表浅层等优点,在海洋环境监测、船舶监管、海洋目标动态监视等方面具有独特的优势。随着新型星载 SAR 系统投入运营,获取的 SAR 图像呈现高空间分辨率、多极化等特点,这些新特征变化给传统的 SAR 图像海洋目标识别技术带来了困难和挑战。本书深入、系统论述了高分辨率 SAR 图像处理与海洋目标识别方面的一些理论、算法,总结了这一领域的研究进展和作者多年在该领域的研究成果。全书由 8 章组成,分别论述了 SAR 图像海洋目标监视技术发展现状与关键技术进展、SAR 图像非局部均值相干斑抑制、SAR 图像全变分去噪、基于活动轮廓模型的 SAR 图像分割、高分辨率 SAR 图像港口目标检测与鉴别、高分辨率 SAR 图像船舶目标检测、分类与匹配识别等方面的算法。

本书可为雷达、遥感、海洋、模式识别等领域的科研和工程技术人员提供参考,也可作为相关院校信息获取、遥感等专业高年级本科生和研究生的参考书。

As an active microwave imaging sensor, synthetic aperture radar (SAR) combines the advantages of all-weather adaptability, all-day capability and penetrating the shallow surface. It also has special advantages in marine environment monitoring, shipping supervision and marine target tracking. Along with the wide application of new spaceborne SAR systems, the traditional marine target recognition technology is posed to new difficulties and challenges. The book aims to explore various theories and algorithms of high resolution SAR image processing and ocean target recognition, as well as the latest development concerned. It consists of eight chapters, including the current situation and development in this field, non-local mean speckle suppression for SAR images, total variation de-noising for SAR images, SAR image segmentation based on active contour model, port target detection and discrimination in high resolution SAR images, ship target detection, classification and matching recognition in high-resolution SAR images.

The book is suitable for researchers and technicians in such fields as radar technology, remote sensing, ocean science and pattern recognition. It can also be used as a reference book for senior undergraduates and postgraduates majoring in information acquisition and remote sensing.

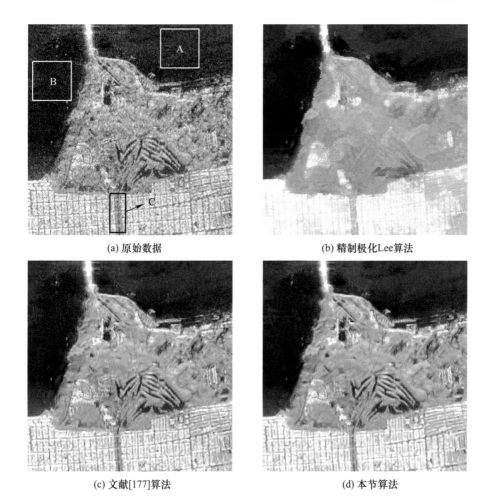

(a) 原始数据

(b) 精制极化Lee算法

(c) 文献[177]算法

(d) 本节算法

图 2-5　旧金山区域基于功率图的极化 SAR 图像滤波

(a) 光学遥感图

(b) Pauli伪彩图

(c) 实验区域原始数据

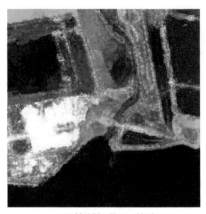

(d) 精制极化Lee算法

(e) 文献[177]算法

(f) 本节算法

图 2-6　唐山曹妃甸基于功率图的极化 SAR 图像滤波

(a) 实验地区光学遥感图

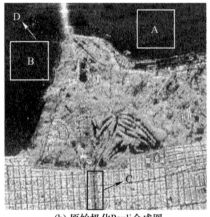

(b) 原始极化Pauli合成图

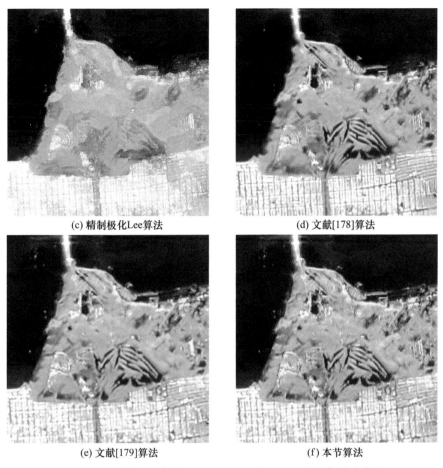

(c) 精制极化Lee算法　　　　　　　　　(d) 文献[178]算法

(e) 文献[179]算法　　　　　　　　　(f) 本节算法

图 2 - 7　旧金山区域多视极化 SAR 图像贝叶斯非局部均值滤波

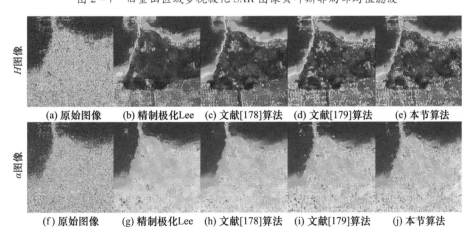

(a) 原始图像　(b) 精制极化Lee　(c) 文献[178]算法　(d) 文献[179]算法　(e) 本节算法

(f) 原始图像　(g) 精制极化Lee　(h) 文献[178]算法　(i) 文献[179]算法　(j) 本节算法

图 2 - 8　旧金山区域多视极化 SAR 数据 Cloude 分解结果

(a) 实验区域光学遥感图　　　　(b) 原始Pauli合成图　　　　(c) 本节算法滤波结果

图 2-9　曹妃甸单视极化 SAR 图像贝叶斯非局部均值滤波

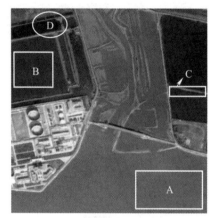

(a) 实验地区光学遥感图　　　　　　　　(b) 原始极化Pauli合成图

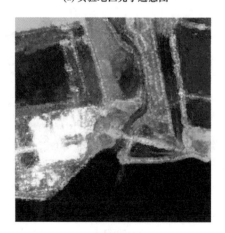

(c) 精制极化Lee算法　　　　　　　　　(d) 文献[178]算法

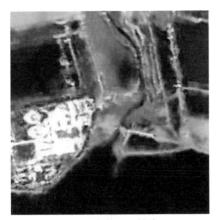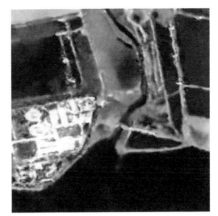

(e) 文献[179]算法　　　　　　　　　　(f) 本节算法

图 2 - 10　曹妃甸局部区域单视极化 SAR 图像贝叶斯非局部均值滤波

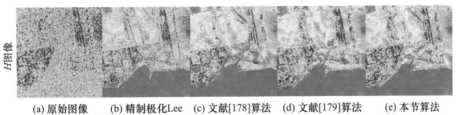

(a) 原始图像　(b) 精制极化Lee　(c) 文献[178]算法　(d) 文献[179]算法　(e) 本节算法

(f) 原始图像　(g) 精制极化Lee　(h) 文献[178]算法　(i) 文献[179]算法　(j) 本节算法

图 2 - 11　曹妃甸单视极化 SAR 数据 Cloude 分解结果

(a) 光学遥感图　　　　　　　(b) 原始RGB Pauli图　　　　　　(c) 本节算法滤波结果

图 2 - 12　东京湾单视极化 SAR 图像贝叶斯非局部均值滤波

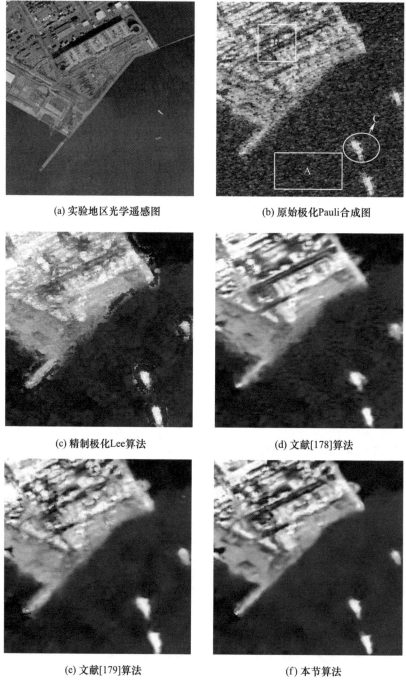

(a) 实验地区光学遥感图　　　　　　　(b) 原始极化Pauli合成图

(c) 精制极化Lee算法　　　　　　　　(d) 文献[178]算法

(e) 文献[179]算法　　　　　　　　　(f) 本节算法

图 2 – 13　东京湾局部区域单视极化 SAR 图像贝叶斯非局部均值滤波

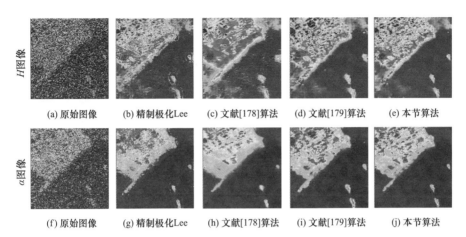

(a) 原始图像　　(b) 精制极化Lee　　(c) 文献[178]算法　　(d) 文献[179]算法　　(e) 本节算法

(f) 原始图像　　(g) 精制极化Lee　　(h) 文献[178]算法　　(i) 文献[179]算法　　(j) 本节算法

图 2 – 14　东京湾单视极化 SAR 数据 Cloude 分解结果

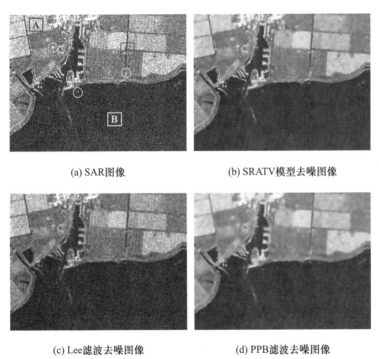

(a) SAR图像　　　　　　　(b) SRATV模型去噪图像

(c) Lee滤波去噪图像　　　　(d) PPB滤波去噪图像

图 3 – 8　SAR 图像去噪实验 2

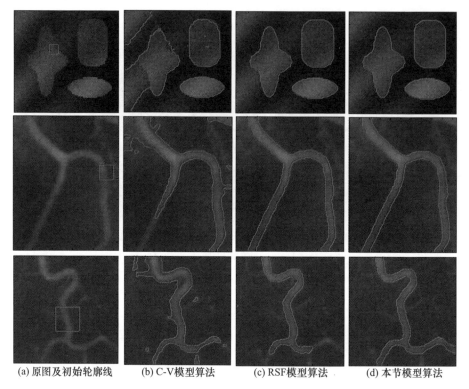

(a) 原图及初始轮廓线　　(b) C-V模型算法　　(c) RSF模型算法　　(d) 本节模型算法

图 4 - 2　强度非均匀图像分割实验

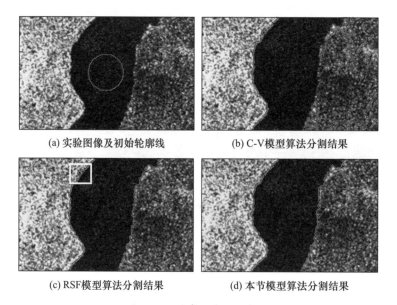

(a) 实验图像及初始轮廓线　　　　(b) C-V模型算法分割结果

(c) RSF模型算法分割结果　　　　(d) 本节模型算法分割结果

图 4 - 3　遥感图像分割实验

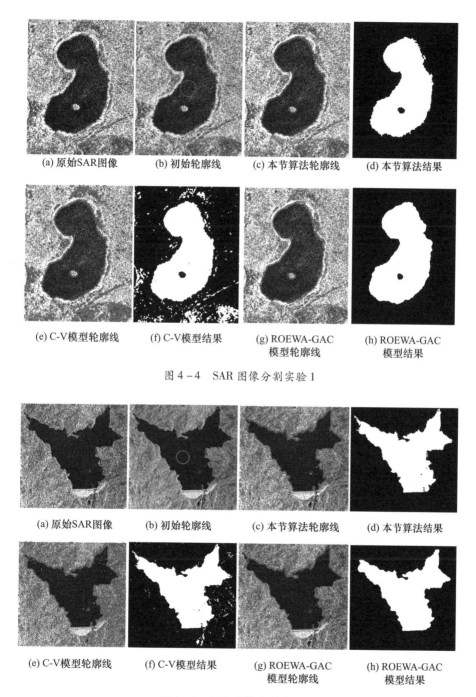

(a) 原始SAR图像 　　(b) 初始轮廓线 　　(c) 本节算法轮廓线 　　(d) 本节算法结果

(e) C-V模型轮廓线 　　(f) C-V模型结果 　　(g) ROEWA-GAC 模型轮廓线 　　(h) ROEWA-GAC 模型结果

图 4-4　SAR 图像分割实验 1

(a) 原始SAR图像 　　(b) 初始轮廓线 　　(c) 本节算法轮廓线 　　(d) 本节算法结果

(e) C-V模型轮廓线 　　(f) C-V模型结果 　　(g) ROEWA-GAC 模型轮廓线 　　(h) ROEWA-GAC 模型结果

图 4-5　SAR 图像分割实验 2

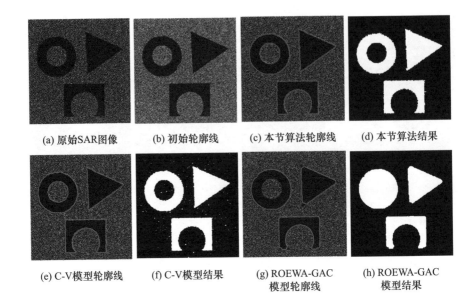

(a) 原始SAR图像 　　(b) 初始轮廓线 　　(c) 本节算法轮廓线 　　(d) 本节算法结果

(e) C-V模型轮廓线 　　(f) C-V模型结果 　　(g) ROEWA-GAC 模型轮廓线 　　(h) ROEWA-GAC 模型结果

图 4 - 6　SAR 图像分割实验 3

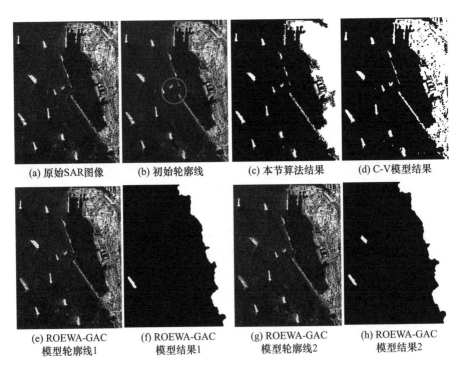

(a) 原始SAR图像 　　(b) 初始轮廓线 　　(c) 本节算法结果 　　(d) C-V模型结果

(e) ROEWA-GAC 模型轮廓线1 　　(f) ROEWA-GAC 模型结果1 　　(g) ROEWA-GAC 模型轮廓线2 　　(h) ROEWA-GAC 模型结果2

图 4 - 7　港口 SAR 图像两类分割实验

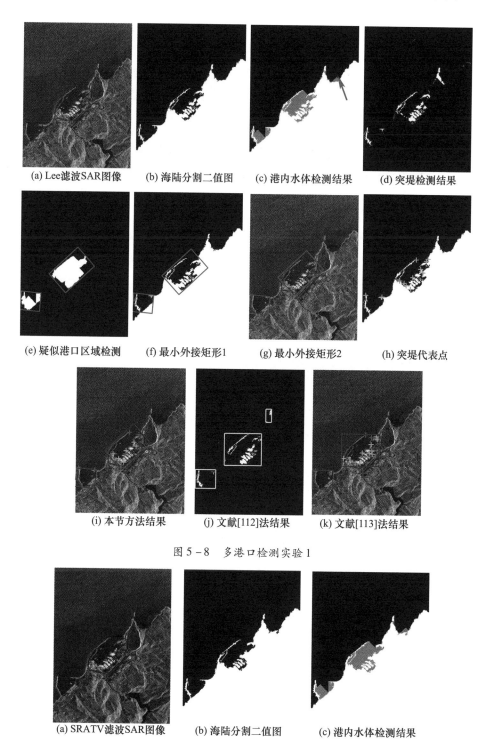

(a) Lee滤波SAR图像　(b) 海陆分割二值图　(c) 港内水体检测结果　(d) 突堤检测结果

(e) 疑似港口区域检测　(f) 最小外接矩形1　(g) 最小外接矩形2　(h) 突堤代表点

(i) 本节方法结果　(j) 文献[112]法结果　(k) 文献[113]法结果

图 5 - 8　多港口检测实验 1

(a) SRATV滤波SAR图像　(b) 海陆分割二值图　(c) 港内水体检测结果

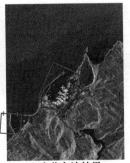

(d) 突堤检测结果　　　　(e) 疑似港口区域检测结果　　　　(f) 本节方法结果

图 5 - 10　　多港口检测实验 2

(a) Lee滤波SAR图像　　　　(b) 海陆分割二值图　　　　(c) 港内水体检测结果

(d) 突堤检测结果　　　　(e) 疑似港口区域检测　　　　(f) 最小外接矩形

(g) 本节方法结果　　　　(h) 文献[112]法结果　　　　(i) 文献[113]法结果

图 5 - 11　　多突堤港口检测实验 1

(a) 原始SAR图像　　　　(b) 变分水平集分割图　　　　(c) 图(b)后处理结果

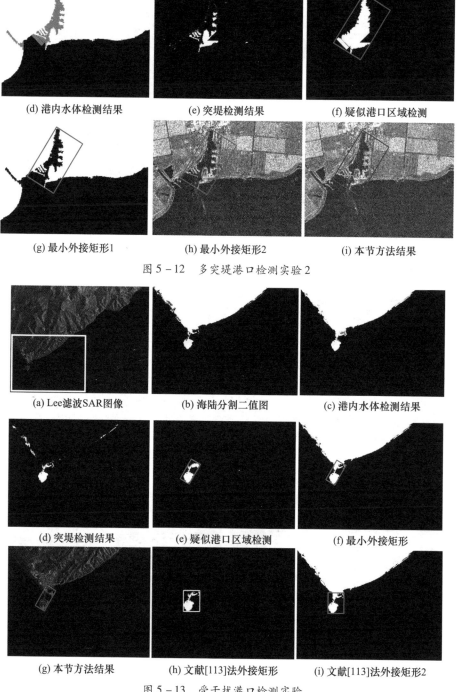

(d) 港内水体检测结果　　　　　(e) 突堤检测结果　　　　　(f) 疑似港口区域检测

(g) 最小外接矩形1　　　　　(h) 最小外接矩形2　　　　　(i) 本节方法结果

图 5 – 12　多突堤港口检测实验 2

(a) Lee滤波SAR图像　　　　　(b) 海陆分割二值图　　　　　(c) 港内水体检测结果

(d) 突堤检测结果　　　　　(e) 疑似港口区域检测　　　　　(f) 最小外接矩形

(g) 本节方法结果　　　　　(h) 文献[113]法外接矩形　　　　　(i) 文献[113]法外接矩形2

图 5 – 13　受干扰港口检测实验

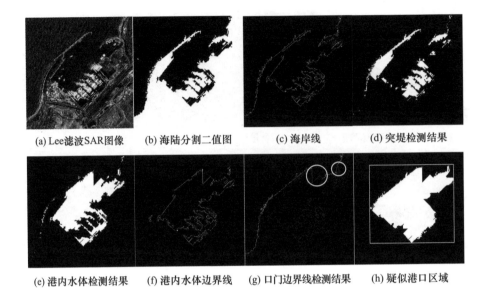

(a) Lee滤波SAR图像　　(b) 海陆分割二值图　　(c) 海岸线　　(d) 突堤检测结果

(e) 港内水体检测结果　　(f) 港内水体边界线　　(g) 口门边界线检测结果　　(h) 疑似港口区域

图 5-14　口门边界线检测实验

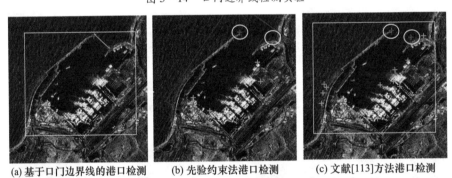

(a) 基于口门边界线的港口检测　　(b) 先验约束法港口检测　　(c) 文献[113]方法港口检测

图 5-15　港口检测实验对比

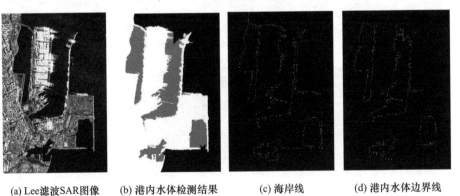

(a) Lee滤波SAR图像　　(b) 港内水体检测结果　　(c) 海岸线　　(d) 港内水体边界线

(e) 突堤检测结果　　(f) 疑似港口区域检测　　(g) 口门边界线1　　(h) 口门边界线2

(i) 口门边界线3　　(j) 本节方法结果　　(k) 文献[113]法粗精度结果1　　(l) 文献[113]法粗精度结果2

图 5－17　密集分布港口检测实验

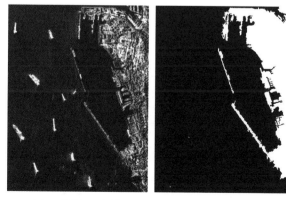

(a) Lee滤波SAR图像　　　　(b) 海陆分割二值图　　　　(c) 海岸线

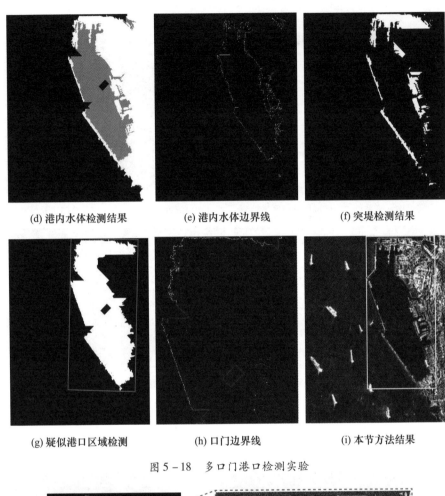

(d) 港内水体检测结果　　　　(e) 港内水体边界线　　　　(f) 突堤检测结果

(g) 疑似港口区域检测　　　　(h) 口门边界线　　　　(i) 本节方法结果

图 5 – 18　多口门港口检测实验

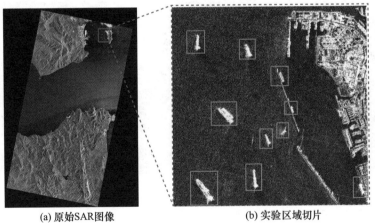

(a) 原始SAR图像　　　　　　　(b) 实验区域切片

图 6 – 5　TerraSAR – X 直布罗陀 SAR 图像

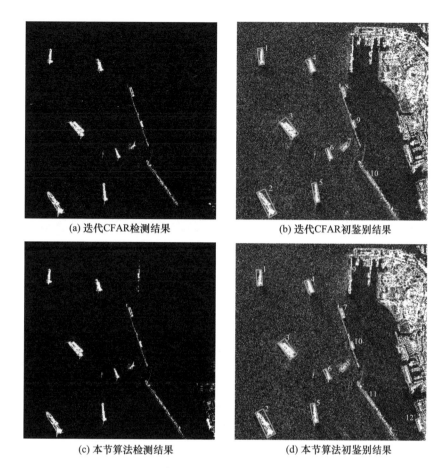

(a) 迭代CFAR检测结果

(b) 迭代CFAR初鉴别结果

(c) 本节算法检测结果

(d) 本节算法初鉴别结果

图 6-6　单极化 SAR 图像船舶目标检测结果

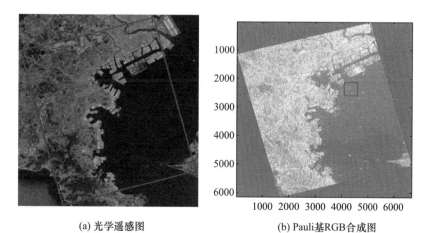

(a) 光学遥感图

(b) Pauli基RGB合成图

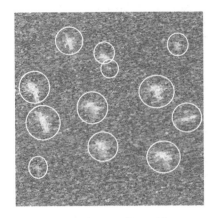 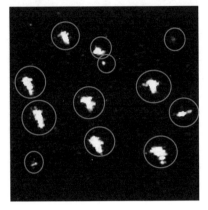

(c) 测试区Pauli基RGB图　　　　　　(d) 本节算法极化特征图

图 6-9　Radarsat-2 卫星全极化数

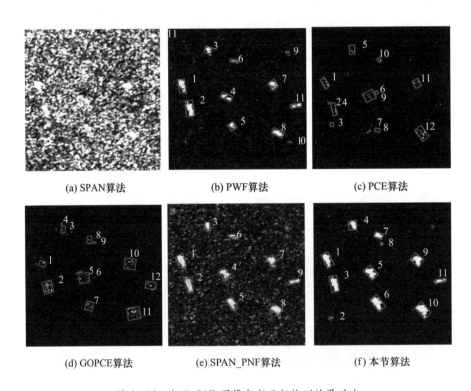

(a) SPAN算法　　　　　(b) PWF算法　　　　　(c) PCE算法

(d) GOPCE算法　　　　(e) SPAN_PNF算法　　　　(f) 本节算法

图 6-10　极化 SAR 图像船舶目标检测结果对比

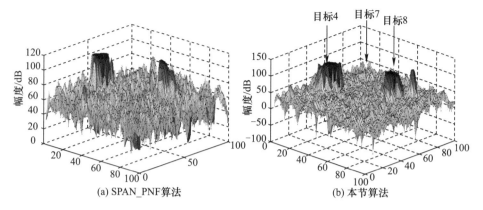

图 6-11　极化 SAR 图像弱小目标检测性能对比

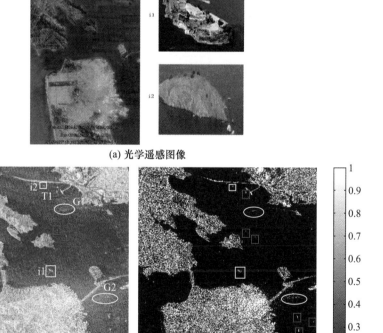

(a) 光学遥感图像

(b) Pauli 伪彩图　　　　　　(c) 增强后图像

图 6-12　Radarsat-2 旧金山全极化 SAR 图像船舶目标检测结果

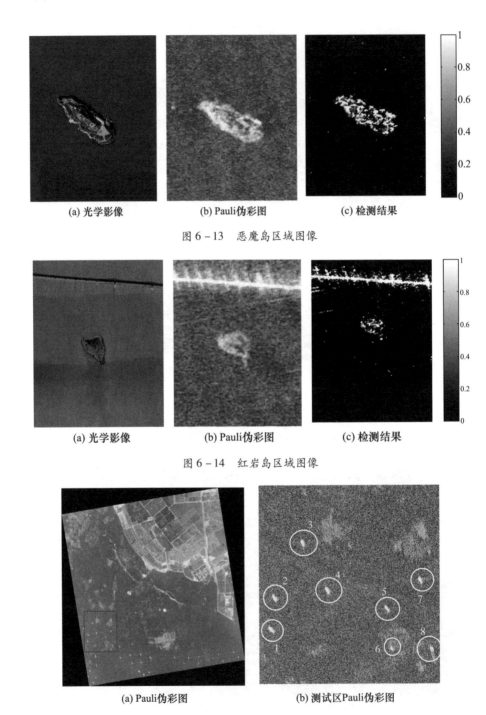

(a) 光学影像　　　(b) Pauli伪彩图　　　(c) 检测结果

图 6-13　恶魔岛区域图像

(a) 光学影像　　　(b) Pauli伪彩图　　　(c) 检测结果

图 6-14　红岩岛区域图像

(a) Pauli伪彩图　　　(b) 测试区Pauli伪彩图

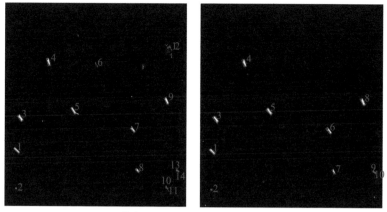

(c) SPAN_PNF算法　　　　　　(d) 本节算法

图 6 – 15　AIS 验证的极化 SAR 图像船舶目标检测

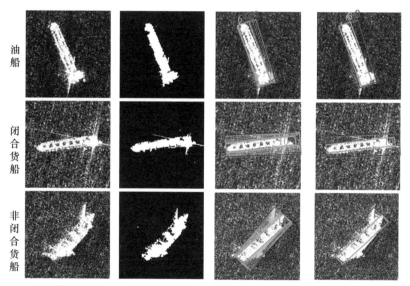

油船　　　闭合货船　　　非闭合货船

(a) 原始SAR切片　(b) 初鉴别结果　(c) 迭代全过程MER结果(d) 保留起止MER结果

图 7 – 9　船舶 MER 提取效果对比

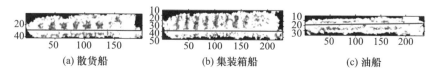

(a) 散货船　　　　　(b) 集装箱船　　　　　(c) 油船

图 7 – 17　归一化强散射脊线偏心距

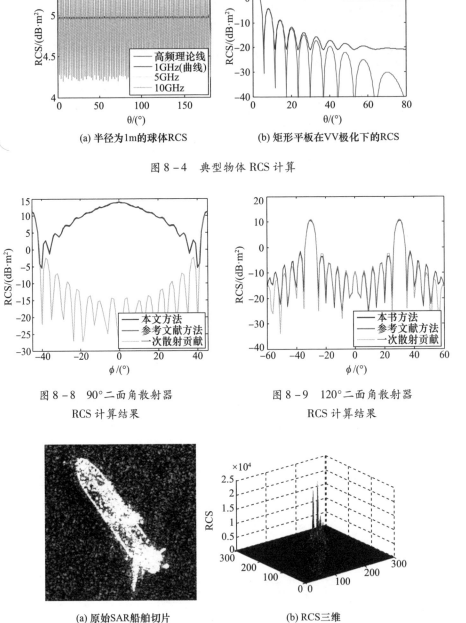

(a) 半径为1m的球体RCS

(b) 矩形平板在VV极化下的RCS

图 8-4　典型物体 RCS 计算

图 8-8　90°二面角散射器
RCS 计算结果

图 8-9　120°二面角散射器
RCS 计算结果

(a) 原始SAR船舶切片

(b) RCS三维

图 8-18　TerraSAR-X 船舶切片及其 RCS 三维

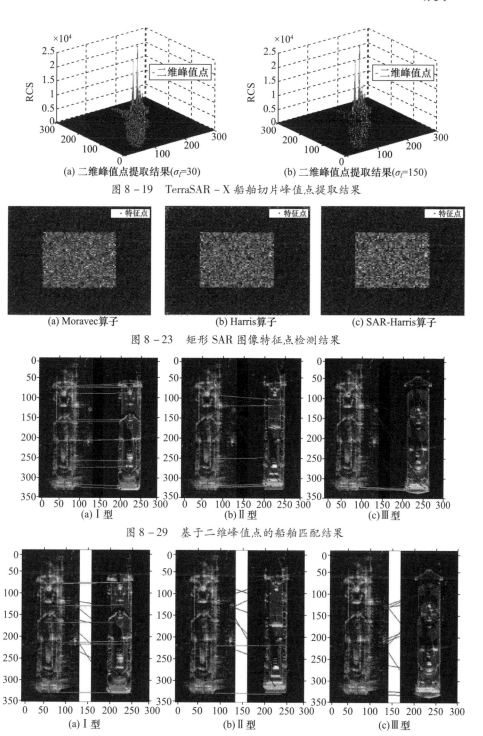

(a) 二维峰值点提取结果(σ_f=30) (b) 二维峰值点提取结果(σ_f=150)

图 8 - 19　TerraSAR - X 船舶切片峰值点提取结果

(a) Moravec算子　(b) Harris算子　(c) SAR-Harris算子

图 8 - 23　矩形 SAR 图像特征点检测结果

(a)Ⅰ型　(b)Ⅱ型　(c)Ⅲ型

图 8 - 29　基于二维峰值点的船舶匹配结果

(a)Ⅰ型　(b)Ⅱ型　(c)Ⅲ型

图 8 - 30　基于 Moravec 算子的船舶匹配结果

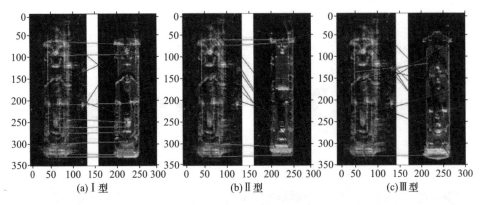

(a) Ⅰ型　　　　　　　　(b) Ⅱ型　　　　　　　　(c) Ⅲ型

图 8-31　基于 Harris 算子的船舶匹配结果

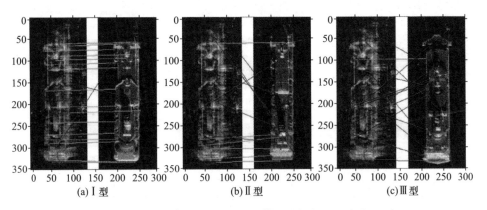

(a) Ⅰ型　　　　　　　　(b) Ⅱ型　　　　　　　　(c) Ⅲ型

图 8-32　基于 SAR-Harris 算子的船舶匹配结果